i教育·融合创新一体化教材

U0749209

大学信息技术
实验指导

COLLEGE
INFORMATION TECHNOLOGY

总主编◎高建华　　主　审◎顾春华

主　编◎陈志云　　副主编◎白　玥

华东师范大学出版社
·上海·

图书在版编目(CIP)数据

大学信息技术实验指导/高建华总主编;陈志云主编. —上海:华东师范大学出版社,2025. —ISBN 978 - 7 - 5760 - 6176 - 5

Ⅰ. TP3

中国国家版本馆 CIP 数据核字第 2025SQ6246 号

大学信息技术实验指导

总 主 编　高建华
主　　编　陈志云
副 主 编　白 玥
责 任 编 辑　蒋梦婷
责 任 校 对　庄玉玲　　时东明
装 帧 设 计　庄玉侠

出 版 发 行　华东师范大学出版社
社　　址　上海市中山北路 3663 号　邮编 200062
网　　址　www. ecnupress. com. cn
电　　话　021 - 60821666　行政传真 021 - 62572105
客 服 电 话　021 - 62865537　门市(邮购)电话 021 - 62869887
地　　址　上海市中山北路 3663 号华东师范大学校内先锋路口
网　　店　http://hdsdcbs.tmall.com

印 刷 者　上海崇明县裕安印刷厂
开　　本　787 毫米 × 1092 毫米　1/16
印　　张　19
字　　数　399 千字
版　　次　2025 年 8 月第 1 版
印　　次　2025 年 8 月第 2 次
书　　号　ISBN 978 - 7 - 5760 - 6176 - 5
定　　价　48.00 元

出 版 人　王 焰

(如发现本版图书有印订质量问题,请寄回本社客服中心调换或电话 021 - 62865537 联系)

目 录

实验 1
利用搜索引擎和大模型学习信息技术

实验目标

1. 知识目标

（1）掌握常用的搜索引擎检索语法，了解常用图文信息数据库及其检索方法。

（2）掌握利用一种以上的大模型进行辅助学习的方法，交叉验证信息的可靠性。

（3）学会利用 AIGC，完成对信息技术的深入学习和总结、延伸。

2. 技能目标

（1）培养对信息技术批判性学习和探索性学习的能力。

（2）能够利用大语言模型进行文生文、文生图、文生 PPT、文生视频等创新性创作。

（3）通过独立自主学习，完成获取知识、解决问题和提升自我。

问题情境

在《大学信息技术 1》教材"主题 1　数字智能时代"中，介绍了信息技术的发展历史，探讨了现代信息技术领域中各项技术，还介绍了人工智能技术的发展方向、智能计算、大模型技术的发展历程和硬件基础等非常丰富的知识，但是碍于篇幅限制，不少内容都给同学们留下很多需要自主学习和进一步探索的空间。

暑期学校组织乡村建设支教团，志愿者服务队计划给山区的小学生进行信息技术科普，就可以利用自己掌握的知识，通过大模型的辅助，完成教学文档和教学 PPT 的制作。

⚙ 实验准备

一、搜索引擎和常用图文资料库

搜索引擎是信息时代的重要工具,能够帮助我们快速、准确地找到所需信息,提高信息获取效率。搜索引擎涵盖了各类领域的知识,覆盖面广、实时更新;搜索引擎可以通过对用户搜索行为的分析,提供个性化的搜索结果,提高信息获取的针对性;搜索引擎操作简单,只需输入关键词即可获取相关信息,降低了信息获取的门槛。掌握搜索引擎的使用技巧,对于学术研究、日常生活和工作都具有重要意义。

1. 常用搜索引擎检索语法

不同搜索引擎的搜索语法存在一定的差异,虽然基本的搜索原理相似,但每个搜索引擎都有其独特的搜索运算符和语法规则。

百度搜索引擎作为国内领先的搜索引擎,拥有强大的中文搜索能力,覆盖广泛的信息资源,其页面优化和算法更新提高了搜索的准确性和效率。百度搜索引擎支持多种检索语法,可以帮助用户更精确地找到所需信息。以下是一些常用的检索语法,请在百度中自行实验每个例子,也可以选择自己想搜索的内容进行实践:

① 双引号(" "):用于精确匹配包含双引号内内容的页面。

例如:搜索"人工智能",会返回包含完整短语"人工智能"的页面。

② 减号(一):用于排除包含减号后词汇的搜索结果。

例如:搜索手机-苹果,会返回包含"手机"但不包含"苹果"的页面。

③ 书名号(《》):用于搜索特定书名或文章标题。

例如:搜索《水浒传》,会返回与《水浒传》这本书相关的页面。

④ intitle:用于搜索标题中包含特定词汇的页面。

例如:搜索 intitle:天坛,会返回标题中包含"天坛"的页面,如图 1-1 所示。

⑤ inurl:用于搜索 URL 中包含特定词汇的页面。

例如:搜索 inurl:gov,会返回 URL 中包含"gov"的页面,可以用于查找政府网站。

⑥ site:用于搜索特定网站内的页面。

例如:搜索 site:gov. cn,会返回. gov. cn 域名下的页面。

⑦ filetype:用于搜索特定文件类型的页面。

例如:搜索 filetype:pdf 概率论,会返回包含"概率论"关键词的 PDF 文件。

⑧ intext:用于搜索正文中包含特定词汇的页面。

例如:搜索 intext:数据分析,会返回正文中包含"数据分析"的页面。

▲ 图 1-1　在搜索框中输入检索词

⑨ define：用于获取一个词语的定义。

例如：搜索 define：新质生产力，会返回"新质生产力"的定义。

⑩ related：用于查找与特定网站内容相似的页面。

例如：搜索 related：test. com，会返回与 test. com 内容相似的页面。

⑪ cache：用于查看百度搜索引擎缓存的网页快照。

例如：搜索 cache：test. com，可以查看 test. com 的百度快照。

⑫ link：用于查找链接到特定页面的其他页面。

例如：搜索 link：test. com，会返回链接到 test. com 的页面。

2. 常用图书文献资料库

① 中国知网（CNKI）：中国知网是国家知识基础设施（National Knowledge Infrastructure，NKI）的重要组成部分，它集成了期刊、学位论文、会议论文、报纸、年鉴、专利等多种类型的学术资源。

● 初级检索：通常是 CNKI 首页默认的检索方式，用户只需要输入要找的关键词，如主题、关键词、篇名、全文、作者等，如图 1-2 所示，单击搜索图标就可以进行相关文献的查找。初级检索操作简单快捷，适合一般的文献查找需求。

● 高级检索：提供了更为复杂和精确的搜索选项，用户可以根据多个字段进行组合检索，如主题、作者、文献来源、发表时间等，如图 1-3 所示；支持使用布尔运算符（AND、OR、NOT）以及通配符等进行检索词的逻辑组合，以实现更精确的检索；可以通过添加多个检索条件，如作者单位、基金、摘要等，来细化搜索结果；通过文献分类导航来缩小检索范围，提高检索效率；利用智能引导功能，系统会根据输入的检索词提供相关的推荐词，帮助用户优化检索策略。

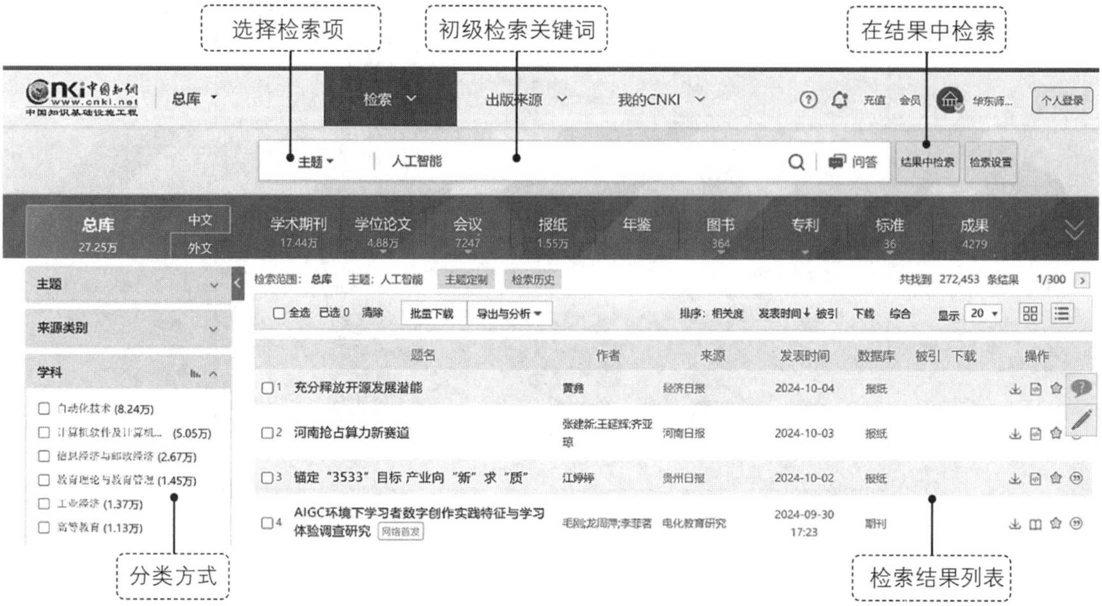

▲ 图 1-2 CNKI 一框式检索

▲ 图 1-3 CNKI 高级检索设置

② 万方数据:万方数据知识服务平台提供了期刊论文、学位论文、会议论文、科技报告、专利、标准等十余种知识资源类型,覆盖自然科学、工程技术、医药卫生、农业科学等多个学科领域。

③ 维普资讯：维普期刊资源整合服务平台涵盖自然科学、工程技术、农业、医药卫生、经济、教育和图书情报等学科的中文期刊数据资源。

④ Web of Science：这是一个国际公认的、用于查询学术文献的引文索引平台，它包含了多个子数据库，其中 SCI、SSCI 和 AHCI 是其核心部分。此外，Web of Science 还包括其他数据库，如 Emerging Sources Citation Index(ESCI)等。收录了全球众多权威和高影响力的学术期刊，内容涵盖自然科学、工程技术、生物医学、社会科学、艺术与人文等领域。

⑤ 超星图书馆：由北京世纪超星信息技术发展有限责任公司投资兴建，是国家"863"计划中国数字图书馆示范工程项目。拥有超过百万种数字图书的庞大资源库，覆盖包括文学、历史、法律、军事、经济、科学、医药、工程、建筑、交通、计算机和环保等多个学科领域。

二、利用大模型探索信息技术知识

回顾信息技术的发展历程，从古代信息技术阶段到现代信息技术阶段，计算机从最早的电子管计算机发展到超级计算机，技术的进步极大地推动了信息处理能力的提升。然而，世界上每天产生的数据和信息量也在激增，传统的数据处理方法和学习方法已经难以满足我们传统学校教育的要求。对此，我们除了要树立终身学习的理念，也要通过新技术提高在校教育学习的深度和广度。幸运的是，现在除了互联网时代开启的搜索引擎技术，还有大语言模型为我们提供一种全新的伴学、导学方案。

1. 大语言模型探索实践

自 2023 年起，人工智能领域迎来了前所未有的大模型热潮，2024 年后全球范围内的大模型竞争愈发激烈。伴随着 GPT-4o、Claude3.5、Gemini-1.5-pro 以及 Llama3.1 等模型的相继问世，国内也不甘落后，更是在 2025 年春节前夕推出了让世界震惊和瞩目的 DeepSeek 开源大模型，为世界人工智能发展注入中国力量。

中文大模型测评基准 SuperCLUE 一直在跟踪国内外大模型的最新进展和整体表现，并不断发布最新测评结果。使用大模型进行探索可以定期查阅类似的大模型排行榜，选择排名靠前的大模型进行知识探索。

比如，教材在现代信息技术的物联网部分，提到物联网的关键特征中包含 RFID，对这个技术的含义有点困扰，不知道 RFID 技术和手机上用的 NFC 技术有没有关系。咨询大模型之后，又联想到高速收费口的 ETC 收费机，是使用 RFID 技术实现的吗？……华为 Mate60 pro 手机在刚上市时，实现了能在飞机上和卫星通信的功能，这又是以什么信息技术为基础的呢？……

如图 1-4 所示，选择月之暗面的 Kimi 大模型进行咨询，不断"顺藤摸瓜"下去，可以把很多知识链接起来学习。

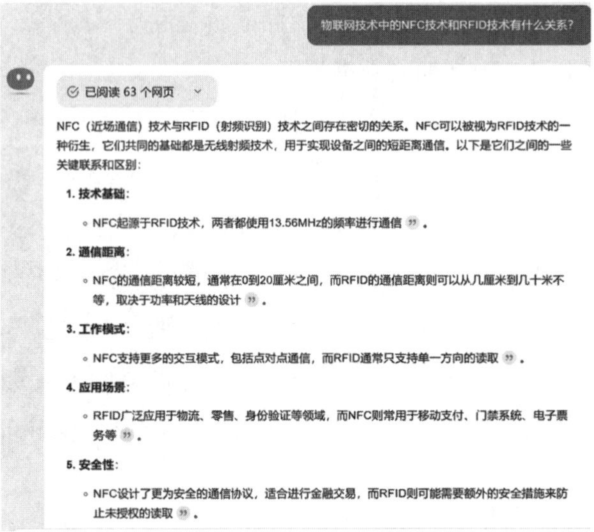

▲ 图 1-4(a)　利用大模型了解 RFID 和 NFC 关系

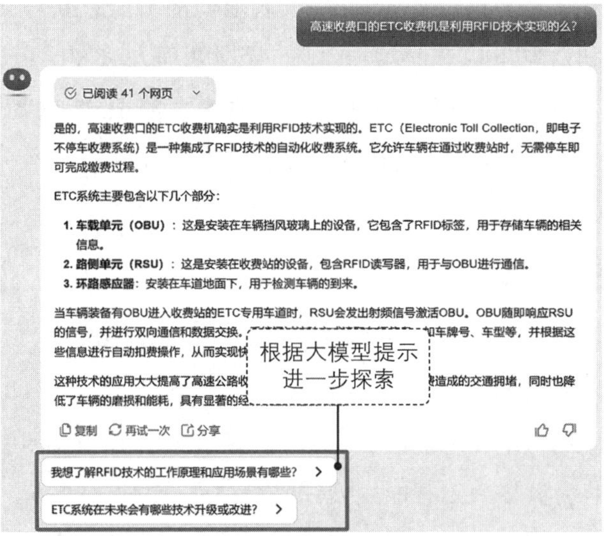

▲ 图 1-4(b)　利用大模型了解 RFID 和 ETC 关系

2. 信息的交叉验证

在进行科学研究和知识探索时,交叉检验是一种非常重要的方法。它指的是使用多种不同的方法、数据来源或理论框架来验证研究结果的可靠性和有效性。以下是交叉检验的重要性和实现方式:

(1) 交叉检验的重要性

① 提高准确性:通过多个独立的检验可以减少偶然误差,提高研究结果的准确性。

② 增强可靠性:如果不同的方法或数据源得出了一致的结果,那么这个结果的可靠性就更高。

③ 避免偏见:单一的数据来源或方法可能存在偏见或局限性,交叉检验有助于识别和纠正这些偏见。

④ 发现新的联系:使用不同方法可能会揭示数据之间之前未被注意到的联系。

⑤ 促进理论发展:交叉检验可以帮助我们理解不同理论之间的联系,推动理论的发展和完善。

(2) 实现交叉检验的方法

① 使用不同的数据集:对同一研究问题,使用不同的数据集进行分析,看结果是否一致。

② 应用不同的研究方法:例如,对于定量研究,可以使用统计分析、机器学习等多种方法;对于定性研究,可以使用案例研究、访谈、观察等方法。

③ 采用不同的理论框架:从不同学科的角度出发,使用不同的理论来解释同一现象。

④ 进行实验验证:在可能的情况下,通过实验来验证理论分析的结果。

⑤ 利用专家评审:邀请其他领域的专家对研究结果进行评审,获取不同的观点和反馈。

⑥ 进行元分析:对同一主题的多个研究结果进行统计分析,以评估结果的一致性和可靠性。

⑦ 使用软件工具:利用各种软件工具进行数据分析,比如 SPSS、Python 等,以确保结果的一致性。

⑧ 进行实地测试:在实验室之外的现实环境中测试研究结果,以验证其在实际应用中的有效性。

(3) 使用大模型进行学习时更加需要交叉检验信息的可靠性

由于大模型存在数据隐私和安全性、算法偏见、模型的可解释性、计算资源成本优化和其他可能的伦理问题,所以利用大模型进行学习更要注意,对大模型提供知识的准确性进行多重验证。而最简单的交叉验证方式,就是把同一个问题向多个大模型质询。

在学习一篇讨论人工智能未来发展的文献时,看到一段话"马克·吐温曾说过:'历史不会重复,但会押韵'"。这句话似乎和网上经常假借鲁迅之名写的假名人名言很像,于是把这个问题向多个大模型提问,得到如图 1-5(a)、(b)、(c)所示的回答。

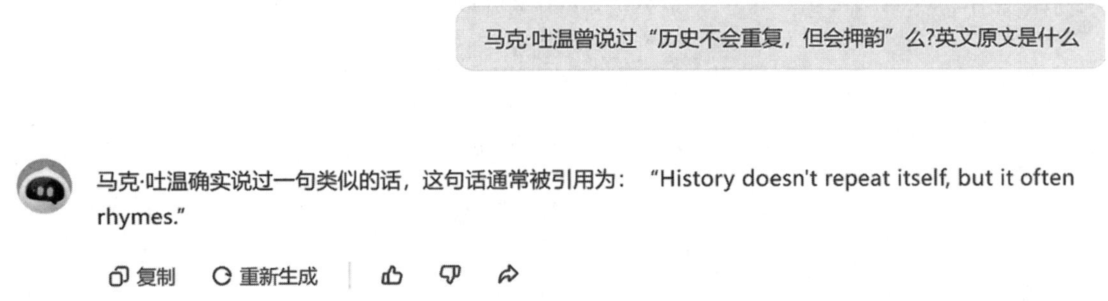

> 马克·吐温曾说过 "历史不会重复,但会押韵" 么?英文原文是什么

马克·吐温确实说过一句类似的话,这句话通常被引用为: "History doesn't repeat itself, but it often rhymes."

🗗 复制　🗘 重新生成　　👍　👎　↗

▲ 图 1-5(a)　百川智能对问题的回答

▲ 图 1-5(b)　通义千问对问题的回答

▲ 图 1-5(c)　月之暗面 Kimi 对问题的回答

可以看出,不同大模型给出的答案不一致,这时应该如何取舍,就非常考验一个人的综合能力了。

三、利用 AIGC 制作教学资源

通过前面实验内容的学习,就可以"学以致用",完成在本实验一开始"问题情境"中提出的需求了:为即将开展的给山区中小学生支教活动准备教案和其他资料。为了充分实践和体会不同大模型的优势和特点,建议通过大语言模型排行榜了解最新进展,尝试使用多种最新大模型,实现"物尽其用"。

1. 利用讯飞智文生成教案的 word 文档

① 登录讯飞智文网站 https://zhiwen. xfyun. cn/home,如图 1-6 所示,选择"AI Word"。

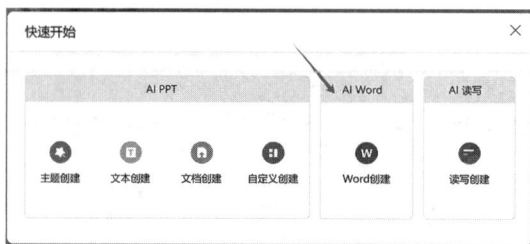

▲ 图 1-6　选择讯飞智飞 AI Word

② 根据提示输入标题"针对山区中小学生的信息技术发展史课程的教案",按空格键打开 AI 撰写助手,如图 1-7 所示。点击箭头后,AI 自动生成 word 教案。生成结束后单击"插入写作"按钮,可以对所生成的文字内容根据需要进行编辑。

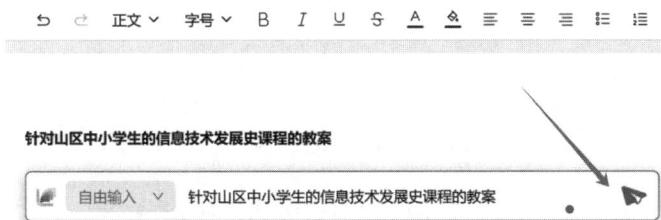

▲ 图 1-7 由 AI 生成教案内容

③ 按"导出"将编辑好的 word 文档导出,结果如图 1-8 所示。

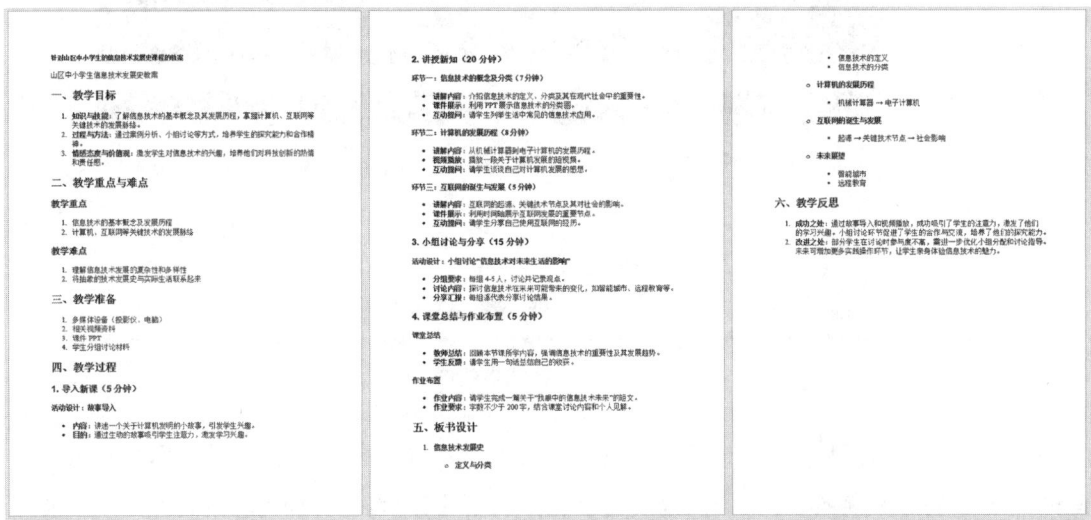

▲ 图 1-8 由 AI 生成的 word 文档

2. 利用 Kimi.ai 生成教案 ppt

① 登录 Kimi 网站,点击侧边栏的"PPT 助手"。如图 1-9 所示,输入 PPT 制作的要求"我是一个大学生支教团成员,面对的教学对象是山区中小学生,【教学内容】信息技术的发展史,需要你给出教学目标、教学重点、教学难点,并初步生成一组幻灯片"。

② 点击对话结束后的"一键生成 PPT"按钮 ⟨ 一键生成PPT ⟩ ,进入如图 1-10 所示的 PPT 模板选择界面,根据需要选择"模板场景""设计风格"和"主题颜色"等,然后点击"生成 PPT"。

▲ 图 1‑9　通过 Prompt 给 PPT 助手提要求

▲ 图 1‑10　选择模板生成 PPT

③ 等待一段时间后，全套 PPT 自动生成。如图 1‑11 所示，点击"去编辑"，可以对所生成的 PPT 进行模板替换、元素插入以及文字、背景、图片、图表等各种内容的在线编辑。如图 1‑12 所示，也可以单击"下载"按钮，将所生成的 PPT 文件下载到本地计算机上，利用专用的软件如 WPS 和 Office 等进行编辑。

▲ 图 1‑11　自动生成的 PPT

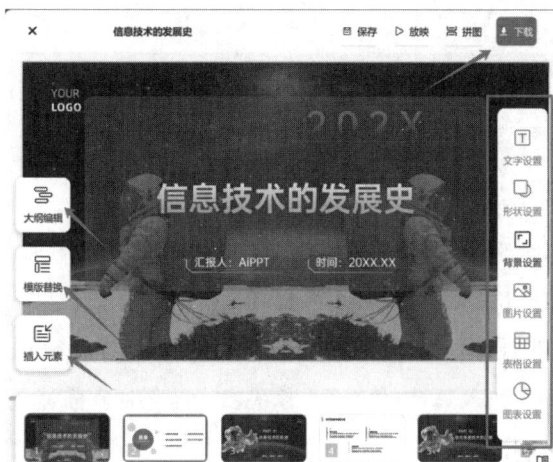

▲ 图 1－12　在线或者下载后编辑

3. 利用智谱清言出题测评

学习完课堂教学内容后，一般要通过测评加深和巩固已学知识。以往，复习的主要途径是教材的课后习题或老师分发的电子材料。人工智能时代，利用大语言模型进行“刷题”，有时更为高效。

登录智谱清言网站，输入 Prompt：“我是一个大学生支教团成员，面对的教学对象是山区中小学生，在进行完信息技术发展史教学后，请你为孩子们出 5 个选择题和 5 个填空题，考查学习效果”。智谱清言会迅速根据中小学生知识水平和理解能力给出 10 道题目，如图 1－13 所示。

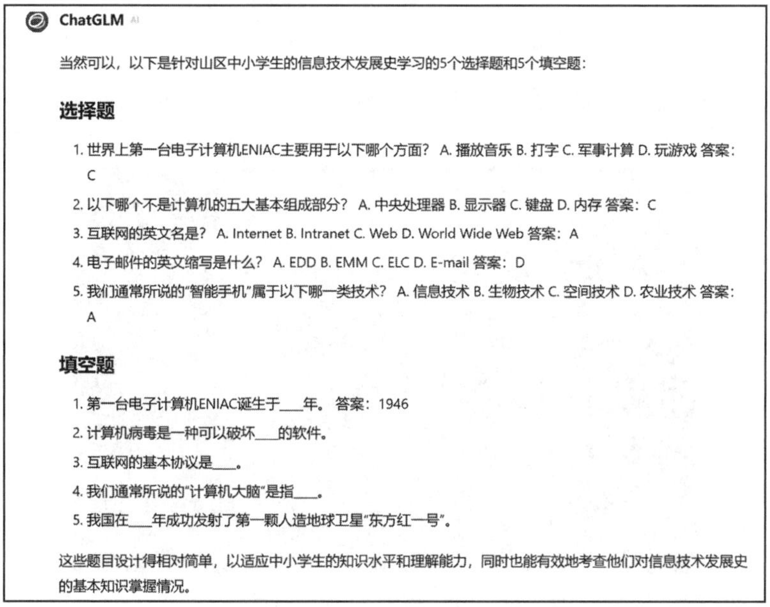
ChatGLM

当然可以，以下是针对山区中小学生的信息技术发展史学习的5个选择题和5个填空题：

选择题

1. 世界上第一台电子计算机ENIAC主要用于以下哪个方面？ A. 播放音乐 B. 打字 C. 军事计算 D. 玩游戏 答案：C
2. 以下哪个不是计算机的五大基本组成部分？ A. 中央处理器 B. 显示器 C. 键盘 D. 内存 答案：C
3. 互联网的英文名是？ A. Internet B. Intranet C. Web D. World Wide Web 答案：A
4. 电子邮件的英文缩写是什么？ A. EDD B. EMM C. ELC D. E-mail 答案：D
5. 我们通常所说的“智能手机”属于以下哪一类技术？ A. 信息技术 B. 生物技术 C. 空间技术 D. 农业技术 答案：A

填空题

1. 第一台电子计算机ENIAC诞生于___年。 答案：1946
2. 计算机病毒是一种可以破坏___的软件。
3. 互联网的基本协议是___。
4. 我们通常所说的“计算机大脑”是指___。
5. 我国在___年成功发射了第一颗人造地球卫星“东方红一号”。

这些题目设计得相对简单，以适应中小学生的知识水平和理解能力，同时也能有效地考查他们对信息技术发展史的基本知识掌握情况。

▲ 图 1－13　智谱清言给出的信息技术基础测验题

完成支教团的教学设计后,不妨要求智谱清言再为大学生也出几套信息技术基础知识考核题,进行自我考问。

4. 利用豆包 AI 制图、可灵 AI 制作视频

(1) 利用豆包 AI 制作宣传画

按照豆包图像生成提示词的要求:

① 清晰明确的主题。指出想要描述的场景、事物或概念的主题。例如,如果想让豆包生成一幅关于"海边日落"的画面,"海边"和"日落"就是明确的主题提示词。

② 具体详细的细节。加入具体的颜色、形状、大小等细节描述。比如对于"一朵花",可以加上"红色的郁金香,花瓣呈椭圆形"这样的提示词,能让生成的内容更具针对性。

③ 指定风格或氛围。如"现代简约的室内设计"等。

④ 结合情感和环境元素。如"古老的乡村,有草地和清澈的小溪","快乐的孩子在公园玩耍"。"快乐"是情感元素,"玩耍"是动作元素。

所以,当给予豆包提示词"请绘制一群大学生到山区支教,和孩子们一起学习,校园里张灯结彩,大家一起坐在草地上讨论问题,远处有小学生在打篮球"时,可以快速得到多幅宣传画,如图 1-14 所示。

▲ 图 1-14　豆包 AI 生成的大学生支教宣传画

(2) 利用可灵 AI 生成宣传视频

使用与支教宣传画制作同样的提示词,可以得到如图 1-15 所示的视频。

▲ 图 1-15　可灵 AI 视频作品截图

可灵 AI 是快手推出的视频生成大模型,截至 2024 年 9 月,已经具备了物理模拟、宽高比自由、表情和身体驱动、图生视频、概念组合和运动笔刷等高分辨率的电影级视频生成能力,除此之外还有一些非常新颖、值得尝试功能:

● 多图参考模式:上传 1—4 张参考图,框选主体并通过提示词描述互动或变化生成融合视频,解决 AI 视频生成中的一致性难题。

● 对口型功能:支持用户为生成的人物视频上传配音或歌唱,实现音频与视频人物嘴型的精准同步,让视频更具真实感。

● 首尾帧控制与镜头控制:用户可上传首尾两张图片,AI 自动生成中间运动变化;文生视频则支持指定运镜方式,提升创作的可控性。

● AI 试衣功能:上传服装图和模特图片后,可灵 AI 可生成模特试穿效果,适用于服装展示等场景。

目前,具有类似可灵 AI 视频生成能力的国产大模型还在不断推陈出新,快速迭代,以下产品同学们都可以积极尝试:

● 即梦 AI:由剪映推出,支持文生视频和图生视频,具备智能画布、故事创作模式等功能。

● Vidu:由清华系 Sora 团队推出,支持文生视频、图生视频,可生成 4 秒、8 秒的视频。

● 智谱清影:依托于智谱大模型团队的视频生成大模型 CogVideo,支持文生视频、图生视频,并能添加背景音乐等。

● Etna:由七火山科技推出,能够根据文本描述生成 8 到 15 秒的 4K 高清视频,60 fps 流畅度。

● HiDream:智象未来推出的 AI 视频生成功能和丰富的图片编辑工具,支持文生视频和图生视频,提供运动笔刷、视频风格化等高级功能。

● MuseV:由腾讯音乐娱乐的天琴实验室开源的虚拟人视频生成框架,专注于生成高质量的虚拟人视频和口型同步。

● AniPortrait:由腾讯推出,能够根据音频和图像输入生成会说话、唱歌的动态视频。

● EasyAnimate:阿里推出的 AI 视频生成工具,支持文生视频和图生视频两种方式,最长可生成 1 分钟的视频。

最后,再次提醒:每个 AIGC 的使用者都不能当"甩手掌柜",要始终保持清醒的头脑和正确的价值观,自己对 AIGC 的输出内容进行控制和把握,自己对所交付的内容负责。

实践与探索

① 自选一个在《大学信息技术 1》教程第一章中你感觉意犹未尽或者没完全搞懂的问题,作为一个支教时的重点和难点向山区小朋友详细讲解,形成全套文案、PPT 和演示视频。

② 探索如何利用搜索引擎和大语言模型向海外中华文化爱好者宣传中华传统文化和名胜古迹，实验要求如下，选择 1—2 个主题完成：

（1）中国传统节日的数字化展示

利用搜索引擎收集中国传统节日的资料，使用大模型生成一段介绍春节、中秋节或端午节的文本；制作一个简短的视频或动画，展示节日的传统习俗。

（2）中国书法艺术的在线展览

利用搜索引擎或大语言模型研究中国书法的历史和技巧，利用 AI 生成书法作品，并解释其含义，创建一个虚拟展览 PPT，展示书法作品。

（3）中国古典文学作品的翻译与分析

利用搜索引擎或大语言模型，选择一部中国古典文学作品的章节，如《红楼梦》或《三国演义》，使用 AI 翻译工具将其翻译成英文，并分析翻译的准确性；制作一个 PPT 或视频，介绍作品的主题和文化价值。

（4）中国茶文化的介绍

利用搜索引擎或大语言模型，调研中国茶的种类和泡茶的步骤；使用 AI 生成一段关于中国茶义化的介绍文本；制作一段教学视频，展示如何泡制中国茶。

（5）中国京剧的数字化表现

利用搜索引擎或大语言模型研究京剧的历史和特点，生成一段传统京剧名段的剧本，并分析其角色和情节；制作一段京剧表演的 PPT 或视频。

（6）中国美食的在线食谱

选择几种具有代表性的中国菜，如北京烤鸭或四川火锅，利用搜索引擎收集食谱，并使用大模型生成详细的烹饪步骤；制作一个 PPT 或生成几段视频拼接在一起，展示这些菜肴的制作方法。

（7）中国民间艺术的展示

利用搜索引擎或大语言模型研究中国民间艺术，如剪纸或皮影戏，生成一段介绍这些艺术形式的文本，制作 PPT 或者视频进行整合。

（8）中国历史人物的故事

选择一位中国历史人物，如孔子或秦始皇，利用搜索引擎或大语言模型生成一段关于该人物的故事，并分析其历史影响；制作一段视频或播客，讲述这位历史人物的故事。

每个实验都请展示出创新和批判性思维，同时也要确保内容的准确性和文化敏感性。

归纳与总结

完成本实验所有内容后，请将所学到的知识点和技能点填入表 1 - 1 和表 1 - 2，表格可以根据需要增加行;然后从已掌握和希望学习两个方面写出学习和完成本实验后的体会。

▼ 表 1-1　学到的知识点归纳表

序号	知识点名称	掌握情况	希望深入学习的相关内容
1			
2			

▼ 表 1-2　学到的技能点归纳表

序号	技能点名称	掌握情况	希望深入学习的相关内容
1			
2			

完成本实验后的体会是:

_____

_____。

实验 2
资源管理

实验目标

1. 知识目标

（1）理解操作系统中文件存储和管理的方式。

（2）理解操作系统中文件的命名规则。

（3）理解操作系统中应用程序的管理方式。

2. 技能目标

（1）能正常启动和关闭所用系统。

（2）能将所用操作系统的界面设置为适合自己的状态。

（3）能在操作系统中顺畅地查找、使用、管理自己的文件资源。

（4）能在操作系统中安装和卸载驱动程序和应用软件。

问题情境

　　未央同学新买了一台电脑，需要安装微信应用程序，并把微信程序固定在任务栏；同时为系统设置新的主题，选用"Windows 默认主题"中的"鲜花"主题；任务栏靠左显示，任务栏的通知区域中不出现电源，开始菜单中不显示最近添加的应用。

　　在 C 盘建立一个文件夹"办公文件"，在该文件夹中创建名为"计算器"的快捷方式（快捷方式所对应的程序是 Windows 系统文件夹中的 calc. exe），运行方式为"最大化"。在"办公文件"文件夹中创建"今日日程. txt"文件，在该文件中输入今日日程，并设置文件为"只读"。修改文件的打开程序为 Word 或者 WPS。

实验准备

一、桌面、开始菜单及任务栏

将桌面背景修改为一张自己喜欢的图片,在开始菜单中显示(或隐藏)最常用的应用,自动隐藏任务栏,把 WPS 应用程序添加到任务栏。

1. 桌面设置

启动 Windows[①] 后,系统将整个显示器屏幕作为工作桌面(简称桌面),在桌面上排放着许多操作对象,主要包括桌面背景、桌面图标、开始按钮、任务栏等多项内容。

桌面上可见元素的显示风格、窗口颜色、事件声音和屏幕保护方式统称为桌面主题。在桌面空白处单击鼠标右键,打开快捷菜单选择"个性化"命令,如图 2-1(a)所示;可以选择一张自己喜欢的照片作为背景,如图 2-1(b)所示。

此外,还可以设置"颜色""锁屏界面""主题""字体""开始""任务栏"或点击左上角的主页按钮 ⌂ ,进入"Windows 设置",如图 2-1(c)所示。

2. "开始"菜单

"开始"菜单是操作计算机程序、文件夹和系统设置的主要入口,它包含了 Windows 的大部分功能,可以执行启动程序、搜索文件、调整计算机设置、获取帮助信息、注销和关闭计算机等操作。按下键盘上的 Windows 徽标键或单击屏幕"开始"按钮,可打开"开始"菜单(Windows 10 的"开始"菜单在底部左侧位置、Windows 11 的"开始"菜单在底部中心位置)。Windows10 开始菜单左侧显示常用应用、最近添加的应用和全部安装的应用程序,下方有电源选项、设置、文件资源管理器等链接,右侧是动态磁贴区域,可以固定应用、文件夹或网站,这些磁贴可能显示实时更新的信息。Windows 11 中,动态磁贴这一功能已经被移除。

选择"开始"菜单中 ⚙ 设置按钮,同样可以进入"Windows 设置"界面,打开"个性化"设置窗口,选择"开始",可以个性化定制"开始"菜单,根据需要,打开或关闭"显示最常用的应用"。

3. 任务栏

任务栏默认设置位于桌面的底部,呈现为水平长条,如图 2-2 所示。Windows 的任务栏主要由开始菜单、已固定和正在运行的应用程序、通知区域、显示桌面按钮组成。除了上述基本组成部分,Windows 10 的任务栏还可以有额外的功能 Cortana(个人智能助理,

---

① 本实验以 Windows10 为主进行介绍,相关设置很容易迁移到其他操作系统。

（a）个性化　　　　　　　　　　　　　　（b）背景设置

（c）Windows 设置

▲ 图2-1　个性化设置

▲ 图2-2　任务栏

Windows11 中不再支持)、搜索框、任务视图按钮、操作中心按钮(一个通知和快速设置的汇总中心)等。Windows11 的任务栏在布局上与图 2-2 有所不同,居中显示了开始菜单、搜索、已固定和正在运行的应用等。

选择"开始"菜单的 ⚙ 设置按钮,进入"Windows 设置"界面,打开"个性化"设置窗口,选择"任务栏",可以个性化定制"任务栏",打开"自动隐藏任务栏"。

用户可以将常用的应用程序添加到任务栏,方便快速启动。例如:打开 WPS 应用程序,在任务栏中右键单击该程序,选择"固定到任务栏"。对于任务栏中不常用的程序,右键单击,从弹出的快捷菜单中选择"从任务栏取消固定"。

二、文件管理

设置显示文件扩展名。在 C 盘中创建名为"JSJ"的文件夹,在"JSJ"文件夹下创建两个子文件夹:"folder1"和"folder2"。

在"folder1"文件夹下创建一个文本文件,命名为"file. txt";把整个桌面保存为"desktop. png"到"folder1"文件夹中。

搜索"C:\Windows\System32"文件夹中名为"mspaint. exe"的系统应用程序,并将其复制到"C:\folder2"文件夹中。

在桌面上创建"mspaint. exe"的快捷方式,并将其改名为"画笔"。

1. 文件资源管理器

在 Windows 操作系统中进行文件管理的是文件资源管理器,用于浏览、搜索、管理和组织电脑上的文件与文件夹,支持复制、移动、删除等操作,同时提供文件属性查看、网络资源访问及设备管理等功能。有多种方法可打开文件资源管理器,如:双击桌面上的"此电脑"、在任何位置直接双击文件夹或文件夹快捷方式等。

2. 文件名和路径

文件名称是由文件名和扩展名组成的,扩展名一般是隐藏的。可以通过以下方法设置显示扩展名:打开"文件资源管理器"中的"查看"选项卡,在"显示/隐藏"组中勾选"文件扩展名",即可显示扩展名。

文件或文件夹的位置可以通过路径来确定,路径是由一系列连续的文件夹名和文件名组成,其间使用"\"作为分隔符。例如:文件"file. txt"存储在 C 盘的"JSJ"文件夹的"folder1"子文件夹中,则访问"file. txt"文件的绝对路径表示为 C:\JSJ\folder1\file. txt。

3. 文件及文件夹的操作

(1) 文件或文件夹的新建、复制、移动、重命名、删除等双击"此电脑",打开"文件资源管理器"。双击磁盘 C,右键单击空白处,在弹出的快捷菜单中选择"新建/文件夹"。然后,右键选中新建的文件夹,在弹出的快捷菜单中选择"重命名",命名为"folder1"。文件夹"folder2"的操作过程类似。

双击打开"folder1"文件夹,右键单击空白处,在弹出的快捷菜单中选择"新建/文本文档"。然后,右键选中新建的文本文档,在弹出的快捷菜单中选择"重命名",命名为"file. txt"。

除了此处一次选中一个文件或文件夹外,也可一次选择多个文件或文件夹。选定的方法如下:

● 单击选定:单击要选定的文件和文件夹。

● 拖动选定:在文件夹窗口中按住鼠标左键拖动,将出现一个虚线框,框住要选定的文件和文件夹,然后释放鼠标左键。

● 多个连续文件或文件夹:单击要选定的第一个文件或文件夹,按住<Shift>键,同时单击最后一个文件或文件夹。

● 多个不连续文件或文件夹:单击要选定的第一个文件或文件夹,按住<Ctrl>键,同时单击需要选定的文件或文件夹。

● 选定所有文件或文件夹:按<Ctrl>+<A>组合键。

选中文件或文件夹后,右键单击弹出的快捷菜单中含有对文件、文件夹的常用操作,除了此处的"重命名"外,还有"剪切""复制""删除"等。如果需要移动操作,选择"剪切";如果是复制操作,选择"复制",然后到目标文件夹中空白处单击鼠标右键,在快捷菜单中选择"粘贴"。

被删除的文件或文件夹进入了"回收站",在"回收站"选中某删除内容,在"回收站工具"选项卡中点击"还原选定的项目",即可还原。

(2) 查找文件、文件夹

在文件资源管理器中打开"C:\Windows\System32",在"搜索框"中输入"mspaint. exe"。点击右键选中搜索到的文件,选择"复制"。打开"C:\folder2",右键单击空白处,选择"粘贴"。

搜索框中还可以输入通配符 * 和?,如图 2-3 所示。 * 代表 0 或多个字符,? 代表 1 个字符。当然,不写通配符,操作系统也能进行搜索,加了通配符,可以让操作系统搜索到更全的资源。

4. 快捷方式

快捷方式是 Windows 提供的一种快速启动程序、打开文件或文件夹所代表的项目。它是某个项目链接的图标,而不是项目本身。双击快捷方式可以打开该项目。文件图标没有箭头,快捷方式图标的左下角有箭头标识 。

▲ 图2-3 搜索工具

右键单击桌面的空白处，从弹出的快捷菜单中选择"新建/快捷方式"，打开"创建快捷方式"的向导。在第一个对话框中"请键入对象的位置"中输入或选择 C:\Windows\System32\mspaint.exe（不同操作系统中，该文件所在的位置可能会不一样），单击"下一步"。在第二个对话框中"键入该快捷方式的名称"中输入"画笔"，单击"完成"。

除了此处建立快捷方式的方法外，还可以：

① 找到要创建快捷方式的项目（例如：某个应用程序），右击该项目，从弹出的快捷菜单中选择"复制"命令；打开快捷方式需要存放的位置（例如：桌面或某个文件夹中），右击空白处，从弹出的快捷菜单中选择"粘贴快捷方式"。

② 在文件资源管理器中，右击某项目并直接拖曳到快捷方式需要存放的位置，选择"在当前位置创建快捷方式"。

5. 剪贴板

剪贴板是 Windows 系统在内存区开辟的临时数据存储区。这个存储区用于存放通过"复制"（＜Ctrl＞＋＜C＞）或"剪切"（＜Ctrl＞＋＜X＞）操作录入的文本、图像、图形、声音，以及活动窗口甚至整个桌面界面数据。在 Windows 系统中，在任何时刻都可以通过多种方式向剪贴板送入信息，许多应用程序都可以从剪贴板中采用"粘贴"（＜Ctrl＞＋＜V＞）操作取用当前存放在剪贴板中的信息。

按键盘上的＜Print Screen＞键可以把整个桌面画面存入剪贴板（此外，按＜Alt＞＋＜Print Screen＞可以将当前活动窗口的界面录入剪贴板）。打开"画图"应用程序（可使用任务栏的"搜索"按钮搜索"画图")。粘贴后,选择"文件/保存",保存到"C:\folder1"中,文件名为"desktop.png"。

三、应用程序管理

安装压缩软件 WinRAR。

1. 安装前的准备

在安装软件前,需要了解应用软件的运行环境、硬件需求,以及用户系统的配置是否符合要求。

用户系统配置情况可以右击"此电脑",在快捷菜单中选择"属性",查看操作系统的版本、系统类型(32 位或 64 位操作系统)、系统配置情况。

访问 WinRAR 官网,在"下载试用"栏目中根据操作系统的版本、系统类型下载相应安装程序。

2. 应用程序的安装

Windows 操作系统的应用安装程序通常是扩展名为"exe"的安装文件,安装应用程序建议主动提升权限以进行操作。默认情况下,可以右击安装文件,在弹出的快捷菜单中选择"以管理员身份运行",按照向导一步一步完成 WinRAR 的安装。

部分软件可能在安装过程中还需要输入产品密钥(序列号);在"软件许可证条款"中,选中"我接受此协议的条款"复选框;选择是自定义安装还是默认安装等选项。

3. 应用程序的管理

打开"Windows 设置"主界面(选择"开始"菜单的 ⚙ 设置按钮),选择"应用/应用和功能",可以查看到目前系统里安装的所有应用程序,单击某个应用程序,可以进行"修改"或"卸载"。

🖥 实践与探索

一、软件安装

① 安装微信应用程序,并把微信程序固定在任务栏。

② 为系统设置新的主题,选用"Windows 默认主题"中的"鲜花"主题。任务栏靠左显示,任务栏的通知区域中不出现电源,开始菜单中不显示最近添加的应用。

提示:

① 选择"开始"菜单的 ⚙ 设置按钮,打开"设置"窗口。

② 在"个性化"中可设置主题、任务栏(含通知区域的设置)、开始。

二、文件管理

1. 快捷方式的创建

在 C 盘建立一个文件夹"办公文件",在该文件夹中创建名为"计算器"的快捷方式,运行方式为"最大化"。

提示:

① "计算器"程序在系统文件夹中(C:\windows\system32\calc. exe)。

② 右键选择"计算器"快捷方式,快捷菜单中选择"属性",在弹出的"属性"对话框中的"运行方式"下拉框中选择"最大化",单击"确定"。

2. 文本文件的使用与管理

在"办公文件"文件夹中创建"今日日程. txt"文件,在该文件中输入今日日程,并设置文件为"只读"。修改文件的打开程序为 Word 或者 WPS。

提示:

右键单击"今日日程. txt",选择"打开方式"为 Word 或者 WPS。如果要打开的程序不在列表中或者想始终使用该应用打开该类型的文件,可点击"选择其他应用",选中程序后,根据需要勾选"始终使用此应用打开. txt 文件"。点击"更多应用"后如果列表中还是没有需要的程序,可以选择"在这台电脑上查找其他应用",自主选择应用程序文件。

归纳与总结

完成本实验所有内容后,请将所学到的知识点和技能点填入表 2-1 和表 2-2,表格可以根据需要增加行;然后从已掌握和希望学习两个方面写出学习和完成本实验后的体会。

▼ 表 2-1　学到的知识点归纳表

序号	知识点名称	掌握情况	希望深入学习的相关内容
1			
2			

▼ 表 2-2 学到的技能点归纳表

序号	技能点名称	掌握情况	希望深入学习的相关内容
1			
2			

完成本实验后的体会是：

_____

_____

_____。

实验 3 网络故障诊断

实验目标

1. 知识目标

（1）掌握操作系统自带的常用网络命令的使用。

（2）理解 IP 地址、子网掩码、默认网关的作用。

（3）理解 ICMP 协议（Internet Control Message Protocol，Internet 控制消息协议）在网络故障诊断中的作用。

（4）理解 IPv4 和 IPv6 地址表示方法的区别。

2. 技能目标

（1）学会如何使用 ipconfig 命令来查看网络配置信息。

（2）学会使用 ping 命令来测试网络通断。

（3）学会使用 tracert 命令来跟踪数据到达目标主机的路径。

（4）熟练掌握使用网络命令判断网络故障的原因。

问题情境

　　小华同学最近在准备开题报告，每天都在宿舍里查询网络文献数据库和最新的公开资料，但是最近宿舍里的无线网络一直不是那么正常，一会儿能打开网站，一会儿又打不开；换用有线网络也是有时很正常，有时又不太正常；有的时候网页打不开，但是 QQ 正常在线；有时打开网页很快，有时又很慢。这到底是什么原因呢？

其实只要掌握了 ipconfig、ping、tracert 这三个操作系统自带的网络命令的使用,就基本上能找到绝大部分网络慢、不稳定、断网故障等情况发生的原因,我们可以针对故障原因,有的放矢地去优化网络或解决故障,不至于一发生问题就怨天尤人,束手无策了。

实验准备

要能熟练地利用网络命令来解决问题,就不得不了解网络通信实现的基本原理,需要了解 Internet 协议配置中 IP 地址、子网掩码、默认网关这几个关键参数都有什么作用,需要了解 ICMP 协议的作用,还需要知道 TCP 协议是"有连接"的,UDP 协议是"无连接"的。了解如图 3-1 所示常见网络协议与 TCP/IP 协议体系结构和 OSI 模型各层对应关系,对于后续定位网络故障点有很大的作用。

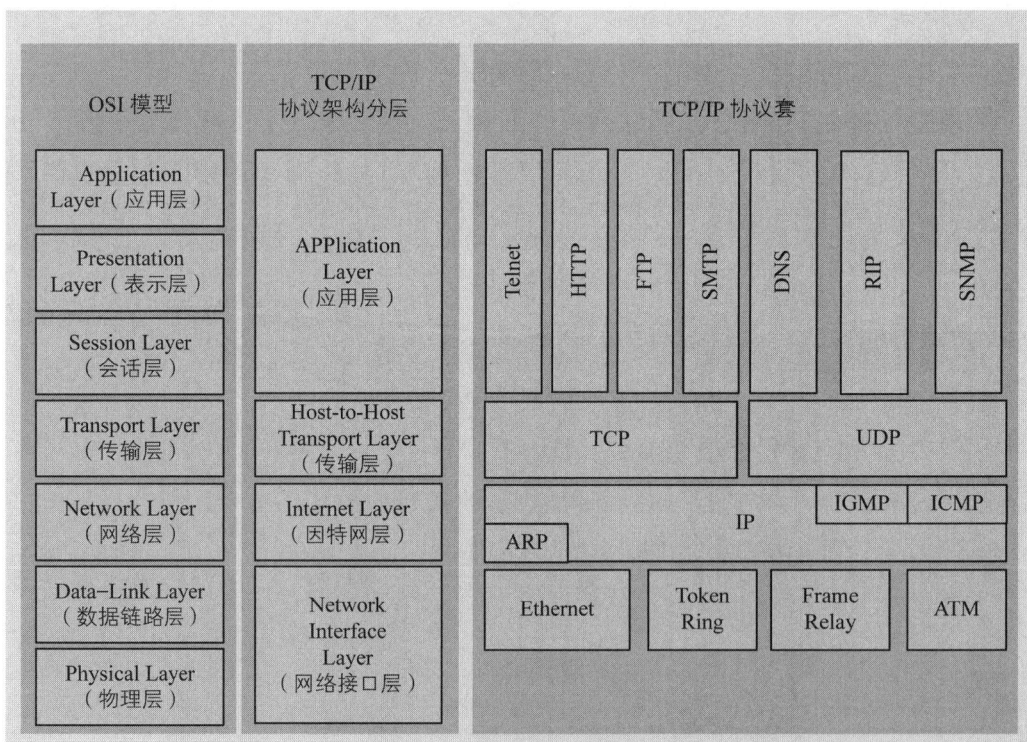

▲ 图 3-1 常见网络协议与 TCP/IP 协议体系结构和 OSI 模型各层对应关系

首先,OSI 模型的网络层(Network Layer)对应了 Internet 协议(即 IP 协议),因此 IP 地址以及 IP 地址的路由都在这一层。此外网络层还有 ICMP 协议、ARP 协议(Address Resolution Protocol,地址解析协议)和 IGMP(Internet Group Management Protocol,Internet 组管理协议)等协议。

　　ICMP 协议用于在主机、路由器之间传递控制消息,即网络通不通、主机是否可达、路由是否可用等网络本身的消息。

　　ARP 协议用于根据 IP 地址获取对应的 MAC 地址(Media Access Control Address, MAC 地址),即网络适配器的物理地址。

　　IGMP 是一个组播协议,该协议运行在主机和组播路由器之间,比如在家观看 IPTV 直播就需要 IGMP 协议支持。

一、"命令提示符"的使用

　　网络故障诊断需要用到 Windows 系统自带的命令,命令要在 Windows 系统的"命令提示符"窗口中输入并按回车键才能执行,执行命令前需要打开"命令提示符"窗口。

　　方法 1:执行"开始/Windows 系统/命令提示符"命令;

　　方法 2:按<Win>+<R>键打开运行对话框,输入"cmd",单击"确定"按钮。

　　打开如图 3-2 所示的"命令提示符"窗口。

　　方法 3:如果"任务栏"中有显示"搜索栏"或"搜索"图标,那么可以打开搜索对话框,并输入"cmd",在找到的"最佳匹配"组中的"命令提示符"上单击打开"命令提示符"窗口。

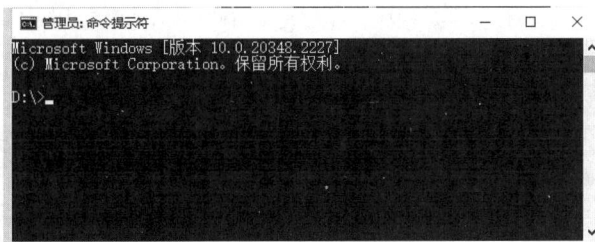

▲ 图 3-2　"命令提示符"窗口

　　"运行对话框"或"搜索对话框"也可以通过右击"开始"按钮,选"运行"或"搜索"打开。

二、ipconfig 命令的使用

　　ipconfig 命令用于查看当前主机 Internet 协议配置信息,相比图形界面下查看到的 Internet 协议配置信息,命令行下的更为准确,图形界面下的配置信息有时并未真正生效。通过 ipconfig 命令可以查看网络适配器型号、MAC 地址、主机名、IP 地址、子网掩码、默认网关、DNS 等。

　　在"命令提示符"窗口中输入"ipconfig /?",按回车键可以查看 ipconfig 命令的详细用法,常用的参数有:all、release、renew 等。命令参数中的中括号"[]"表示可选参数,尖括号"<>"表示必选参数。

1. ipconfig 命令的使用格式

ipconfig　[参数 1][参数 2]…↵

2. ipconfig 命令的常用形式

形式 1:ipconfig

解释 1：不带任何参数执行 ipconfig 命令，可查看本地电脑（主机）的 Internet 基本设置信息，如 IP 地址（IPv4 地址/IPv6 地址）、子网掩码、默认网关，如图 3-3 所示。

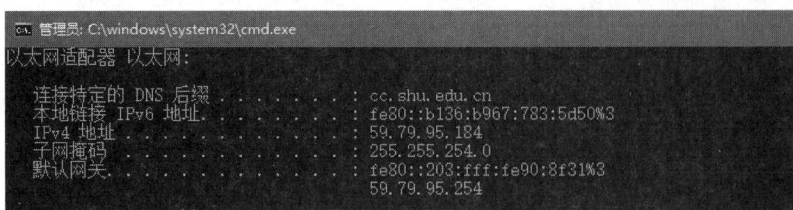

▲ 图 3-3　基本 Internet 设置信息

通常需要查看的是有线网卡的 Internet 设置信息，在 ipconfig 命令的输出中找到"以太网适配器 本地连接"或"以太网适配器 以太网"等即为有线网卡的网络配置信息。

形式 2：ipconfig /all

解释 2：带"/all"参数执行 ipconfig 命令，可查看本地电脑（主机）Internet 除了基本的 IP 地址（IPv4 地址/IPv6 地址）、子网掩码、默认网关外的详细设置信息，如图 3-4 所示。

▲ 图 3-4　详细 Internet 设置信息

还可以看到网卡"描述""物理地址（即网卡物理地址/MAC 地址）""自动配置已启用""获得租约的时间""租约过期的时间""DNS 服务器"等 Internet 配置信息，以及"主机名""节点类型"等 Windows 主机的信息。

其中一般最常查询是 IP 地址、子网掩码、默认网关、DNS 服务器,以及对于 DHCP(自动配置)环境下的自动配置已启用、获得租约的时间、租约过期的时间,还有寻求网管解决问题时必须提供的网卡"物理地址"。

形式 3:ipconfig /release

解释 3:DHCP(自动配置)环境下的专用参数"/release"表示释放由 DHCP 服务器自动设置的本地电脑(主机)的 Internet 配置信息,俗称"释放 IP"。

形式 4:ipconfig /renew

解释 4:DHCP(自动配置)环境下的专用参数"/renew"表示重新向 DHCP 服务器请求 Internet 设置信息,俗称"获取 IP"。

3. 无线网络的 Internet 配置信息

在使用"ipconfig /all"命令并回车的返回信息中有"无线局域网适配器"的相关信息,如果连接了无线网络,那么在如图 3-5 所示的信息中就可以看到无线网卡的相关 Internet 设置。

▲ 图 3-5 无线网卡 Internet 设置信息

三、ping 命令的使用

ping 命令用于探测网络通信是否正常,其通过发送 ICMP 包到目标主机,从接收目标主机返回的 ICMP 消息中,可以得到网络通信的具体状况。

使用"ping"或"ping /?"并回车,可以查看 ping 命令的详细用法。

1. ping 命令的使用格式

ping[参数] <IP 地址或域名>↵

2. ping 命令的常用形式

形式 1:ping 223.5.5.5

解释 1-1:默认发送 4 个 ICMP 包测试到 223.5.5.5 的网络连接是否正常,返回结果如果是 4 条形如"来自 223.5.5.5 的回复:字节=32 时间<1 ms TTL=111",则表明本地电脑(主机)到远程电脑(主机)223.5.5.5 的网络通信是正常的(俗称"能 ping 通")。

返回消息的意义如下：

"字节＝32"表示远程主机收到的 ICMP 消息大小是 32 字节。

"时间<1 ms"表示 ICMP 消息传递回来所需的时间<1 ms(时间越短越快)。

"TTL＝111"即"Time To Live"数据包的生存时间,数据包被操作系统发出前会预置一个初始 TTL 值,每经过一个路由器,TTL 值会被减 1,因此可根据返回的 TTL 大致算出与目标主机间的路由器个数,初始 TTL 根据操作系统不同会被设置为 64、128 或 256 等。

注:一般情况下,远程主机如是 Windows 系统,则用 128 减去该 TTL 值即为经过的路由器个数,Linux 系统通常是 64,Unix 系统通常是 256。

解释 1-2:如果返回的消息是"请求超时",那么表明本地电脑(主机)到远程电脑(主机)的网络通信可能不正常(俗称"ping 不通")。

如果平常该远程电脑(主机)是"能 ping 通"的,那么此时"ping 不通"就表明本地电脑(主机)到远程电脑(主机)的网络不正常。

解释 1-3:有时会遇到返回的"来自××××的回复"消息不是 4 条,缺少的那些被"请求超时"消息代替了,那么说明:

① 远程主机非常繁忙;

② 到远程主机的线路不稳定;

③ 前面两种情况都有可能,不排除线路也很繁忙。

简而言之就是网络不稳定、有丢包,具体情况还需要结合其他办法或工具分析。

如果本地电脑(主机)到远程电脑(主机)间的任何网络设备或远程电脑(主机)禁用了 ICMP 协议,则会表现为"ping 不通"。如果一定要确认是否正常,则需借用其他工具或办法。

形式 2:ping www. aaa. edu. cn

解释 2:表示测试到域名为 www. aaa. edu. cn 的服务器之间网络是否正常,如果返回信息是"Ping 请求找不到主机 www. aaa. edu. cn。请检查该名称,然后重试"的消息,那么原因是本地 Internet 属性中设置的域名服务器(DNS 服务器)无法解析域名。

IP 地址不利于人们记忆,所以出现了方便人们记忆的域名系统,由域名服务器(DNS 服务器)负责域名到 IP 地址的翻译。

网络通信最终都是 IP 间通信,用 ping 命令 ping 某域名时,需要先向本地电脑(主机)的 Internet 属性中设置的域名服务器发出查询请求,把该域名翻译成 IP 地址。但有时会发生域名服务器无法访问或域名服务器无法解析域名的情况(不能把域名翻译为 IP 地址),此时 ping 命令返回的消息就是"Ping 请求找不到主机×××。请检查该名称,然后重试"。

形式 3:ping -t 8.8.8.8

解释 3:加上了"-t"参数,即连续不停的 ping,表示一直 ping 8.8.8.8,直到按下键盘上的

组合键<Ctrl>＋<C>才停止，通常用于测试网络是否稳定。假如 ping 了 1000 次，其中有
200 个消息是"请求超时"，那么丢包率就是 $200÷1000×100\%＝20\%$，说明到远程主机间的
网络通信不是很稳定。

四、tracert 命令的使用

tracert 命令通过向目标计算机发送具有不同生存时间的 ICMP 数据包，来确定至目标
计算机的路由，即用来跟踪一个消息从一台计算机到另一台计算机所走的路径。使用
"tracert"或"tracert /?"可以查看 tracert 命令的详细用法。

1. tracert 命令的使用格式

tracert［参数］<IP 地址或域名> ↵

2. tracert 命令的常用形式

形式 1：tracert -d 223.5.5.5

解释 1-1：查看本地主机到 223.5.5.5 之间的路由跟踪信息，如图 3-6 所示，共经过 17
个路由器到达目标主机(第 18 跳已经到达了目标主机)。带-d 参数是指明跟踪路由时不向
DNS 请求所出现的 IP 地址进行反向域名查询(根据 IP 地址查询对应的域名)，因为反向域
名查询过程是非常慢的。

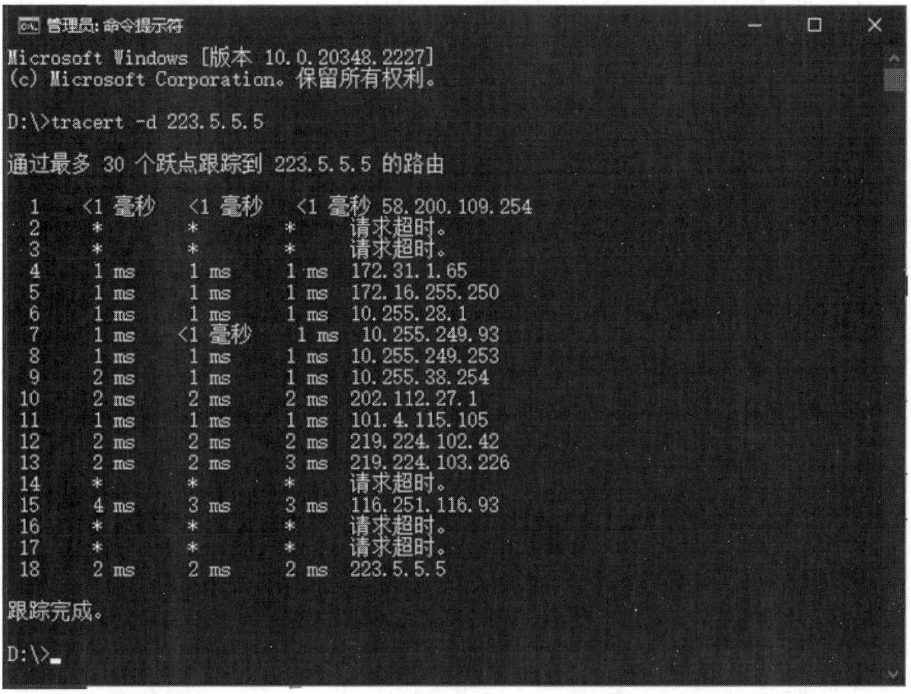

▲ 图 3-6　tracert 跟踪到 223.5.5.5 之间的路由

如果 ping 223.5.5.5 返回的 TTL 值是 111,那么 111＋17＝128,表明目标主机可能是 Windows 系统,当本地主机与远程主机之间有 NAT(Network Address Translation)设备、防火墙或负载均衡设备时,TTL 值可能会有偏差。

五、网络故障诊断

网络故障诊断需要从网络硬件和网络软件两个方面入手,首先需要排除网络硬件故障导致网络不通。判断硬件是否正常很多时候就是需要确认电脑网卡上的指示灯是否正常。

当网络不正常时可以按如下步骤判断故障点:

第 1 步:确定硬件是否正常。

第 2 步:用 ping 命令测试能否访问 IP。

第 3 步:用 ping 命令测试能否访问域名。

基本原则就是先测试默认网关,再测试公共域名服务器,如 223.5.5.5,119.29.29.29,114.114.114.114,8.8.8.8 等,最后再测试目标主机。

实践与探索

一、学会 ping 命令和 tracert 命令的用法

① 在命令提示符窗口中用带各种参数(如-t、-n、-l)的 ping 命令 ping 远程主机"www.tsinghua.edu.cn",掌握 ping 命令各参数的应用。

② 在命令提示符窗口中用带各种参数(如-d、-h、-w)的 tracert 命令跟踪路由到远程主机"www.tsinghua.edu.cn",掌握 tracert 命令各参数的应用。

③ 在命令提示符窗口中执行命令"ping www.edu.cn",看返回的信息是什么,结合 tracert 命令查出故障原因。

④ 在命令提示符窗口中执行 ping 命令,算出当前主机到远程主机"www.sjtu.edu.cn"共经过几个路由器,结合 tracert 命令查出到底是经过哪些路由器,把经过的路由列表信息以文件名"TRACERT.TXT"保存。

二、学会简单网络故障的排除

① 在 IE 浏览器中分别访问"www.news.cn"和"www.news.gov",看是否成功,如果不能访问请结合上述方法找出原因。把原因及证据以文件名"NETWRONG1.TXT"保存。

② 当在实验室中无法访问某个或某些网站时(如:aaa.ccc.bbb、ww.abc.com 等无法访问的网站),找出不能访问的原因,并写出解决办法。以文件名"NETWRONG2.TXT"保存。

归纳与总结

　　完成本实验所有内容后,请将所学到的知识点和技能点填入表 3-1 和表 3-2,表格可以根据需要增加行;然后从已掌握和希望学习两个方面写出学习和完成本实验后的体会。

▼ 表 3-1　学到的知识点归纳表

序号	知识点名称	掌握情况	希望深入学习的相关内容
1			
2			

▼ 表 3-2　学到的技能点归纳表

序号	技能点名称	掌握情况	希望深入学习的相关内容
1			
2			

　　完成本实验后的体会是:

_____

_____

_____

_____ 。

实验 4
各种常用工具

实验目标

1. 知识目标

（1）熟悉压缩软件的基本操作和功能。

（2）掌握格式转换工具和阅读工具的使用。

（3）了解网盘的使用方法和优缺点，知道如何上传、下载和分享文件。

（4）熟悉常用的截图工具的基本操作。

2. 技能目标

（1）熟练使用压缩软件对文件进行压缩和解压缩。

（2）学会使用格式转换工具和阅读工具高效管理和阅读各类文档。

（3）学会使用网盘进行文件的上传、下载和分享，实现资源的共享和协作。

（4）熟练使用截图工具截取屏幕内容，并会保存和分享。

问题情境

　　随着信息技术的快速发展，数字化学习资源在日常学习中扮演着越来越重要的角色。大学生未央的每门课程都有不同的学习资源，包括课堂 PPT、阅读材料、视频等。现在需要对本学期的课程资料进行整理：利用现有的数字化工具（如压缩解压软件、格式转换工具、网盘、截图工具等），根据课程、资源类型（如文档、视频、图片等）进行分类，采用统一的命名规则，如"课程名-内容描述.文件格式"，便于查找和排序，如图 4-1 所示。构建一个数字化学习资料库，并实现高效、安全的资源共享，如图 4－2 所示。要求所有资料需统一格式、适当压缩以节省空间，同时确保资料的安全性和易获取性，提升个人学习效率，同时也可以分享给班级同学，创造一个良好的学习资源交流环境，促进知识的共享与交流。

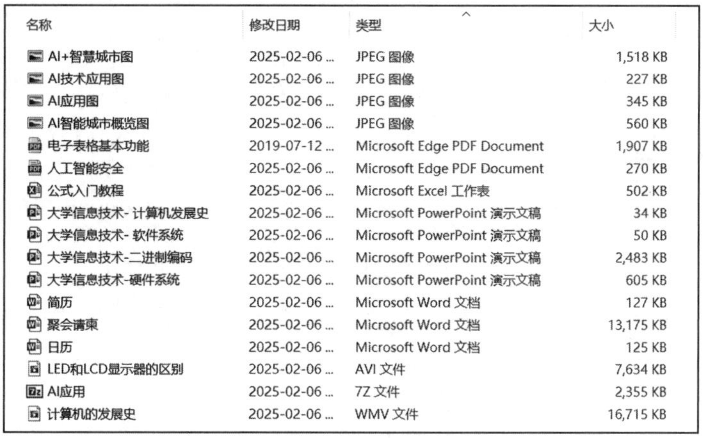

名称	修改日期	类型	大小
AI+智慧城市图	2025-02-06 ...	JPEG 图像	1,518 KB
AI技术应用图	2025-02-06 ...	JPEG 图像	227 KB
AI应用图	2025-02-06 ...	JPEG 图像	345 KB
AI智能城市概览图	2025-02-06 ...	JPEG 图像	560 KB
电子表格基本功能	2019-07-12 ...	Microsoft Edge PDF Document	1,907 KB
人工智能安全	2025-02-06 ...	Microsoft Edge PDF Document	270 KB
公式入门教程	2025-02-06 ...	Microsoft Excel 工作表	502 KB
大学信息技术- 计算机发展史	2025-02-06 ...	Microsoft PowerPoint 演示文稿	34 KB
大学信息技术- 软件系统	2025-02-06 ...	Microsoft PowerPoint 演示文稿	50 KB
大学信息技术-二进制编码	2025-02-06 ...	Microsoft PowerPoint 演示文稿	2,483 KB
大学信息技术-硬件系统	2025-02-06 ...	Microsoft PowerPoint 演示文稿	605 KB
简历	2025-02-06 ...	Microsoft Word 文档	127 KB
聚会请柬	2025-02-06 ...	Microsoft Word 文档	13,175 KB
日历	2025-02-06 ...	Microsoft Word 文档	125 KB
LED和LCD显示器的区别	2025-02-06 ...	AVI 文件	7,634 KB
AI应用	2025-02-06 ...	7Z 文件	2,355 KB
计算机的发展史	2025-02-06 ...	WMV 文件	16,715 KB

▲ 图 4－1　整理后的课程资源示例

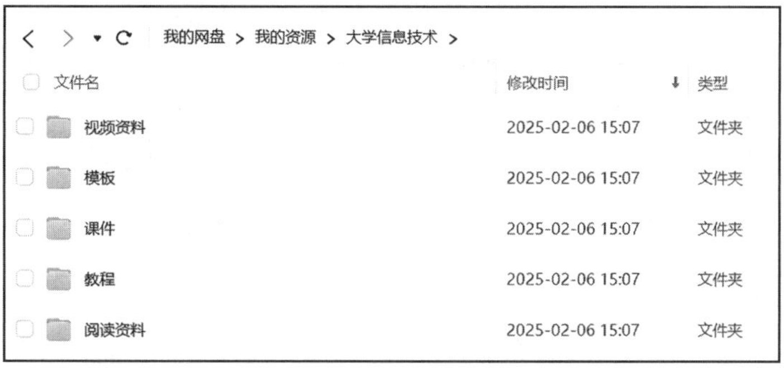

文件名	修改时间	类型
视频资料	2025-02-06 15:07	文件夹
模板	2025-02-06 15:07	文件夹
课件	2025-02-06 15:07	文件夹
教程	2025-02-06 15:07	文件夹
阅读资料	2025-02-06 15:07	文件夹

▲ 图 4－2　课程资源网盘存储

实验准备

数字资源的体积庞大，格式不统一，不便于直接存储和传输。可以使用压缩工具将其压缩至合适大小，用格式转换工具统一文件格式，通过阅读工具进行阅览时能够进行标注、高亮、笔记记录等，截图工具能够快速、准确地捕捉屏幕内容，网盘可以满足资料的安全备份和跨设备访问的需求。

一、压缩解压缩工具

常用的压缩工具有 WinRAR 和 7－Zip。WinRAR 是一款流行的压缩工具，以其友好的界面和高效的使用体验著称，支持多种压缩格式，并且在压缩率和速度方面表现出色，但高版本的 WinRAR 不免费。7‑Zip 是一款免费开源的压缩与解压软件,它具有高压缩比、支持多种格式、跨平台等特点,相比其他软件有更高的压缩比,而且相对于 WinRAR 不会消耗大量资源。7‑Zip 还可以进行分卷压缩,方便文件的存储和传输,支持对压缩文件内的文件进行部分操作,如查看、提取特定文件等。它界面简洁直观,能快速上手操作,提供了文件加密功能,可以对压缩文件进行密码保护。用户也可以根据自己的需求,灵活调整压缩参数,如压缩级别、字典大小等。接下来以 7‑Zip 工具为例介绍文件的压缩与解压缩。

1. 7‑Zip 下载安装

打开常用的下载网站或 7‑Zip 的官方网站,下载适合本机操作系统版本的 7‑Zip 安装包。通常,官方网站提供的安装包是最新版本的,也是最安全可靠的。

双击下载好的安装包,运行安装程序。在出现的安装界面中,选择安装路径。一般情况下,选择默认的安装目录即可,如图 4‑3 所示。

▲ 图 4‑3　7‑Zip 安装

2. 压缩文件

打开实验 4 素材文件夹,在"Songs"文件夹上右击鼠标,选择"7‑Zip/添加到压缩包",如图 4‑4 所示。

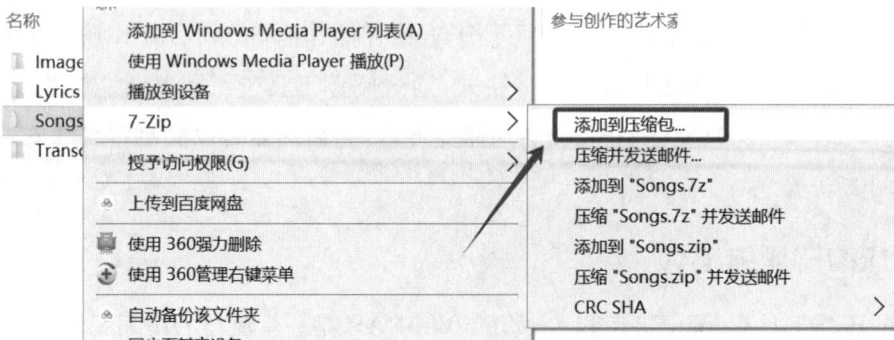

▲ 图 4‑4　文件压缩设置

在弹出的窗口中设置压缩文件的格式和压缩选项，如图 4-5 所示。压缩默认格式为 7z，这种格式通常提供较高的压缩比。根据需要选择合适的压缩等级，如果希望为压缩包设置密码保护，可以在此步骤中输入密码。设置完成后，单击"确定"开始压缩。压缩完成后，会得到一个压缩包文件。

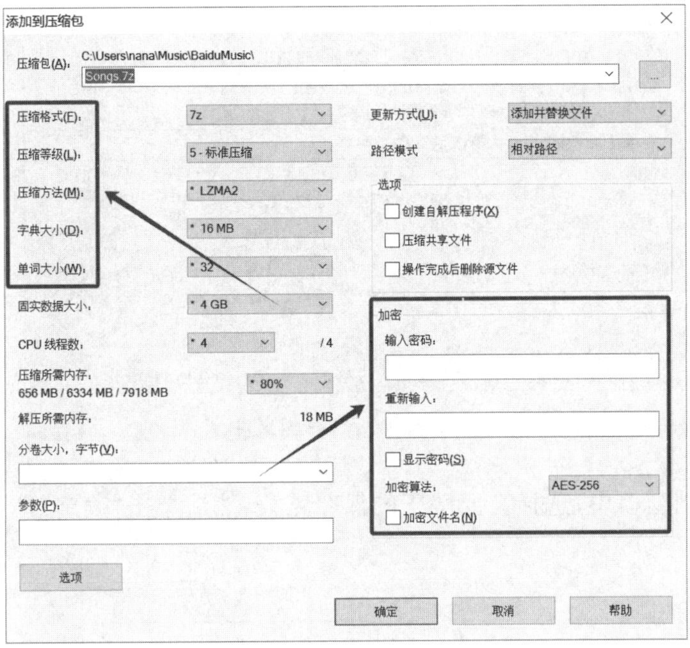

▲ 图 4-5　文件压缩设置

3. 解压缩文件

如果要对整个压缩文件进行解压，例如解压压缩文件"Songs. 7z"，可以直接在压缩文件"Songs. 7z"上右击鼠标，在弹出快捷菜单中选择 7-Zip，选择"解压文件"或"解压到当前位置"确定解压位置，完成解压，如图 4-6 所示。

▲ 图 4-6　解压路径和选项设置

如果仅对部分文件进行解压,例如解压压缩文件"AI 应用. 7z"中的"image2. jpg"和"image4. jpg"到当前文件夹,可以在"AI 应用. 7z"文件上右击鼠标,在快捷菜单选择 7 - Zip 中的"打开压缩包"。然后选择"image2. jpg"和"image4. jpg"文件,单击菜单中的"解压"选项,如图 4 - 7 所示。

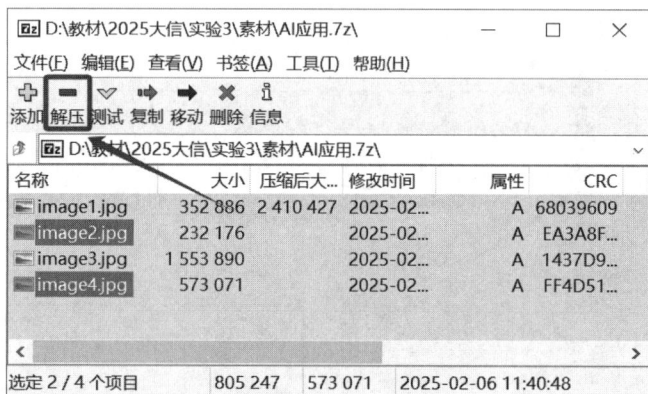

▲ 图 4-7　解压文件

在弹出的复制窗口中,选择需要解压的保存路径,然后单击"确定"即可解压文件,如图 4 - 8 所示。

▲ 图 4-8　解压路径选择

二、阅读工具

福昕 PDF 阅读器(Foxit Reader)是一款免费小巧的 PDF 文档阅读器和打印器,拥有快捷的启动速度和丰富的功能。

1. 福昕阅读器下载

首先,需要从福昕软件官网下载最新版本的福昕阅读器。选择页面上方的"产品"菜单,选择"福昕阅读器",然后在弹出的下载页面中选择适合电脑系统的版本进行下载,如图 4 - 9 所示。

▲ 图 4-9　下载福昕阅读器

2. 福昕阅读器安装

双击安装程序,按照安装提示进行安装。单击"下一步"按钮,阅读并同意许可协议;选择安装选项,如是否创建桌面快捷方式等;单击"快速安装"按钮,等待安装完成;安装完成后,启动福昕 PDF 阅读器。可以选择"帮助"将福昕 PDF 阅读器设置为默认的 PDF 阅读器,如图 4-10 所示。

▲ 图 4-10　福昕阅读器

3. 福昕阅读器使用

打开福昕阅读器,在"文件"菜单中选择"打开",选择要阅读的 PDF 文件,或直接拖放文件到程序窗口打开 PDF 文件。使用滚动条或方向键来浏览页面。还可以使用工具栏上的其他工具,如放大镜、搜索等。

Foxit Reader 提供了丰富的 PDF 阅读功能,支持多种视图模式和页面布局,用户可以根据需要自由调整。

页面视图:支持单页视图、连续视图、双页视图和双页对称视图,用户可以根据阅读习惯选择最适合的视图模式。

缩放和旋转:提供多种缩放方式,如页面宽度、页面高度、实际大小等,用户还可以自由旋转页面,方便阅读。

书签和大纲:支持 PDF 文件中的书签和大纲功能,用户可以快速导航到文档中的特定部分。

4. 注释和标记

Foxit Reader 提供了丰富的注释和标记工具,可以在 PDF 文档中添加批注、高亮、文本框等,打开素材文件夹中的"资料 2. pdf",可参照图 4 - 11 所示进行以下操作:

高亮和下划线:可以突出显示重要内容,方便后续查阅。例如在文中对"对抗样本攻击""后门攻击"文字进行"高亮"或"下划线"显示。找到并选中文字后,分别右击鼠标选择"高亮"或"下划线"即可。

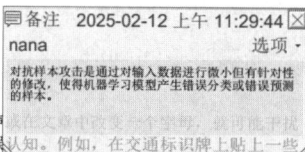

▲ 图 4 - 11 注释和标记示例

文本注释:支持添加文本框、便签、打字机等多种文本注释。例如给"对抗样本攻击"文字添加注释,内容为:"对抗样本攻击是通过对输入数据进行微小但有针对性的修改,使得机器学习模型产生错误分类或错误预测的样本。"可以在文档中的关键词中添加详细的注释说明加强理解。

图形注释:可以提供多种图形注释工具,如矩形、椭圆、箭头、线条等,也可以自由绘制图形标记。例如对"后门攻击"的关键部分表述进行线条标注。

5. 其他功能

Foxit Reader 还提供了其他一些实用的功能,如添加书签、旋转页面、提取文本和图片等。可以通过菜单栏上的相应选项或工具栏上的按钮来使用这些功能。

编辑 PDF：Foxit Reader 提供了基本的 PDF 编辑功能，如文本编辑、插入图片、修改错别字或更新信息等。选择编辑工具栏上的编辑选项即可进行编辑操作。

密码保护：可以设置 PDF 文件的打开密码或者权限密码，限制文档的访问和编辑权限。

安全签名：支持数字签名和安全签名，确保 PDF 文件的完整性和认证性。

保存和导出：单击工具栏上的保存按钮或者使用快捷键 Ctrl＋S 保存修改后的 PDF 文件。

三、格式转换工具

1. All To All

All To All 是一个免费的多功能在线文件转换工具，支持超过 200 种格式的转换，包括视频、音频、图片、字体等多媒体文件以及常见的 office 文件、PDF、电子书等文档的转换。使用 All To All 格式转换的具体步骤如下：

打开 All To All 的网站，单击"点击这里上传文件"，如图 4-12 所示。上传素材文件夹中要转换的文件"LED 和 LCD 显示器的区别.avi"。上传文件后，选择目标文件的格式，如图 4-13 所示。单击"开始转换"。转换完成后，可以下载转换后的文件到本地。

▲ 图 4-12　All To All 在线文件转换　　　　▲ 图 4-13　文件转换

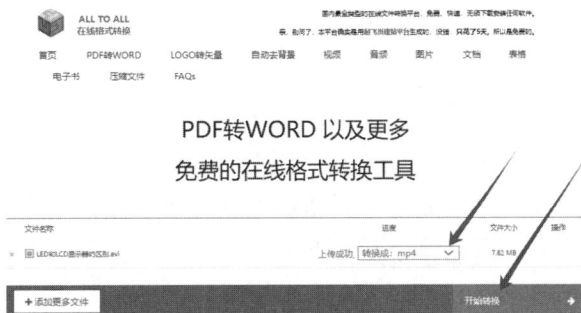

2. 格式工厂

格式工厂是一款免费、可直接安装使用的格式转换软件，支持几乎所有类型多媒体格式到常用的格式。打开格式工厂的网站首页，下载安装程序（例如：FormatFactory_setup.exe），启动安装。

打开安装界面后，单击"一键安装"按钮开始安装，按提示即可完成安装。

单击"选项"可以设置输出文件的位置，选择想要转换成的格式。例如将素材中的"资料 1.pdf"转换成"资料 1.docx"，选择"文档"中的"PDF→Docx"，如图 4-14 所示。

▲ 图 4 - 14　文件转换格式选择

　　选择"添加文件"后单击"确定",设置输出位置,默认路径是源文件所在的位置,如图 4 - 15、图 4 - 16 所示。

▲ 图 4 - 15　添加文件

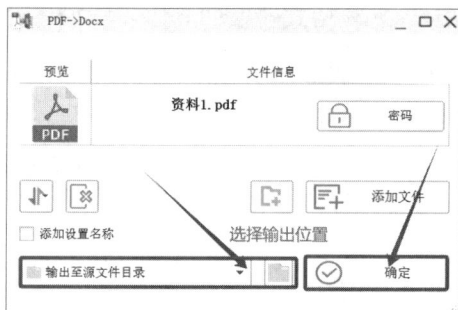

▲ 图 4 - 16　添加文件

　　在主界面单击"开始"按钮,即可完成格式转换,如图 4 - 17 所示,转换完成后的文件会存放在指定的输出文件夹中。

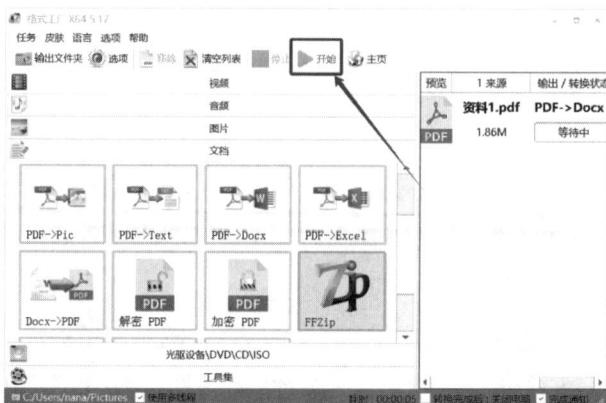

▲ 图 4 - 17　格式转换开始

四、百度网盘

百度网盘提供了较大的免费存储空间,支持多种文件格式的在线预览和在线播放,方便用户查阅文档和观看视频。用户可以通过网盘进行文件的上传下载,安全备份各类设备数据与文件,并实现跨设备文件自动同步与文件共享,同时百度网盘手机 APP 还具备文档扫描、去手写、证件拍摄、图片内文字提取等多种能力,也具有支持对扫描文件的自动存储和查找服务。

1. 百度网盘下载与安装

打开浏览器,访问百度网盘的官方网站,在网站上找到"下载"或"产品"选项,进入下载页面。选择适合操作系统的版本进行下载。双击安装程序,按照向导提示完成安装,包括选择安装位置、同意用户协议等步骤。安装结束后,可在桌面或开始菜单找到百度网盘快捷方式启动,如图 4-18 所示。

▲ 图 4-18　百度网盘登录

2. 百度网盘使用

打开百度网盘,使用百度账号登录,若无账号,可注册新账号。单击"注册"按钮,填写基本信息(如邮箱、密码等)完成注册。也可以使用手机号、邮箱或第三方平台账号登录。

登录后,主界面包括文件列表、文件分类和顶部菜单栏。

上传文件:单击网盘主界面左上角的"上传"按钮。选择要上传的文件或文件夹,支持拖曳文件到上传区域。上传过程中,可以查看上传进度和速度。

文件管理:在网盘的主界面,可以对文件进行分类管理,通过新建文件夹、移动文件、重命名文件等操作整理文件。还可以使用文件搜索功能,通过关键词快速找到需要的文件。

分享文件：找到要分享的文件或文件夹，单击文件名旁边的"分享"按钮，如图 4 - 19 所示。生成分享链接或二维码，发送给对方，如图 4 - 20 所示。对方单击链接或扫描二维码后，即可查看或下载文件。

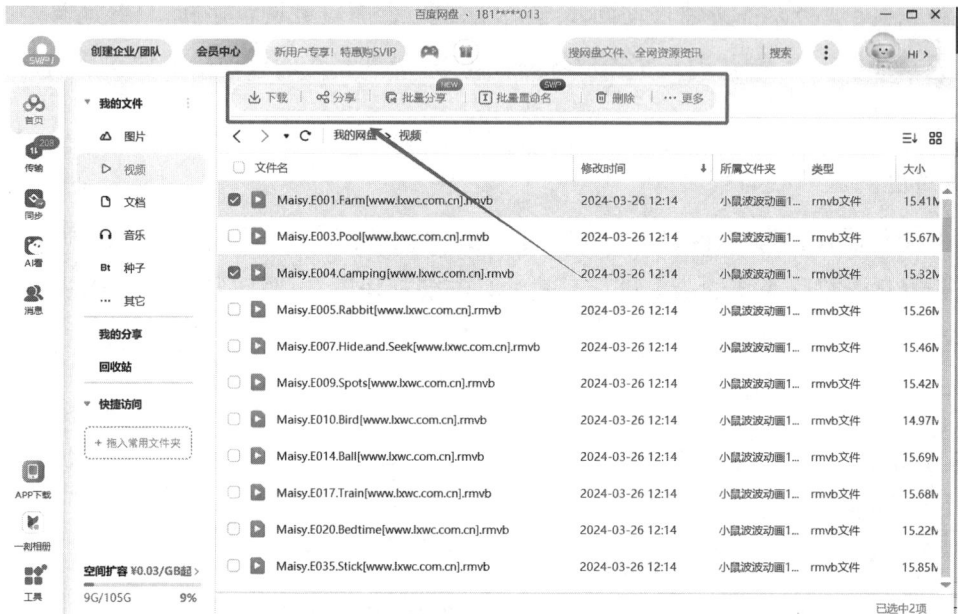

▲ 图 4 - 19 百度网盘文件管理界面

▲ 图 4 - 20 文件分享链接设置

下载文件：找到要下载的文件或文件夹，单击文件名旁边的"下载"按钮。选择下载路径，开始下载。

查看文件：在线预览文档、图片、视频等格式文件。

设置同步盘：使用同步盘功能，实现文件夹与网盘的同步。

五、截图工具

1. Snipping Tool 截图

Snipping Tool 是 Windows 自带的截图工具，提供四种截图类型：自由截图、矩形截图、窗口截图和全屏截图。截图后可以简单编辑，支持快捷键操作，如 Windows 徽标键＋<Shift>＋<S>可以打开截图工具，<Ctrl>＋<C>可以复制截图，<Ctrl>＋<S>可以保存截图，如图 4‑21 所示。

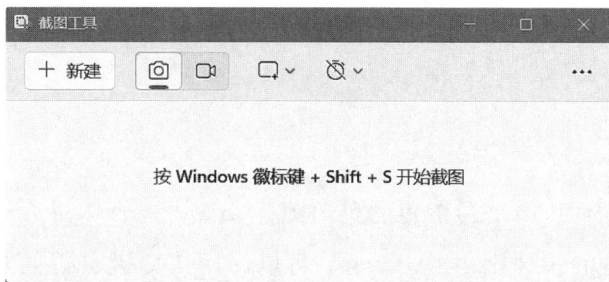

▲ 图 4‑21　Windows 截图工具

Windows 截图工具的方法如下：

① 使用 Windows 徽标键＋<Shift>＋<S>组合键截图。

按下 Windows＋Shift＋S 组合键，屏幕将变暗，同时鼠标变为十字架。按住鼠标左键，拖动鼠标选择想要截取的区域。松开鼠标后，截取的图像将被复制到剪贴板，选择将其保存到剪贴板或其他编辑软件中。

② 使用 Snipping Tool 截图工具。

以 Windows 11 系统为例，打开"开始"菜单，搜索并打开 Snipping Tool 截图工具。在 Snipping Tool 中，可以选择矩形、窗口、全屏等不同类型的截图方式，截图工具如图 4‑22 所

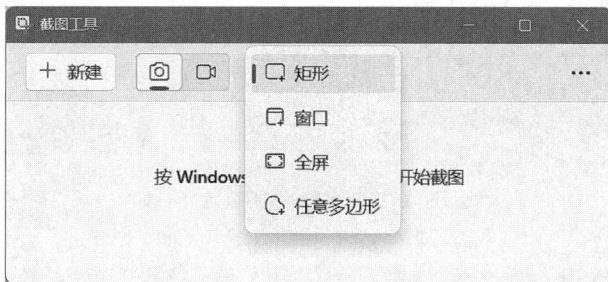

▲ 图 4‑22　Windows 截图工具

示。用鼠标框选截取区域后,截图将出现在 Snipping Tool 界面,此时可以对截图进行简单编辑,如图 4-23 所示。在此界面进行编辑,然后保存或复制到剪贴板即可。

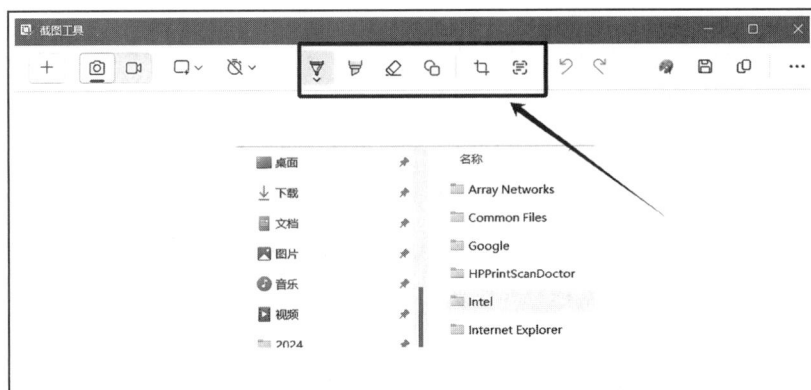

▲ 图 4-23 对截图编辑

2. 微信截图

登录微信客户端界面,单击左下角的菜单图标,单击"设置",进入设置界面,单击"快捷键"即可看到截取屏幕的快捷键是"Alt+A",可以使用快捷键进行截图,如图 4-24 所示。也可以在聊天窗口单击截图按钮(剪刀图标 A)进行截图,选择 A 的倒三角小标,选中弹出的"截图时隐藏当前窗口",可在微信截图时隐藏微信窗口。

▲ 图 4-24 微信快捷键的设置

完成截图后直接在微信聊天窗口进行编辑和分享,整个过程流畅无阻。它还提供了基本的画图和标注工具,用户可以添加箭头、矩形、椭圆等图形,以及文字注释,对于快速传达信息或标记重点非常有用。

实践与探索

一、资源的整理

① 打开"素材"文件夹,查阅素材文件夹中的数字资源,将压缩文件"AI 应用.7z"进行解压缩,解压到当前文件夹中,查阅解压后的文件。

② 对素材中的学习资料进行阅读和整理。参考图 4-1 对资源进行命名,方便查找资源。利用截图工具,对操作结果进行截图,保存为"SYSJ3-1.jpg"。

③ 认真阅读 pdf"资料 2",利用阅读工具对文中至少 3 处关键内容进行标注和记录,可以对关键词进行标注,也可以记录自己的阅读体会,并保存为"阅读笔记.pdf"

二、资源压缩与优化

① 对课程资料进行分类。参考图 4-2 根据资源类型进行科学分类,按资源类别进行命名。利用截图工具,对分类后的操作结果进行截图,保存为"SYSJ3-2.jpg"。

② 将素材文件夹中的所有 PPT 文件转换为 PDF 格式,对操作结果进行截图并保存为"SYSJ3-3.jpg"。

③ 对视频资料使用格式转换工具进行格式转换,尝试转换为更通用的格式(如 MP4),在减少文件大小的同时提高跨平台兼容性,节约存储空间。对操作结果进行截图并保存为"SYSJ3-4.jpg"。

三、资源存储与共享

① 阅读并理解各类资源的主题和内容,利用百度网盘的文件管理功能,建立合理的文件夹结构。

② 将课程资源按类别上传至百度网盘相应的文件夹中,设置合理的权限管理。

③ 通过微信群、班级群等方式,向全班同学分享你的数字化学习资源,鼓励大家积极使用和互相分享学习资源。

归纳与总结

完成本实验所有内容后,请将所学到的知识点和技能点填入表 4-1 和表 4-2,表格可以根据需要增加行;然后从已掌握和希望学习两个方面写出学习和完成本实验后的体会。

▼ 表 4-1 学到的知识点归纳表

序号	知识点名称	掌握情况	希望深入学习的相关内容
1			
2			
3			
4			

▼ 表 4-2 学到的技能点归纳表

序号	技能点名称	掌握情况	希望深入学习的相关内容
1			
2			
3			
4			

完成本实验后的体会是：

_____

_____

_____

_____ 。

实验 5
文字信息处理

实验目标

1. 知识目标

（1）掌握用大模型或文字处理软件进行文本内容生成的方法。

（2）理解常见文本保存类型和文本阅读器的使用方法。

（3）掌握文档编辑环境和文档的创建、保存、关闭。

（4）掌握字体、段落和页面格式设置。

（5）掌握打印预览和打印设置。

（6）掌握表格、图片、智能图形、文本框、公式和符号、艺术字、音频和视频等对象的插入和编辑。

2. 技能目标

（1）熟练掌握文本的创建与基本编辑技术。

（2）学会文档排版和布局。

（3）学会文档对象和部件应用。

（4）熟悉文档的内容管理和组织。

（5）学会利用智能助手进行文字处理。

问题情境

校学生会的宣传部干事近期有几项宣传文案需要制作：

1. 和生态环保部门合作，进行公益宣传。地下水是地球的隐秘宝藏，是生命之本、生态之基，但经常遭受工业废水、农业化肥和城市垃圾渗滤液等威胁。运用基本文字处理技术做一页有关地下水污染问题的宣传单，使文档重点突出、引人入胜，结果如图 5-1(a)所示。

2. 信息技术学院即将进行院庆，需要为计算机系做一页宣传单，使文档图文并茂，可读性强，能够结构化地表现该系的特点，结果如图 5-1(b)所示。

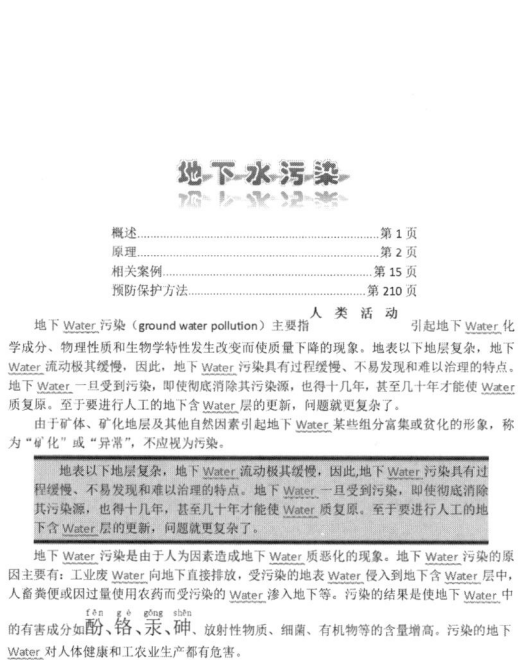

▲ 图 5-1(a)　文字处理基本功能实践探索样张　　▲ 图 5-1(b)　格式和排版实践探索样张

实验准备

进行文字信息处理需要熟悉文字处理软件的编辑环境、格式编排和对象插入等技术，本书选择国产信创软件 WPS 完成这一目标。为了和其他常见文字处理软件有良好的兼容，文件的保存格式选择.docx 格式。

一、基本编辑技术

1. 文档的新建、保存和关闭

新建文档，利用 LLM 生成或自行输入三段内容：第一段是自己对《大学信息技术 1》第一章的掌握情况，第二段是希望教师进行哪些改进，第三段是自己希望再学些什么内容。以文件名"word1.docx"保存在自己的 C 盘根目录中，然后关闭文档。

①　启动 WPS365 Office 教育版，选择"新建/文字/空白文档"，在默认打开的空文档窗口中输入自己的学习体会，每段完成后按回车键。

②　内容写完后利用"文件/保存"或者"另存为"命令，将文件保存为"Microsoft word 文件/Word 文档（＊.docx）"格式，保存时需正确选择"保存位置"为 C 盘根目录，在"文件名"文本框中输入"word1"。

③　单击文件标签右侧的"×"命令关闭文档，也可以尝试使用＜Ctrl＞＋＜W＞或＜Ctrl＞＋＜F4＞组合键关闭文档。

2. 编辑环境的设置和编辑工具的使用

打开配套素材中的"SJZB5-1.docx"，完成以下全部练习后将文件以原文件名保存在自己的 U 盘中。最终结果如图 5-2 所示。

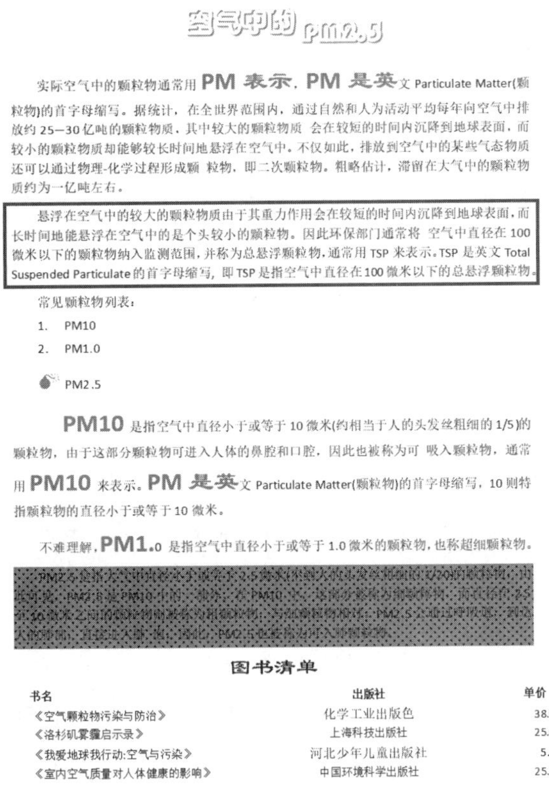

▲ 图5-2　文字处理基本功能实践准备样张

①　利用"视图/标尺"命令打开、关闭标尺，将插入点放入任意段落中，拖曳标尺上的游标体会作用。

②　通过状态栏上的按钮打开和查看"字数统计"对话框。

③　拖曳状态栏上的显示比例滑块查看不同的显示比例效果；通过"视图"上的命令按钮

查看文档在"单页""多页""页宽"等不同状态的显示效果。

④ 用"开始/段落"中的 ⇆ 显示和隐藏段落标记。

⑤ 通过状态栏上的视图切换按钮 ▣ ☰ ▷ ⊕ ✎ 或"视图"选项卡的命令按钮,查看文档在不同视图下的显示方式,了解不同视图的功能。

3. 文本编辑和查找替换

① 练习在"SJZB5‐1.docx"中利用键盘上的方向键和<Shift>键配合使用,实现不用鼠标选择字符和段落的功能。

② 将文章的第二、第三段合并,然后和第一段互换位置。操作完毕通过"撤销"按钮 ↻ 全部复原。

③ 将文章中除标题和最后一段以外的所有"PM"及其后任意两个字符格式设置为隶书、加粗、红色、20号、突出显示。

● 利用"开始/替换"命令,打开"查找和替换"对话框。在"查找内容"文本框中输入"PM",单击"特殊格式"按钮,选择"任意字符",在"PM"后将插入"＾?",然后再插入一个"＾?"。

● 将光标定位在"替换为"文本框中,单击"格式/字体"命令,设置题目要求的替换字体格式;单击"格式/突出显示"命令,设置题目要求的突出显示格式;单击"确定"按钮返回"查找和替换"对话框。

● 单击"替换"以及"查找下一处"按钮可逐个观察文字的替换情况,单击"全部替换"则一次替换全部需替换的内容。

4. 查看和修改文档属性、多文档比较

① 利用"文件/文档加密/属性",观察文档信息,修改作者姓名。

② 打开之前保存的"word1.docx"文件,利用"视图/并排比较"和"同步滚动"命令按钮,将两个文档进行对比,实现多文档查看。

5. 字体和段落格式设置

① 选定标题,通过"开始"选项卡"字体"组的字体和字号下拉列表框,设置标题字体为"华文彩云、22号"。单击"文字效果"按钮,选择"艺术字/艺术字预设"第2行第1列的效果。单击"开始"选项卡"段落"组的"居中对齐"命令按钮 ☰ ,将标题居中。

② 选定标题中的"PM2.5",单击"开始/字体"的对话框启动器按钮 ↘ 。打开"字体"对话框,利用"字符间距"选项卡将标题中的"PM2.5"的间距加宽5磅,位置下降10磅。

③ 选定所有段落,单击"开始/段落"的对话框启动器,在打开的"段落"对话框中选择"缩进和间距"选项卡,设置段前、段后间距都为3磅,首行缩进2个字符。也可以通过调整标尺上的游标完成缩进要求。

④ 利用"开始/段落"的"项目符号"命令三，进行"自定义项目符号"，如实验图 5-3(a)所示。单击"符号"按钮，打开"符号"对话框如实验图 5-3(b)所示，选择字体类型为"Wingdings"，双击选定的符号后，再单击"字体"命令按钮，设置项目符号字体为红色、16 号，观察预览效果后单击"确定"。选定另外两个项目，单击"开始/段落"中的"编号"按钮，添加默认项目编号。

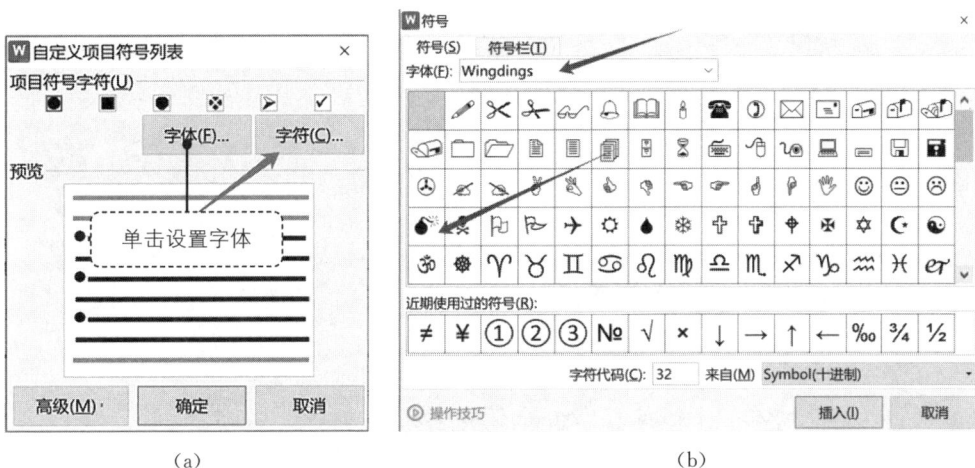

▲ 图 5-3　添加自定义项目符号

⑤ 单击鼠标将插入点放入第二自然段任意位置。选择"开始/段落"组的"边框"按钮，选择下拉列表中的"边框和底纹"命令，打开"边框和底纹"对话框，如图 5-4(a)所示，按样张给第二自然段添加"巧克力黄，着色 6，深色 25%"填充色、3 磅边框。

⑥ 将插入点移至最后一段，再次打开"边框和底纹"对话框中，选择"底纹"选项卡，如图 5-4(b)所示设置。给文章最后一段添加"巧克力黄、着色 6、深色 25%"填充色、"样式 20%、自动颜色"图案的底纹。

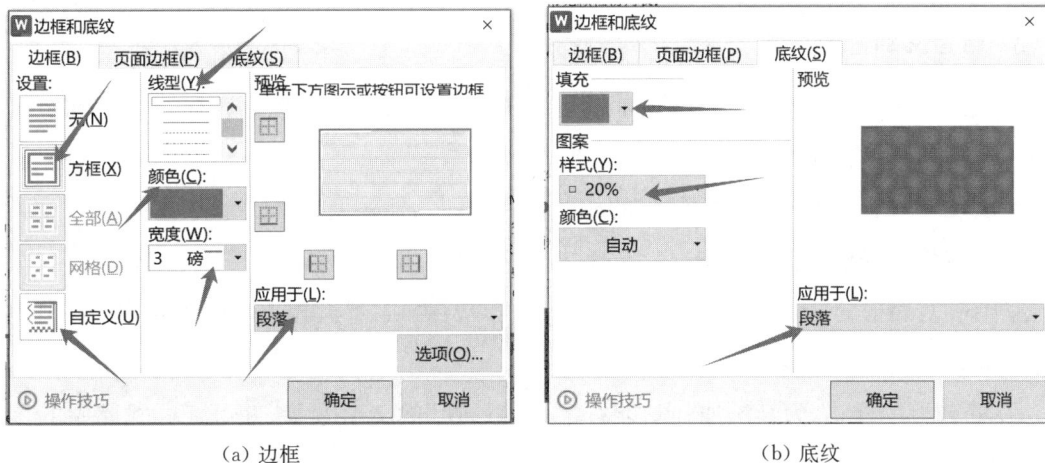

（a）边框　　　　　　　　　　　　　　　　（b）底纹

▲ 图 5-4　设置边框和底纹

⑦ 将插入点移至文档末尾,另起一行输入标题"图书清单",设置字体隶书、18 号字体。单击"段落"命令组中的"制表位"命令按钮 ⊞,打开"制表位"对话框。在如图 5 - 5 所示 1.35 字符、27 字符和 40.5 字符处设置左对齐、居中和小数点对齐制表位,单击"确定"按钮。按键盘<Tab>键,将光标定位后,如样张所示输入相应的文字,字体为宋体、9 号。

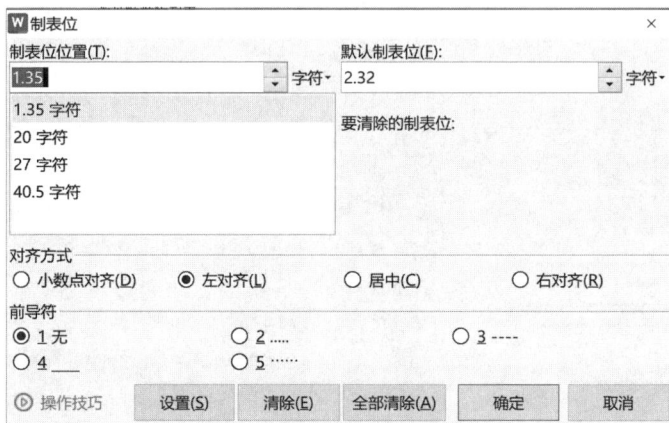

▲ 图 5 - 5 添加制表位

6. 打印预览和打印设置

单击"文件/打印/打印预览"命令,在右侧的预览栏中改变显示比例,查看打印预览效果;查看和练习设置页面属性和打印机属性;保存并关闭"SJZB5 - 1.docx"。

二、格式编排

打开配套素材中的"SJZB5 - 2.docx",完成全部练习后将文件以原文件名保存在自己的 U 盘中,最终结果如图 5 - 6 所示。

1. 自定义和修改样式

① 选定文档标题,设置字体为浅绿、华文新魏、20 号、加粗;将此标题样式保存到快速样式库,并命名为"计软样式"。

● 利用"开始"选项卡"字体"组中的相关命令按钮为标题设置格式。

● 选定设置好格式的标题文本,选择快速样式库中的"新建样式"命令,在随后打开的"新建样式"对话框的"名称"一栏输入"计软标题",单击"确定",此时所创建的样式将出现在快速样式库中。

② 修改标题样式,为其添加"阴影/右上角透视"的文字效果,并更新样式库中的该样式为最新的格式。

● 利用"开始"选项卡"字体"组中的"文字效果"将标题改为所要求的格式。

计算科学与软件工程

学院秉承"以学生为中心、以市场为导向、以创新求发展"的办学理念，坚持走办学国际化、运作市场化、产学研一体化的特色之路，培养高层次、实用型、复合型、国际化软件人才。

学院下设五个系一个据科学与工程系、嵌入式系、计算机科学技术系与算重点实验室、国家可信教育部软硬件协同设计技可信软件国际合作联合实件协同创新中心等学科基密码与安全研究中心等研局批准，国家软件人才国人才培训基地也均在我院落户。

中心，即软件科学与技术系、数软件与系统系、密码与网络安全计算中心，拥有上海市高可信计嵌入式软件工程研究中心（筹）、术与应用工程研究中心、教育部验室（筹）、上海市可信物联网软地，设有数据科学与工程研究院、究基地。此外，经国家外国专家际培训基地(上海)、国家对日软件

学院主持和参与的科研项目累计达 100 余项，涵盖 973、863、国家自然科学基金委等重点项目。聚焦安全攸关自主可控软件系统的应用，对接国家和上海市的软件领域的重大应用需求，为行业企业提供知识服务。

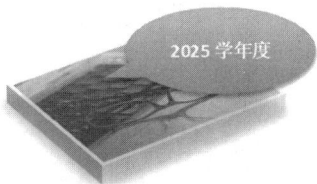

计软院课程表

星期\节数		星期一	星期二	星期三	星期四	星期五
上午	第1节	数电	模电	C语言	大学英语	操作系统
	第2节	数电	模电	C语言	大学英语	操作系统
	第3节	实验	实验	上机	口语	自习
	第4节	实验	实验	上机	口语	
下午	第1节		操作系统		大学物理	上机
	第2节		操作系统		大学物理	上机

姓名	学号	成绩
李四	202402	77
王五	202403	84
张三	202401	98

▲ 图 5-6　格式编排实践准备样张

● 选定修改后的样式，在快速样式库中右击"计软标题"，在快捷菜单里选择"更新计软标题样式以匹配所选内容"。

2. 创建表格

在文章后面建立如图 5-7(a)所示的表格：

① 单击"插入"选项卡"表格"组的"插入表格"命令，设置好相应的行数和列数；放置"星期\节数"的单元格须由原本左对齐和右对齐的两个单元格合并而成。

② 选定"上午""下午""自习"等处，原有多个单元格，利用自动出现的"表格工具"标签的"合并单元格"命令将其合并。

③ "上午""下午""自习"三个单元格的垂直居中：利用"表格工具"中有关布局的命令，如图 5-7(b)所示，选择"单元格"选项卡，完成设置。

节数＼星期		星期一	星期二	星期三	星期四	星期五
上午	第1节	数电	模电	C语言	大学英语	操作系统
	第2节	数电	模电	C语言	大学英语	操作系统
	第3节	实验	实验	上机	口语	自习
	第4节	实验	实验	上机	口语	
下午	第1节		操作系统		大学物理	上机
	第2节		操作系统		大学物理	上机

(a) 表格样张　　　　　　　　　　(b) 设置表格属性

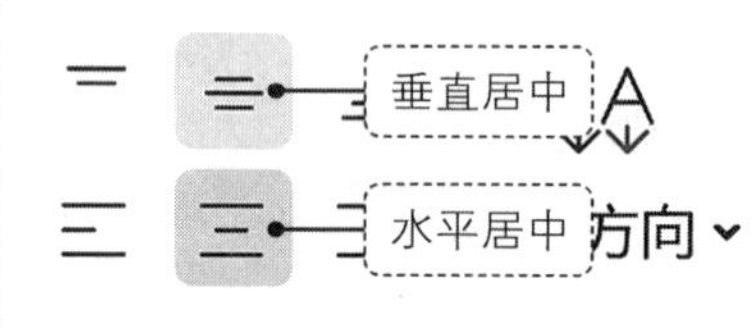

▲ 图 5-7　添加表格

④ 其中"节数\星期"单元格内的斜线可以利用"表格工具/绘制表格"命令 ▦ 绘制,不需要的表格线条可以利用"擦除" ▦ 擦去。斜线最好是在整个编辑基本完成后再绘制,否则不易取消。

3. 表格编辑

① 将表格中数据自动调整为适合数据内容的列宽,并在整个页面居中。

② 在表格上方插入新行,并输入标题"计软院课程表"。

③ 按样张将表格标题字体设置为绿色、22 号、加粗、隶书,标题所在单元格设置为"浅绿"填充、"15％、自动"图案的底纹;标题所在单元格下边框线设置为绿色、3 磅虚线;整个表格设置为样张所示的绿色、3 磅外边框。

● 选取整个表格,单击"开始"选项卡"居中"按钮;在"表格工具"中单击"自动调整/根据内容调整表格"命令。

● 选定表格第一行,右击并在快捷菜单里选择"插入/在上方插入行",选定新插入的行的所有单元格,右击鼠标,选择"合并单元格"。

● 选定表格标题单元格,输入标题"计软院课程表",利用"开始/字体"命令设置标题字体;利用"表格样式/边框/边框和底纹"打开"边框和底纹"对话框,按题目要求的格式设置标题行的底纹和虚线下边框。继续选定整个表格,用类似方法按题目要求设置整个表格的外边框,如图 5-8 所示。

④ 在表格下方输入一个空行后输入以下文本(每行文本以回车结束):

姓名,学号,成绩

张三,202401,98

李四,202402,77

王五,202403,84

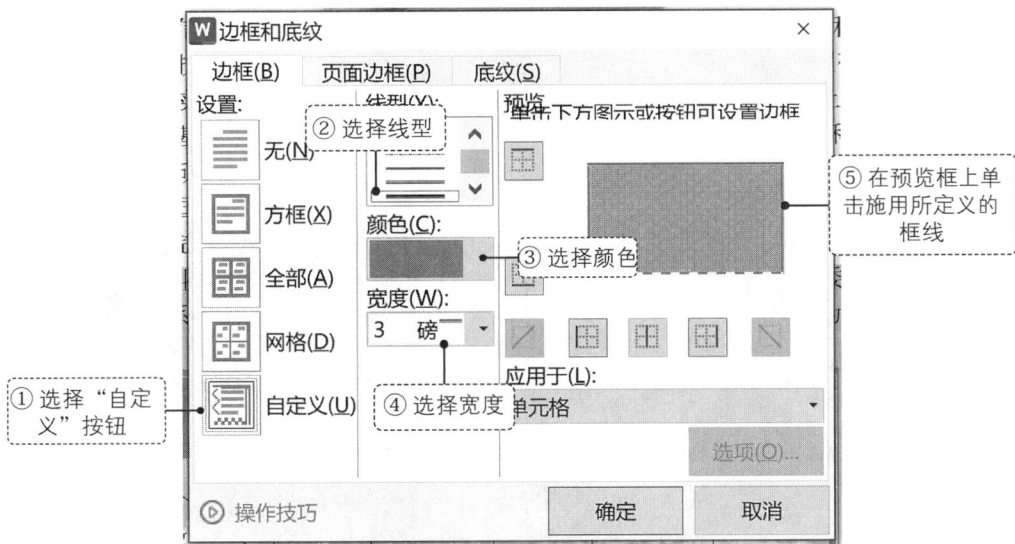

▲ 图 5-8 设置边框

将上述文本转化为表格,并套用样张所示的内置表格样式。

⑤ 将转换后的表格按成绩由低到高排序。

● 输入并选定需转换为表格的文本内容,单击"插入"选项卡"表格/文本转换成表格"命令,在随后打开的"将文字转换成表格"对话框中,选择文字分隔位置为"逗号"。

● 将插入点移入套用表格样式后的表格任意单元格,单击"表格工具/排序"命令 ![排序图标], 在"排序"对话框中,设置主要关键字为"成绩",类型为"数字","升序"排列,有标题行,单击"确定"完成表格设置。

● 选定转换后的表格,在"表格样式"组的快速样式库里选择套用橄榄绿主题色、"首行"底纹填充的预设样式后"确定"。

4. 图片操作

① 插入素材"SJZB5-2-1.jpg",将图片大小调整为原来的 25%,并按样张所示裁剪掉笔记本的屏幕。

● 单击"插入"选项卡"图片/本地图片"命令按钮,打开"插入图片"对话框,找到指定素材文件后单击"插入"。

● 在自动显示的"图片工具"动态标签中,打开大小和位置命令组的对话框启动器,在如图 5-9(a)所示的"布局"对话框"大小"选项卡中,将"缩放"修改为原始大小的"25%"后单击"确定"按钮。

● 单击"图片工具"的"裁剪"按钮,拖曳图片上出现的裁剪控制点,如实验图 6-4(b)所示,在文档空白处单击确定此裁剪操作。

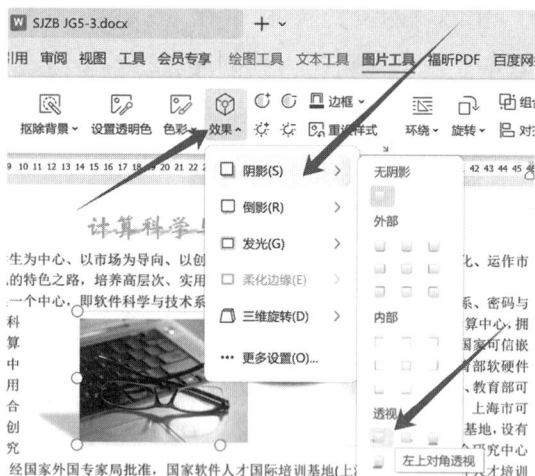

▲ 图 5-9 调整图片大小和裁剪

② 继续选定图片,单击"图片工具/效果/阴影"的"左上对角透视",如图 5-10(a)所示。

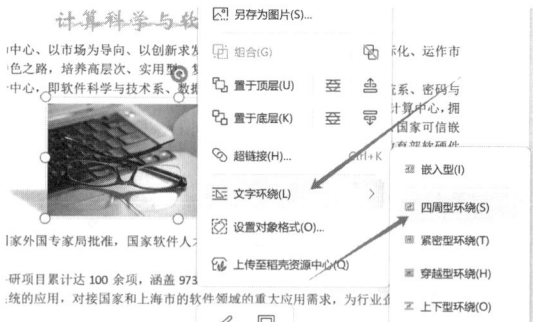

▲ 图 5-10 设置图片颜色和环绕

③ 在图片上右击,在快捷菜单中选择"环绕文字/四周型环绕",如图 5-10(b)所示;将鼠标指向图片,当鼠标指针变成四方向箭头时移动图片至样张所示位置。

④ 给文档添加图片水印,选择素材"SJZB5-2-2.jpg",结果如样张所示。

● 插入素材图片,单击"图片工具/色彩/冲蚀"。

● 右击图片,在快捷菜单中选择"环绕文字/衬于文字下方"。

⑤ 形状操作,图片右上角插入如样张所示的形状,并输入 14 号、加粗的文字"2025 学年度"。

● 单击"插入"选项卡"形状/标注/椭圆形标注",鼠标光标变成十字形,拖曳鼠标如样张所示绘制形状;在随后自动显示的"绘图工具/填充/主题颜色"中选择"深灰绿"。

● 在所插入的形状中输入文字,利用自动出现的"文本工具"浮动工具栏,将字体设置为 14 号、加粗。

设置完毕,保存并关闭当前文件。

三、对象的插入和编辑

打开素材"SJZB5-3.docx",完成全部练习后将文件以原文件名保存在自己的 U 盘中。最终结果如图 5-11 所示。

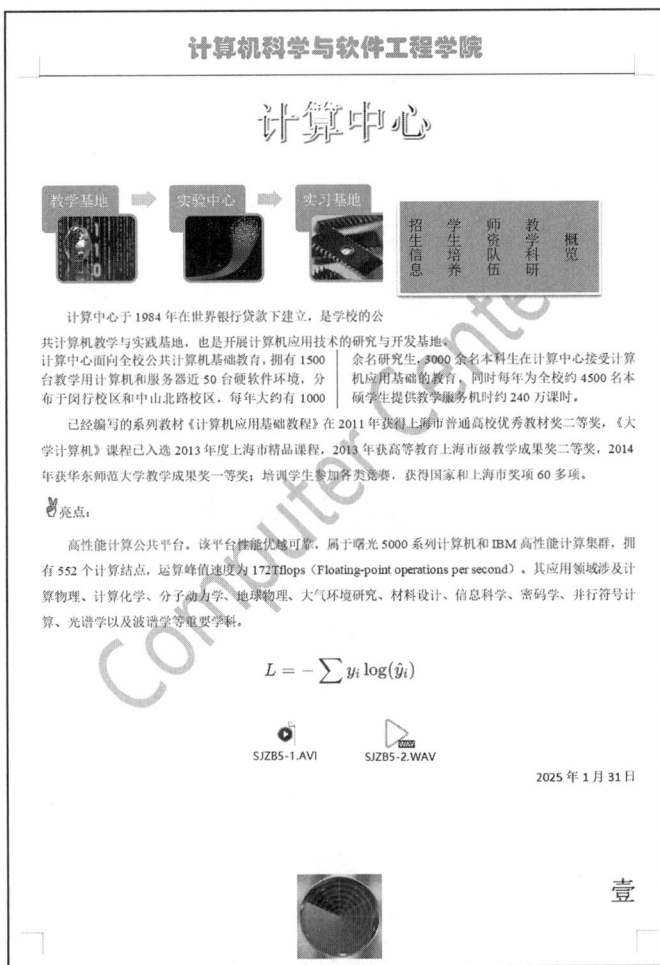

▲ 图 5-11　对象的嵌入和编辑结果样张

1. SmartArt 操作

利用素材文档中的图片"SJZB5-3-1.jpg""SJZB5-3-2.jpg"和"SJZB5-3-3.jpg",如样张所示组成 SmartArt,其中文字字体为宋体、12 号,更改颜色为"着色 6"。

提示:

单击"插入/智能图形/SmartArt/流程",选择如样张所示的 SmartArt;用剪切、复制,或者右击鼠标后在快捷菜单中选择"填充图片/本地图片"等方法,将素材中的图片放入 SmartArt。直接在 SmartArt 中的文本占位符上输入样张所示的文字"教学中心""实验基地""实习基地",根据要求设置字号。利用自动出现的"设计"浮动工具栏,更改 SmartArt 的"系列配色",用控制点调整大小,用"环绕"调整和文本以及标题的关系。

2. 文本框操作

将文档中的"概览"如样张所示加入竖排文字文本框中,"基本信息"的所有字符加大 2 号,如样张所示图文混排,并修改配色如样张所示。

提示:

先选定需要放入文本框的内容,再单击"插入/文本框/竖向",适当调节文本框大小和位置如样张所示;字符大小通过"开始/字体"中的按钮实现;文字排列通过"开始/段落"中的按钮实现;颜色效果通过选定文本框后自动浮现的"绘图"中的快速样式库实现,如图 5-12 选择主题颜色和预设样式。

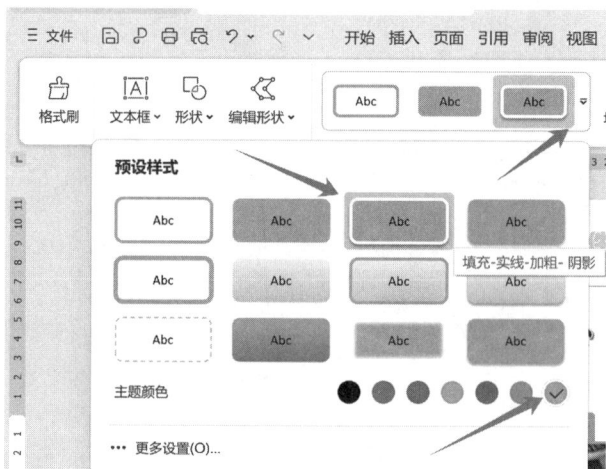

▲ 图 5-12 设置文本框样式

3. 页面布局

将文档左、右页边距调整为 2 厘米,把第二自然段分成带分隔线的两栏,并给文档加入文字水印"Computer Center",效果如样张所示。

① 利用"页面"选项卡的"页边距"命令,选择"自定义页边距",按需求设置。

② 选定第二自然段的内容,单击"页面/分栏"命令,选择"更多分栏",按需求设置。

③ 单击"页面/水印"命令,选择"自定义水印/添加",在打开的如图 5-13"水印"对话框中选择"文字水印",水印颜色为"巧克力黄,着色 6"。类似地,可以在"水印"对话框中选择"图片水印",然后自行尝试用自己喜欢的图片做"图片水印"的效果。

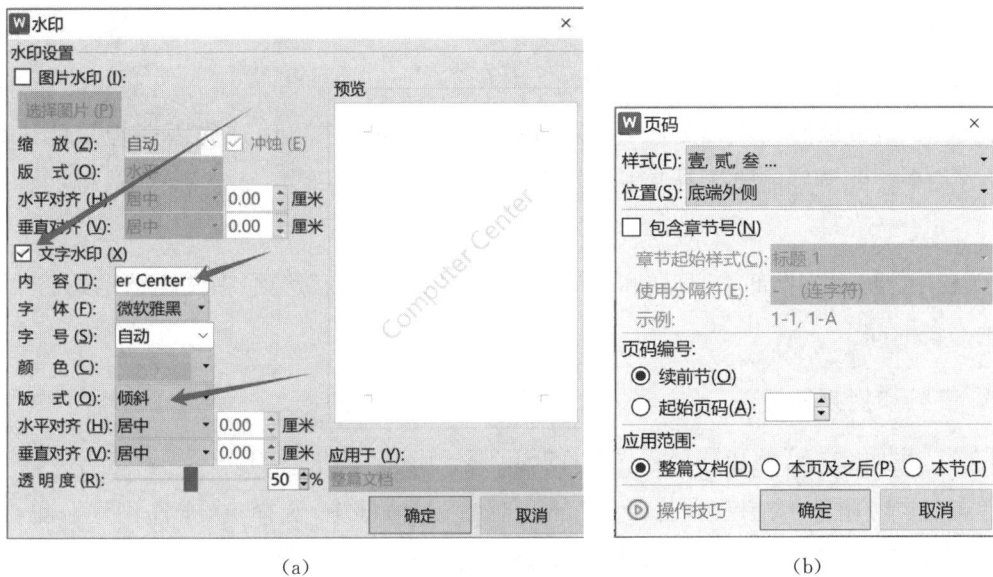

(a)　　　　　　　　　　　　　　　(b)

▲ 图 5-13　设置水印和页码

4. 页眉、页脚和页码设置

① 插入页眉,内容为"计算机科学与软件工程学院",字体为华文琥珀、20 号,巧克力黄、着色 6。

② 插入页脚,插入素材文件夹的图片"SJZB5-3-5.jpg",大小调整为原来的 10%,在页脚居中。

③ 如图 5-13(b)所示插入页码,页码格式为"壹,贰,叁…",位置在"底端外侧"。

提示:利用"插入/页眉页脚"中的"页眉""页脚"和"页码"命令完成。

5. 符号与编号、艺术字、公式、日期和时间的插入和编辑

① 利用"插入/符号"组中的"符号"命令,添加自定义符号,符号字体为"Wingdings",在文中的"亮点"前插入样张所示的符号,并将格式设置为红色、加粗、20 号。

② 选定标题后,利用"插入/文本/艺术字"命令将标题设置为艺术字,采用艺术字库中"填充-黑色,文本 1,轮廓-背景 1,清晰阴影-背景 1"的效果,字体为宋体、36 号,并将版式调整为"上下型环绕"。

③ 利用"插入/公式/公式编辑器",在文档最后居中插入公式:

$$F(\omega) = \sqrt[3]{\frac{1+a_2}{\sum\limits_{n=1}^{5} a^n}} \int\limits_{-\infty}^{\infty} f(t)e^{-j\omega t}dt$$

也可以根据主题要求,选择一个可以代表计算机系的特色公式,比如样张所示的人工智能领域的代表公式——交叉熵损失公式:

$$L = -\sum yi\log(\hat{y}i)$$

在这里,也可以问问大语言模型 DeepSeek 等,像物理系可以选爱因斯坦质能方程一样,选用一个公式特别能代表计算机系,这个公式可以印在学院的纪念品上,例如杯子和 U 盘。

④ 利用"插入/文档部件/日期和时间",并勾选"自动更新"选项,在文档结尾处插入可以更新的系统时间。

6. 音频和视频的插入

在公式后面插入音频和视频素材文件"SJZB5‐1. AVI"和"SJZB5‐2. WAV"。

单击"插入/附件/对象",在打开的"插入对象"对话框中,选择"由文件创建",单击"浏览"按钮,找到指定文件后单击"插入",在"对象"选项卡里单击"确定"。

注意,在文档中插入的音频和视频对象后,在文档中仅出现对象图标,如图 5‐14 所示,双击对象图标后将启动本地计算机上安装的默认媒体播放程序进行播放。

SJZB5-1.AVI   SJZB5-2.WAV

▲ 图 5‐14 音频和视频对象图标

实践与探索

利用素材文件,达成问题情境中提出的文字处理目标。

一、地下水污染问题的宣传单

① 打开"SJTS5‐1. docx"文件,将文档中除标题以外所有的"水"替换成楷体 11 号、蓝色、双曲蓝色下划线的"Water"。

② 对文档标题"地下水污染"设置格式为:蓝色、华文琥珀、2 号,并设置阴影和倒影等文

本效果,居中显示。

③ 设置文中的"酚、铬、汞、砷"格式为 16 号,添加拼音指南。

④ 设置文章第一段中的"人类活动"4 个字格式为加粗、间距加宽 5 磅,位置提升 10 磅。

⑤ 将正文所有段落设置为首行缩进 2 个字符。

⑥ 将第三自然段左右缩进各 1 厘米。

⑦ 给第三自然段添加如样张所示的自定义蓝色、3 磅边框;"钢蓝,着色 1,浅色 60%"的底纹。

⑧ 利用制表位给文章开始的目录添加如样张图 5 - 1(a)所示的制表位。

提示:包括一个在 8 字符处的左对齐制表位,和一个在 32 字符处的带前导符的右对齐制表位。

二、计算机系情况简介

① 打开 SJTS5 - 2.docx 文件,设置文档标题为艺术字预设样式第一行第三个,字体为宋体、36 号,居中。

② 在文档中插入素材文件"SJTS5 - 2.jpg",将原始背景删除后添加橘色的预设渐变效果填充。

③ 插入如样张所示的横排文字文本框,将修改图片的文字环绕方式,适当调整大小后放入该文本框,改变文本框填充色为"标准色/深红",适度调整大小后,在样张所示位置与文本混排。

④ 如图 5 - 1(b)样张所示插入 SmartArt,输入文字"博士、硕士、本科、创新人才",与文本混排。

⑤ 修改文末的表格格式,套用预设表格样式,并使表格在页面居中。

⑥ 在文末利用艺术字和符号完成样张所示的效果。

⑦ 设置左右页边距都为 2 厘米。

三、《校园生活掠影》创作

作为一名校园记者,需要撰写一篇关于校园生活的文章,要求充分展现校园内学生的学习、生活、活动等丰富多彩的场景。使用 WPS 等文字处理软件完成文字编辑、排版、图片插入等工作,并利用大语言模型辅助创作,最后保存为 SJTS5 - 3.docx。具体要求如下:

① 主题明确:文章主题为"校园生活掠影",要求在 300—500 字之间。

② 内容丰富:需涵盖学习场景(如课堂、图书馆)、生活场景(如宿舍、食堂)、活动场景(如运动会、社团活动)等方面,每个方面至少有一个生动的描述段落。

③ 语言优美:要求语言流畅、生动形象,能够吸引读者。在撰写过程中,可利用大语言模

型生成与校园生活相关的优美句子,或对段落进行润色优化。

④ 排版美观:使用 WPS 等文字处理软件进行排版,设置合适的字体、字号、行距等,使文档整体美观大方。需包含至少一个表格(用于统计数据,如学生参与活动情况)和一张图片。

归纳与总结

完成本实验所有内容后,请将所学到的知识点和技能点填入表 5-1 和表 5-2,表格可以根据需要增加行;然后从已掌握和希望学习两个方面写出学习和完成本实验后的体会。

▼ 表 5-1　学到的知识点归纳表

序号	知识点名称	掌握情况	希望深入学习的相关内容
1			
2			
3			

▼ 表 5-2　学到的技能点归纳表

序号	技能点名称	掌握情况	希望深入学习的相关内容
1			
2			

续表

序号	技能点名称	掌握情况	希望深入学习的相关内容
3			

完成本实验后的体会是：

_____

_____。

实验 6
长文档及在线文档编辑

实验目标

1. 知识目标

（1）理解什么是长文档，了解长文档的使用场景。

（2）了解给长文档添加可自动更新的目录的好处。

（3）掌握什么是脚注和尾注，了解使用脚注和尾注的意义。

（4）了解腾讯文档的基本功能和使用场景。

（5）理解文档合作编辑的概念及其在团队协作中的重要性。

2. 技能目标

（1）掌握如何给长文档添加自动更新的目录，并学会灵活使用导航窗格在长文档内部跳转。

（2）掌握如何添加、删除脚注。

（3）掌握如何添加、删除尾注。

（4）学会创建和编辑腾讯文档，并进行格式调整。

（5）学会邀请他人加入文档合作编辑，并设置合适的权限。

（6）学会在腾讯文档中进行版本管理，确保文档内容的准确性和可追溯性。

问题情境

一、长文档编辑

小华是一名软件工程师，由于当前人工智能发展迅速，为了找准热点开发相关教育类人工智能产品,他整理并撰写了《国际人工智能教育研究的基本图景及热点分析》。为了使文档的逻辑看起来更加清晰、内容易于查找并符合学术规范,他打算使用 WPS Office 的长文档功能对文档进行编辑,并且聚焦以下三个方面:修改文档结构、生成目录、添加合适的脚注和尾注。

二、在线文档编辑

当前社会正处于快速发展与深刻变革时期,创新已成为驱动经济增长、产业升级和社会进步的关键动力。在此背景下,大学生创新创业竞赛作为培养和选拔创新型人才的重要平台,为青年提供了实践机会。某校学生团队积极参与此类竞赛,现需以项目负责人身份高效推动团队成员之间的协作,完成创业项目计划书的撰写工作。

实验准备

使用 WPS Office 打开素材中的"SYZB6.docx",进行以下操作,操作完成后,以原文件名进行保存。

一、文档结构与导航

1. 设置标题样式

修改文档现有标题样式。通过"开始"选项卡中的"预设样式"中的样式进行设置,如图 6-1 所示。其中"FineBI V6.0 产品介绍"设置为"标题 1"样式,"1. 自助式 BI 的趋势与未来""2. FineBI 核心场景""3. FineBI 优势功能"设置为"标题 2"样式,"2.1 一站式数据分析和处理平台""2.2 赋能业务人员,自由定义 IT 与业务最佳配合模式""2.3 辅助企业制定经营管理策略,拆解目标,推进执行""2.4 洞察业务波动,追根究因,快速响应解决""3.1 数据分析六大核心能力"设置为"标题 3"样式。

按照前面的设置方法把文中的 3.1.1、3.1.2、3.1.3、3.1.4、3.1.5、3.1.6 所在的行设置为"标题 4"样式。

预设样式

正文	标题 1	标题 2	标题 3
标题 4	标题 5	标题 6	正文缩进
批注文字	正文文本	目录 3	纯文本
批注框文本	页脚	页眉	目录 1
脚注文本	目录 2	普通(网站)	标题

新建样式(N)...
清除格式(C)
显示更多样式(A)
另存此文档为新样式集

▲ 图 6-1 设置标题样式

2. 使用导航窗格

在"视图"选项卡中,打开"导航窗格",将会显示文档的层级结构。在导航窗格中,点击任意标题即可快速跳转到相应部分。导航窗格既可以靠右显示,也可以靠左显示,不需要时可以隐藏,如图6-2所示。

▲ 图6-2 设置导航窗格

二、自动生成目录

1. 插入目录

通过"引用"选项卡中的"目录"创建目录。将光标定位在文档开头或需要插入目录的位置,单击"引用"选项卡,选择"目录",然后选择一种目录样式,WPS会根据标题样式自动生成目录。系统自动目录只能生成第3级目录,若要生成第4级甚至更高级目录,需要通过如图6-3所示的"目录"对话框自定义目录的显示级别。

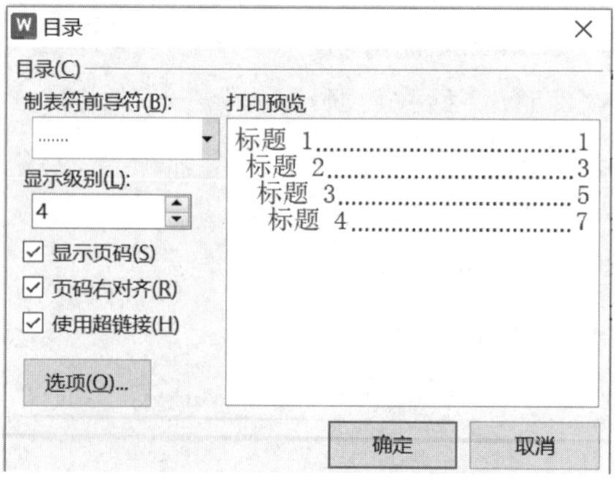

▲ 图6-3 自定义目录对话框

2. 更新目录

若文档的章节结构发生变化,可以修改已经生成的目录。点击目录,选择"更新目录",

然后在弹出的对话框中选择"更新整个目录"以更新所有内容,如图 6-4 所示。把光标定位在标题"FineBI V6.0 产品介绍"左侧的空白处,单击"引用"选项卡中的"目录"按钮,在如图 6-5 所示的弹出窗口中选择"自动目录"。上述操作完成后,自动生成的目录如图 6-6 所示,导航窗格内容如图 6-7 所示。

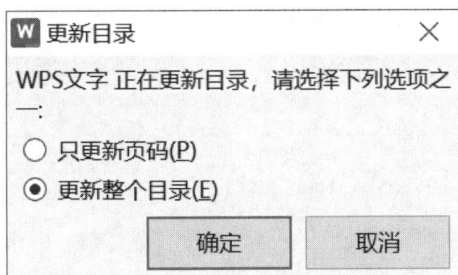

▲ 图 6-4　更新目录对话框

▲ 图 6-5　目录窗口

▲ 图 6-6　自动目录

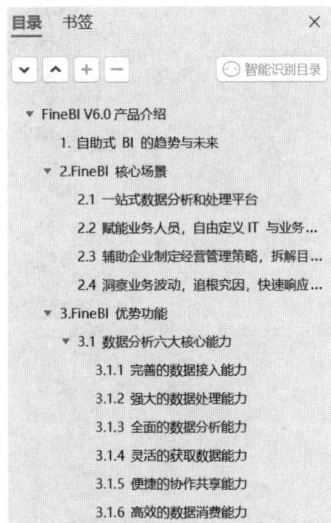

▲ 图 6-7　导航窗格

三、脚注和尾注

1. 插入脚注

在需要添加注释的文本旁,点击"引用"选项卡下的"插入脚注",将在页面底部添加注释,并自动在文本旁生成上标编号。

在文档中找到"3.1.3.1 数据编辑",对其中的"(1)快捷工具栏区"添加脚注"快捷工具栏区常用的计算有:日期格式转换、汇总计算、文本拼接等"。在文档中找到"3.1.3.2 指标计算"并对其添加脚注"指标计算有快速计算和高级计算"。

2. 插入尾注

尾注通常用于文档末尾的参考文献列表。在"引用"选项卡下选择"插入尾注",注释将出现在文档的末尾。

对文档的标题"FineBI V6.0 产品介绍"添加尾注"本文内容摘自 https://src.fanruan.com/down/pdf/finebi/finebi6.0.pdf"。

脚注和尾注的编号格式可以通过如图 6-8 的脚注和尾注对话框灵活设置。"脚注/尾注分隔线"默认为不显示,可通过点击菜单中的 ![脚注/尾注分隔线] 灵活设置。

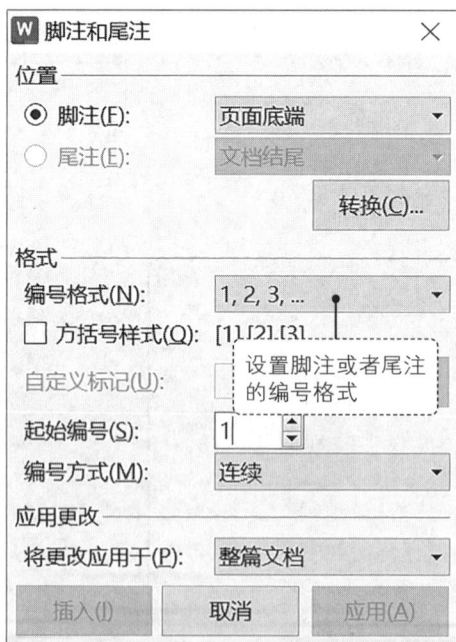

▲ 图 6-8 设置脚注和尾注格式

四、腾讯文档创建

使用浏览器打开 https://docs.qq.com/,或启动 PC 版的腾讯文档应用程序,使用 QQ/

微信/企业微信账号一键登录,即可开始使用。

　　除了新建空白文档外,还可以将已有的文件导入到腾讯文档。单击"新建/导入文件",选择"计算机社团年度计划模板. docx",单击"转为在线文档多人编辑",单击"确定"完成导入,如图 6-9 所示。

▲ 图 6-9　将已有文件导入为腾讯文档

五、腾讯文档格式设置

可以像在 WPS 中一样,对腾讯文档进行格式设置以满足用户的需要。

1. 切换工具栏风格

　　单击"工具栏切换"按钮,单击"专业工具栏",可将工具栏风格切换为与 WPS 界面类似的风格,如图 6-10 所示。

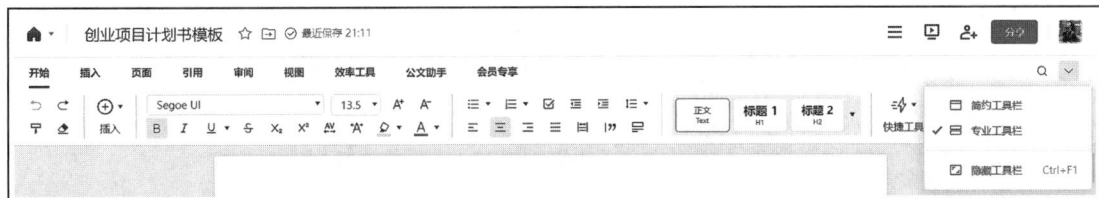

▲ 图 6-10　切换工具栏风格

2. 生成文档大纲

　　为文档中的各级标题设置对应级别的标题样式,产生文档大纲,如图 6-11 所示。如果设置标题样式后，文档大纲依然没有显示，请单击大纲区域内的"大纲"标签。

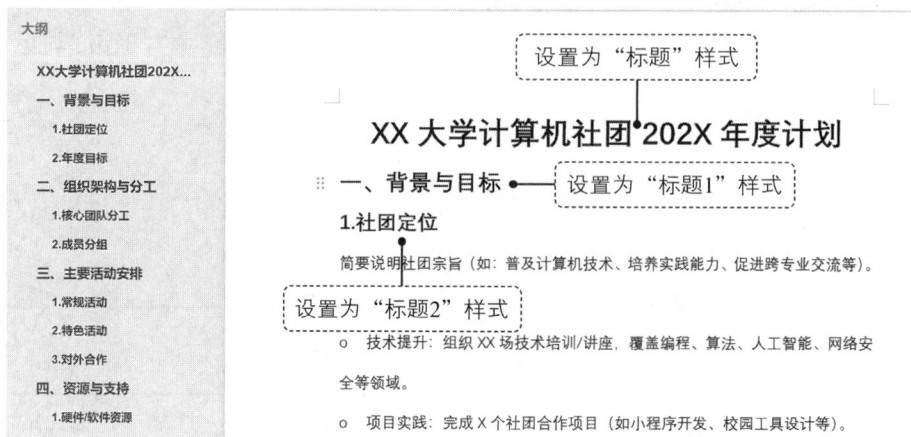

▲ 图 6‑11 生成文档大纲

六、合作编辑

可以将创建的腾讯文档分享给社团的其他成员，并赋予他们对文档的编辑权限，同时还可以@其他成员，提示其负责编辑文档的某个模块。

1. 分享文档并指定编辑权限

单击"分享"，在弹出的对话框中，授予其他协作者对文档的编辑权限，并选择分享的方式及对象，如图 6‑12 所示。社团其他成员在收到分享链接或二维码后，可以点击或扫码访问该文档，并与你共同进行协作编辑。

▲ 图 6‑12 分享文档并授予编辑权限

2. 为社团其他成员分配编辑任务

将"一、背景与目标"模块的编辑任务分配给某位成员,光标定位到对应标题的旁边,单击"添加批注",在批注框中输入"@",在弹出菜单中单击"从最近协作人中选择",选择需要@的成员,如图 6-13 所示。

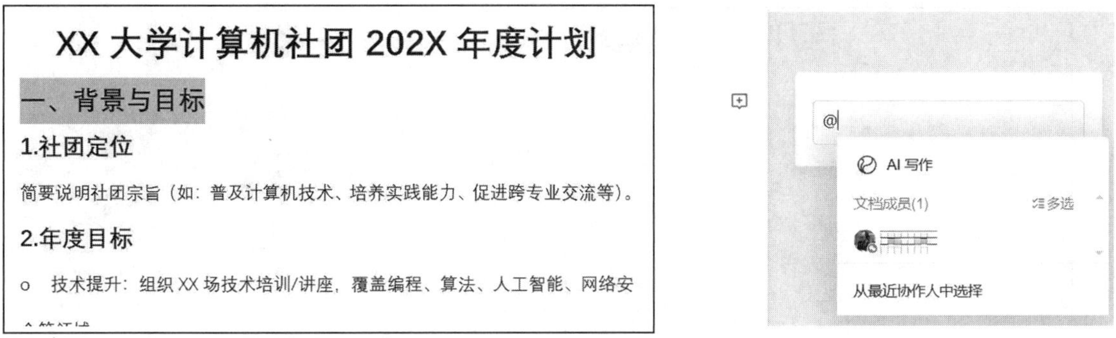

▲ 图 6-13　为团队其他成员分配编辑任务

选择需要@的成员后,在批注框中继续输入"你负责该模块,DDL:下周三 20:00",如图 6-14 所示。被@到的成员会在其腾讯文档窗口中收到弹窗提示,并看到该批注。当然,也可以在正文中直接@社团其他成员并输入提示内容。

▲ 图 6-14　输入批注内容

七、文档版本控制

版本控制是在线文档协作平台的另一个重要功能。它能够记录文档的所有历史版本,并提供版本回溯和比较的功能。这让用户能够随时查看文档的旧版本,了解文档的修改历史,并且可以在需要时将文档恢复到特定的版本。

1. 查看自动保存的版本

单击"文件操作/版本及编辑记录",如图 6-15 所示。在弹出窗格的"编辑记录"栏中可以看到每位成员编辑过的历史版本,如图 6-16 所示。这些版本是腾讯文档自动保存生成的,要恢复到某个时间点的版本,只要单击对应的条目即可。

2. 手动保存版本

还可以手动保存版本,在图 6-15 的界面中,单击"保存版本",并在弹出的对话框中,对保存的版本进行命名。在图 6-16 的界面中,单击"已保存版本",可以查看并恢复到手动保存的版本。

▲ 图 6-15　版本及编辑记录

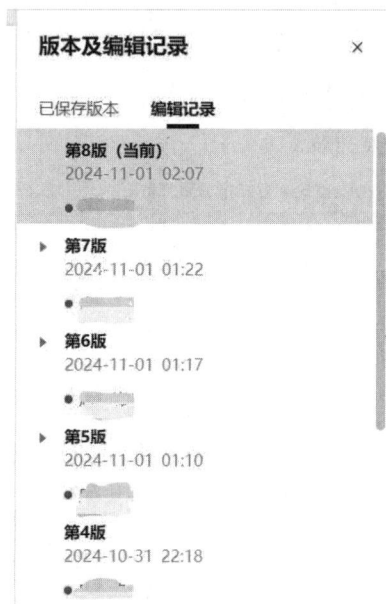

▲ 图 6-16　查看自动保存的版本

实践与探索

一、长文档编辑

长文档在学术论文撰写、技术手册编写、用户手册制作、企业报告撰写,以及法律文书起草等多个领域和场景中都有广泛的应用。这些文档不仅有助于信息的传递和知识的共享,还能够提高工作效率和决策质量。现在请把素材中"SYSJ6.docx"的论文也按照规范进行编辑,添加目录、页码和参考文献,以提升论文的学术规范性。

打开素材"SYSJ6.docx",按要求对文档进行编辑,最后以原文件名保存。最终结果参照素材"SYSJ6JG.docx"。

① 为文档添加可自动更新的目录。使用样式中的预设样式修改文档中的对应标题,选择目录中的"自动目录"生成如图 6-17 所示的可自动更新目录。

② 为文档添加页脚。添加"商务风"中的"奥斯汀"页脚,修改内容为"人工智能教育研究",并在页脚的中间位置添加页码,如图 6-18 所示。

目录

▲ 图 6-17　目录样张

人工智能教育研究

2

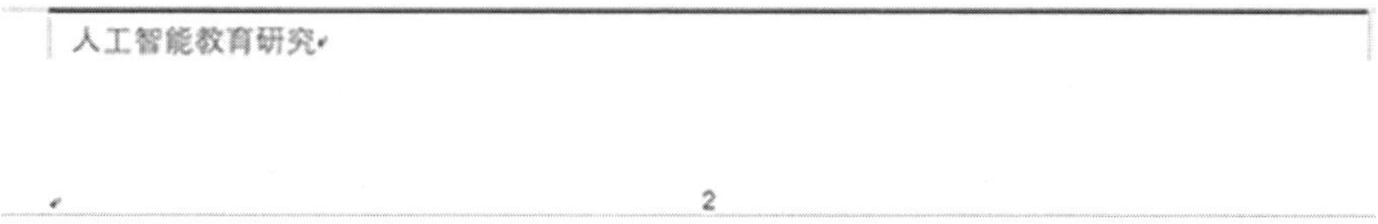

▲ 图 6-18　页脚样张

③ 为文档添加尾注。为第 8 页"人工智能核心素养是应对智能时代挑战所必须具备的集知识、能力、情感态度于一体的综合素养"添加尾注[1]（参考文献中的[1]）；为第 9 页"对于听障生，人工智能将其无法直接获取的声音信息转换成可视化信息资源，便于其沟通交流"添加尾注[2]（参考文献中的[2]）。

二、在线文档编辑

① 请班级学生自由分组组建创新创业团队，各小组通过腾讯文档协作撰写创业项目计划书。直接在腾讯文档中新建创业项目计划书，或导入已有模板文件。为各级标题设置对应级别的标题样式。正确设置标题样式后，腾讯文档将自动生成结构化大纲，便于导航和内容管理，如图 6-19 所示。

② 邀请团队中的其他成员共同编辑文档。将创业项目计划书分享给团队中的其他成员，并授予他们编辑文档的权限。同时利用@团队其他成员的方法，为其分配工作任务。

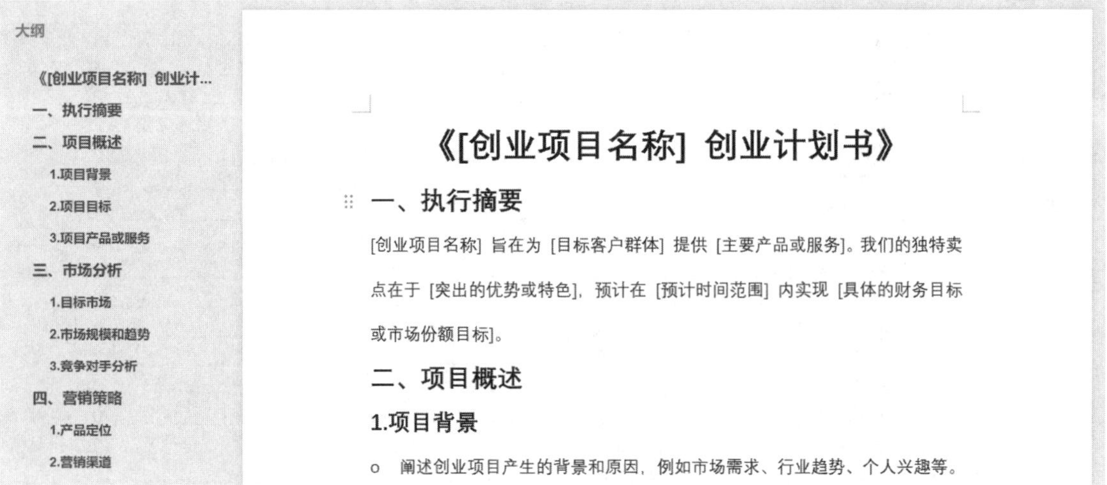

▲ 图6-19 创业计划书模板

③ 注意版本控制。在创业项目计划书的撰写达到某个里程碑节点时，手动保存对应的版本。

归纳与总结

完成本实验所有内容后，请将所学到的知识点和技能点填入表6-1和表6-2，表格可以根据需要增加行；然后从已掌握和希望学习两个方面写出学习和完成本实验后的体会。

▼ 表6-1 学到的知识点归纳表

序号	知识点名称	掌握情况	希望深入学习的相关内容
1			
2			

▼ 表 6 - 2　学到的技能点归纳表

序号	技能点名称	掌握情况	希望深入学习的相关内容
1			
2			

完成本实验后的体会是：

_____

_____。

实验 7
绘图工具及图像的生成与编辑

实验目标

1. 知识目标

（1）了解大模型图像生成原理和特点。

（2）理解矢量图原理和思维导图。

（3）理解图像色彩空间模型、分辨率和不同的文件格式等。

2. 技能目标

（1）掌握国内典型大模型图像生成方法。

（2）掌握基本的矢量图、思维导图绘制工具。

（3）掌握图像选取、选区编辑和变换等技术。

问题情境

  某设计师学习了绘图工具及图像处理基本方法，想要为一智能学习产品设计宣传海报，效果如图 7-1 所示。根据效果图分析组成要素，应先用矢量图软件绘制思维导图来梳理产品的功能，如智能辅导、学习管理等，细化优势。接着通过某大模型图像生成方法，输入相关关键词和场景描述，包括标题、背景、照片、布局等基本要求，生成高质量创意图像。然后将该图像导入图像编辑软件，再加工，比如调整大小、位置、色彩，添加图形元素等，使海报清晰传达产品特点且具视觉冲击力，助力产品推广。

▲ 图 7 - 1　智能学习产品海报

实验准备

一、利用人工智能文生图

利用教材中介绍的国内大模型豆包、文小言、通义千问等,通过输入 Prompt 提示词"图片风格为水墨画,日落黄昏,传统建筑,山峰,灯笼,雾,松树,比例 2∶3",生成系列文本生成图像,最后比较几个平台的图生成特点和异同,并将所生成的图、平台特点在文档中列表展示,将文档保存为"SYZBJG7 - 1. docx"。

① 以豆包为例,打开豆包官网,选择图像生成功能,输入题干中的 Prompt 提示词,生成图像,效果如图 7 - 2 所示。

② 请自行使用文小言、通义千问大模型文生图方式实践生成其他自己感兴趣的图,最后比较几个平台的图生成特点和异同。

提示:可从图像质量、文本与图像的一致性、多样性、鲁棒性、生成速度、软件友好性和一次生成准确率等方面进行比较分析。

二、借助 AI 的图像编辑

利用豆包大模型对现有图像实现传统意义上的抠图、换背景、换装等效果,将编辑后的图片保存为"SYZBJG7 - 2. jpg"。

▲ 图 7-2　豆包文生图

① 打开豆包大模型,点击图像生成,单击参考图,上传素材图像"女孩. png",也可以直接根据上一个实验方法自己生成一个素材图像后上传。

② 对生成的图进行编辑,单击智能编辑,输入提示词"去掉路人背景",生成的效果参见图 7-3 所示。

③ 单击继续编辑,输入提示词"把背景换成大海",效果参见图 7-4 所示。

▲ 图 7-3　去掉路人效果图

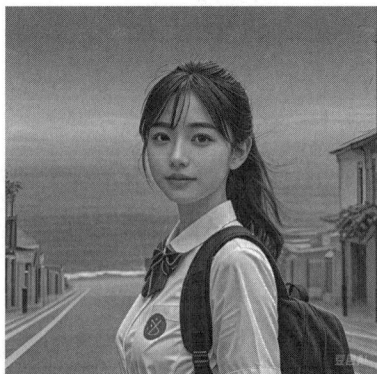

▲ 图 7-4　换大海背景

④ 单击继续编辑,提多个要求,如"把女孩的衣服换成红色短袖,戴个渔夫帽"等,效果参见图 7-5 所示。

⑤ 继续编辑,把风格换成动漫风,效果参见图 7-6 所示。

⑥ 选择那张换成大海背景的生成图,当鼠标移动到该图片上时,在弹出的菜单中,选择"擦除"功能,如图 7-7。调整 AI 抠图擦除区域大小为 65,选中衣服上的 LOGO,单击"擦除所选区域",效果参见图 7-8。

▲ 图 7-5　换装与戴帽

▲ 图 7-6　替换风格

▲ 图 7-7　AI 智能抠图

▲ 图 7-8　抠图效果

三、图像编辑

1. 基本工具的使用——比翼双飞

请利用素材"风景"和"海鸥",使用椭圆选框工具、魔棒工具、羽化命令、仿制图章等制作如图 7-9 所示的比翼双飞图效果,并保存结果为"SYZBJG7-3-1.jpg"。

提示:

① 利用椭圆选框工具,羽化为 10 像素,为风景选取一个椭圆选区,选区之外用白色填充。

② 利用魔棒工具擦除背景、自由变换命令调整海鸥大小和位置,复制到风景 1。

③ 利用仿制图章工具,复制一个海鸥。

④ 利用横排文字工具输入文字"比翼双飞",字体为华文彩云,大小为 72,栅格化文字,给

文字添加描边,3 个像素,颜色为♯F009E2。

▲ 图 7‑9　比翼双飞效果图

2. 基本工具的使用——邮票

请利用素材"老建筑",使用修补工具、裁剪工具、魔棒工具、画笔工具等制作老建筑邮票,效果如图 7‑13 所示,并保存结果为"SYZBJG7‑3‑2.jpg"。

提示:

① 利用修补工具,去除老建筑图像右下角的"豆包 AI"水印。

② 利用裁剪工具,扩大画布大小,扩展区域填充为白色。

③ 在现有画布大小基础上,再裁剪一次,适当扩大画布大小,扩展区域填充为灰色(♯948c8c),效果如图 7‑10 所示。

④ 利用画笔工具,如图 7‑11 所示,选择硬边圆,大小为 60 像素,硬度为 100%;画笔间

▲ 图 7‑10　裁剪效果

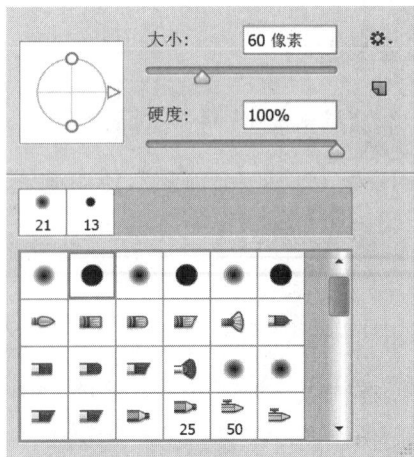

▲ 图 7‑11　画笔工具属性

距为 152%,如图 7-12 所示。

⑤ 设置前景色为灰色(♯948c8c),借助<Shift>键在邮票灰白交替处绘制圆孔,效果如图 7-13 所示。

⑥ 在老建筑下方输入文字"中国邮政""80 分",字体为华文中宋,大小为 48,颜色为黑色。

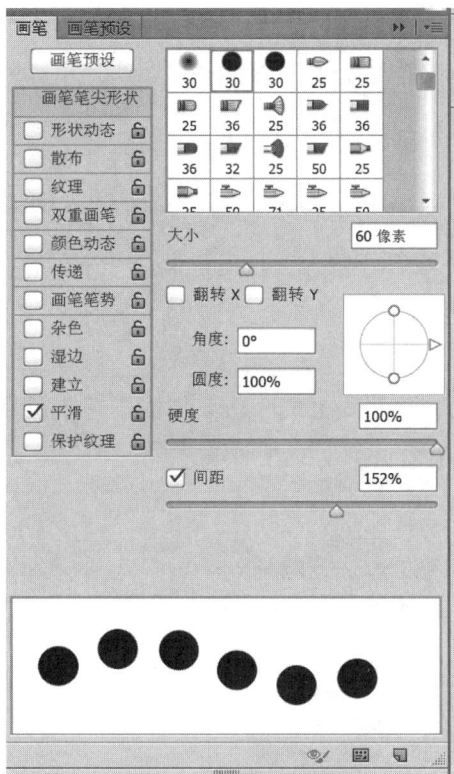

▲ 图 7-12 画笔间距设置

▲ 图 7-13 老建筑邮票效果图

3. 渐变与变换——几何图形绘制

利用渐变命令、变换命令等制作几何图形绘制教学案例,效果参考图 7-14,并保存结果为"SYZBJG7-3-3.jpg"。

提示:

① 利用矩形选框工具、椭圆选框工具和布尔组合按钮,画出圆柱体;利用渐变工具(前景色为白色,背景色为黑色,线性渐变)填充颜色;再利用椭圆选框工具画出圆柱顶。注意颜色填充渐变反向拖曳。

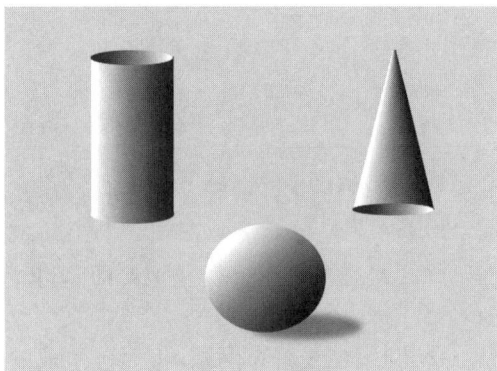

▲ 图 7-14 几何图形绘制

② 新建图层,利用选框工具画出圆柱体,再利用变换中的斜切命令,变换成圆锥。

③ 新建图层,利用椭圆选框工具,按住<Shift>键绘制圆球,加渐变颜色;再新建图层,放于圆球图层下方;利用椭圆选框工具,加以 5 个像素羽化和 75% 的不透明度绘制圆球阴影。

实践与探索

现在来完成问题情境智能学习产品宣传海报的制作,并保存结果为"SJJG7‑1.jpg"。

一、素材收集

可以使用大模型文生图方法生成所需的素材,或通过一些素材网站免费下载,使用大模型和思维导图软件结合生成思维导图等,本实践练习以豆包为例收集素材。

二、制作过程

① 利用豆包大模型,使用豆包对话,输入提示词"帮我生成一份某智能学习产品功能介绍的思维导图"(提示词内容可自由发挥),生成效果参见图 7‑15 所示。

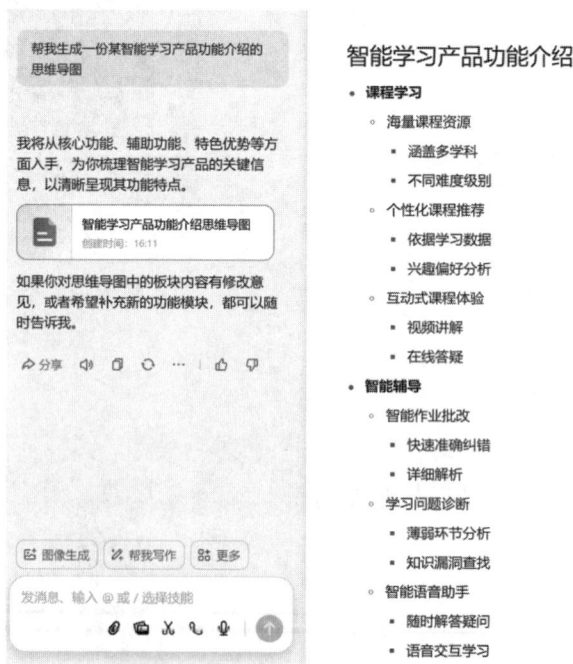

▲ 图 7‑15　豆包生成产品功能介绍

② 利用在线幕布网站,将豆包生成的文字复制粘贴过来。利用 Tab 键形成功能内容大纲,如图 7‑16 所示。

▲ 图 7‑16　幕布大纲视图

③ 使用"思维导图"按钮,生成一幅思维导图,如图 7‑17 所示。

▲ 图 7‑17　产品思维导图

④ 使用图 7‑17 中的工具按钮,可以根据需要修改思维导图的结构和主题,背景和配色方案等。选择"导出"命令导出思维导图图片"SJ7SWDT.jpg",备用。

⑤ 利用豆包图像生成功能,输入提示词"帮我生成一份智能学习产品的海报,标题是'智能学习　开启未来',在背景中添加一些淡淡的白色或浅灰色的几何图形,如圆形、三角形等,增加设计感。在海报右侧,放置一张学生使用智能学习产品的照片,照片中学生面带微笑,正在进行学习,背景可以是书房或教室,营造出学习的氛围",参考图 7-18 所示,下载保存为"SJ7WST.jpg"。(可以创意发挥,自由组织提示语)

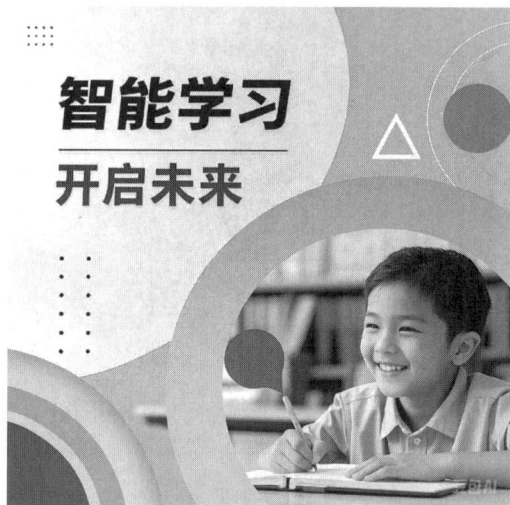

▲ 图 7-18　文生图海报

⑥ 打开图像处理软件 Photoshop 或悟空图像,导入生成好的思维导图"SJ7SWDT.jpg"和海报"SJ7WST.jpg"。利用本实验要求掌握的图像基本编辑技术进行调整。首先调整图像大小宽为 27 厘米,高为 36.12 厘米,如图 7-19 所示。

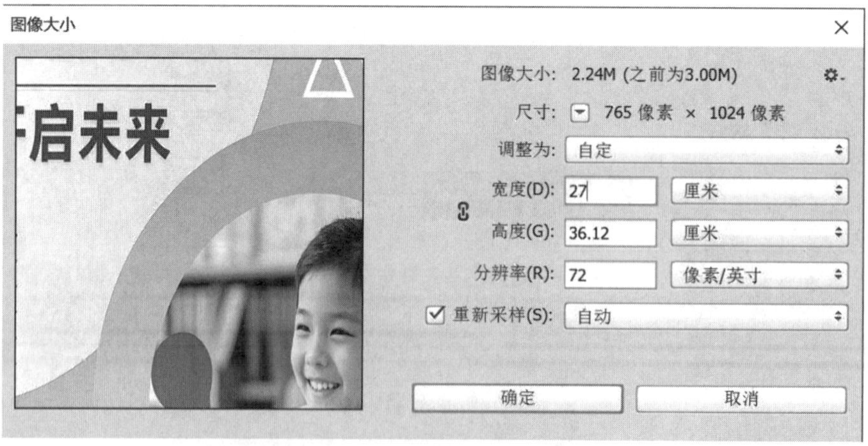

▲ 图 7-19　图像大小设置对话框

⑦ 利用选框工具、套索或魔棒工具,以及移动工具、修补工具或仿制图章,实现海报的标题

"智能学习　开启未来"位置上移,如图 7-20 所示。操作方法不唯一,可使用不同工具实践练习。

▲ 图 7-20　标题上移

⑧ 使用污点修复工具,把图像中间偏左地方的黑色小点消除;复制思维导图部分图像到海报中,可以使用魔棒工具去除背景,利用自由变换,调整大小和位置;在思维导图内容部分添加 1 个像素的描边,最后效果如图 7-1 所示,并保存。

归纳与总结

完成本实验所有内容后,请将所学到的知识点和技能点填入表 7-1 和表 7-2,表格可以根据需要增加行;然后从已掌握和希望学习两个方面写出学习和完成本实验后的体会。

▼ 表 7-1　学到的知识点归纳表

序号	知识点名称	掌握情况	希望深入学习的相关内容
1			
2			

▼ 表7-2 学到的技能点归纳表

序号	技能点名称	掌握情况	希望深入学习的相关内容
1			
2			

完成本实验后的体会是：

_____

_____

_____

_____ 。

实验 8
图像的合成

实验目标

1. 知识目标

（1）理解图层的含义。

（2）理解图层样式。

（3）理解图层混合模式。

2. 技能目标

（1）掌握图层的基本操作方法。

（2）掌握添加图层样式的方法。

（3）掌握添加图层混合模式方法。

问题情境

　　设计师需要融合图 8-1 主舞台照、图 8-2 乐队肖像、图 8-3 标志性建筑图及图 8-4 装饰图案等多图制作音乐节海报。首先将各图片置于独立图层，为乐队成员图层添加发光等图层样式突出主体；然后调整装饰图案图层混合模式，营造视觉效果；最后对图层进行合理排序以构建层次，统一色彩，打造吸引人的海报，效果如图 8-5 所示。

▲ 图 8-1　主舞台照

▲ 图 8-2　乐队肖像

▲ 图 8-3　标志性建筑

▲ 图 8-4　装饰图案

▲ 图 8-5　音乐节海报效果图

实验准备

一、多图处理——观看飞机

请利用素材"背影""飞机"和"山脉",使用多张图片处理合成方法,制作如图 8-6 所示的观看飞机效果图,并保存结果为"SYZBJG8-1.jpg"。

提示:

① 用"魔术棒工具"将"飞机"图片选中,执行"选择/修改/羽化"命令,羽化半径 5 像素,抠出后复制、粘贴进"山脉"图片,得到图层 1。

② 执行"编辑/变换/水平翻转""编辑/变换/透视"命令调整图层 1 的大小和方向,做出向上飞的效果。

③ 用"磁性套索工具"将"背影"图中的人物抠出,设置羽化为 2 后复制进"山脉"图片。

▲ 图 8-6　观看飞机效果图

二、多层处理——梁祝越剧

请利用素材"蝴蝶""梁山伯""十八相送"和"祝英台",使用多张图片处理合成方法,制作如图 8-7 所示的"梁祝越剧"效果图,并保存结果为"SYZBJG8-2.jpg"。

提示:

① 新建一个 800×1 000 像素、72 像素/英寸、RGB 颜色模式、8 位、白色背景的图像,名称为"SY8-2"。

② 将图片"十八相送"的图像大小改为宽 763 像素、高 487 像素;图片"祝英台"的图像大小改为宽 500 像素、高 788 像素;图片"梁山伯"的图像大小改为宽 500 像素、高 676 像素。

③ 新建两个图层,用矩形选框工具"分别在两个新建图层上制作 5 像素、居中、深红色(♯c72621)描边效果,将画布进行分割。

④ 将图片"十八相送""祝英台""梁山伯"依次放置在新图片中,并适当调整好大小和上下位置。

⑤ 用"魔术棒工具"将图片"蝴蝶"选中后拖入背景"SY8-2"中(操作两次),调整两只蝴蝶的大小和方向,图层不透明度为 60%。

▲ 图 8-7　"梁祝越剧"效果图

三、自动联系表——故宫文物"九宫格"

请利用素材"粉色鼻烟壶"等 9 张图片,使用自动联系表制作如图 8-8 所示的故宫文物"九宫格"效果图,并保存结果为"SYZBJG8-3.jpg"。

提示:

① 首先将文件夹中的 9 张文物图片按照文档"文物名字"分别命名。

② 执行"文件/自动/联系表"命令,源图像为 9 张文物图片。文档宽 25 cm、高 35 cm、分辨率 180 像素/英寸、8 位、RGB 颜色模式、颜色配置文件 sRGB IEC61966-2.1;位置横向、3 列、3 行,垂直 1.5 cm、水平 3 cm;字体黑体、Regular、12 点。

▲ 图 8-8　"九宫格"效果图

四、图层样式与填充——立体书信

请利用素材"从前""书"和"相思叶",使用"斜面浮雕""投影""外发光"图层样式以及图层填充制作如图 8-9 所示的立体书信效果图,并保存结果为"SYZBJG8-4.jpg"。

提示:

① 打开"从前""书""相思叶"。用"魔术棒工具"和"移动工具"将"从前"和"相思叶"复制粘贴到"书"上,调整大小和方向。

② 为"相思叶"图层添加"斜面浮雕"图层样式,内斜面样式、平滑、深度 50%、方向向上、大小 7 像素;阴影角度 30 度、高度 30 度。

③ 为"相思叶"图层添加"外发光"图层样式,混合模式正常、不透明度 25%、杂色 0%、黄色、图素方法为柔和、扩展 0%、大小 7 像素。

▲ 图 8-9　立体书信效果图

④ 为"从前"图层添加"投影"图层样式,混合模式正片叠底、不透明度 15%、角度 30 度、使用全局光、距离 20 像素、扩展 6%、大小 18 像素。

五、描边和外发光图层样式——置换背景实景

▲ 图 8-10　置换背景实景效果图

请利用素材"大楼"和"天空",使用"描边""外发光"图层样式制作如图 8-10 所示的置换背景实景效果图,并保存结果为"SYZBJG8-5.jpg"。

提示:

① 用"魔术橡皮擦工具"和"橡皮擦工具"将"大楼"图片的背景擦除,得到图层 0。

② 用"移动工具"将"天空"图片拖进"大楼图片"得到图层 1;将图层 1 置于图层 0 下方;将图层 0 水平翻转且适当调整大小。

③ 为图层 0 添加"描边"图层样式,大小 7 像素、外部、白色。

④ 为图层 0 添加"外发光"图层样式,混合模式正常、不透明度 60%、杂色 0%、白色、图素方法为柔和、扩展 10%、大小 20 像素。

六、投影图层样式——端午节

请利用素材"龙"、"字 1"、"字 2"和"粽子",使用"投影"图层样式,制作如图 8-11 所示的端午节传统文化效果图,并保存结果为 SYZBJG8-6.jpg。

提示:

① 新建一个 1 200×1 142 像素、72 像素/英寸、RGB 颜色模式、8 位、背景色淡青绿(♯e1faef)的新图像,名称为"SYZBJG8 - 6"。

② 用"椭圆工具"选取"粽子"图片部分区域;用"移动工具"复制进新图像,得到"图层 1";将"图层 1"重命名为"粽子"。

③ 为"粽子"图层添加"投影"图层样式,混合模式正常、不透明度 32%、角度－10 度、距离 15 像素、扩展 20%、大小 20 像素,制作圆形图章效果。

▲ 图 8 - 11　端午节传统文化效果图

④ 用"矩形工具"选取"龙"图片部分区域;用"移动工具"将其复制进"端午节"图片,得到"图层 2";将"图层 2"重命名为"龙"。

⑤ 按住<Ctrl>键单击"图层"面板中"龙"图层的缩略图,获得"龙"选区。为该选区新建图层 3,并置于"龙"图层下方。

⑥ 执行"选择/修改/羽化"命令,羽化半径 5 像素。为选区填充黄色投影,"图层不透明度"为 60%。按<Ctrl>＋<D>取消选区,适当调整淡黄色投影层。

⑦ 用"魔术棒工具"和"移动工具"将"端午""安康"复制进"SYZBJG8 - 6.jpg",适当调整大小,按照样张位置放置。

七、阴影图层样式——相框

请利用素材"灯塔""婚纱照"和"相框",使用"阴影"图层样式,制作如图 8 - 12 所示的相框效果图,并保存结果为"SYZBJG8 - 7.jpg"。

提示:

① 执行"图像/图像旋转/水平翻转画布"命令,将"灯塔"图片水平翻转。

② 执行"图像/图像大小"命令,将"灯塔"图片大小改成 300×225 像素。

③ 利用"仿制图章工具"将"灯塔"复制到"相框"图片中。

④ 将"婚纱照"图片拖进"相框"图片中,自由变换缩小后,执行"编辑/变换/扭曲""编辑/变换/变形"命令,进行覆盖。

⑤ 对"婚纱照"设定内阴影图层样式,混合模式正常、淡蓝色(♯5caff6)、不透明度 45%、角度 105 度、距离 35 像素、阻塞 2%、大小 30 像素。

▲ 图 8 - 12　相框效果图

实践与探索

一、音乐节海报制作

现在来完成问题情境中的音乐节海报制作，请保存结果为"SJJG8-1.jpg"。

① 使用大模型文生图方法生成所需的素材，或通过一些素材网站免费下载，如本实验的素材采用了豆包大模型。

② 打开 Photoshop 或悟空图像软件，并在软件中打开 4 个素材文件"经典建筑""乐队肖像""主舞台"和"装饰图案"，如图 8-13 所示。

▲ 图 8-13　PS 中打开素材文件

③ 利用"移动工具"，或使用拷贝粘贴方式，把主舞台合成到经典建筑里，同样可以把乐队肖像和装饰图案合成进来，合成后的图层如图 8-14 所示。

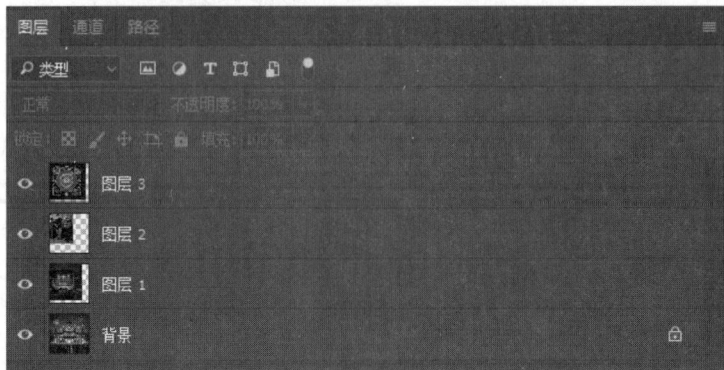

▲ 图 8-14　图像合成

④ 利用"修补工具"或者"修复画笔工具""污点修复画笔工具""仿制图章"等把经典建筑右下角的"豆包 AI"字样水印消除掉,效果如图 8-15 所示。

▲ 图 8-15　消除水印

▲ 图 8-16　舞台图层编辑

⑤ 通过"选框工具"、自由变换命令把图层 1 的舞台替换背景经典建筑里的舞台,适当调整大小和位置,效果参考图 8-16 所示。

⑥ 通过"魔棒工具"或者"套索工具""快速选择工具""选框工具"以及自由变换命令等,把乐队肖像移步到舞台上,并添加"投影""外发光"等图层样式,效果如图 8-17 所示。

▲ 图 8-17　乐队图层编辑

▲ 图 8-18　图案图层编辑

⑦ 通过"魔棒工具""选框工具"、自由变换命令等,把装饰图案的黑色背景去掉,移动到建筑相应位置,并设置"变亮"图像混合模式、"内发光"图层样式,效果如图 8-18 所示。

⑧ 最后,根据海报样式自行调整画布大小、添加音乐节文字等,并保存结果。

二、多层处理——韩熙载夜宴图

请利用素材《韩熙载夜宴图》局部和文档"文字",进行多层处理,制作如图 8 - 19 所示的《韩熙载夜宴图》局部效果图,并保存结果为"SJJG8 - 2. jpg"。

提示:

① 新建 1 000×1 500 像素的文档,在文档顶部绘制矩形选框新建图层 1,对图层 1 填充褐色(♯7d6639)。

② 将《韩熙载夜宴图》局部拖进新建文档产生图层 2;拷贝图层 2,设置图层 2 拷贝层不透明度为 30%,参照样张调整两个图层大小位置。

③ 用楷体、35 点、浑厚、褐色(♯7d6639)书写"《韩熙载夜宴图》局部"。

④ 对文档下半部分填充淡黄色(♯fbf0d7)。

⑤ 将文档"文字"中的内容复制进新建文档下半部分,楷体、40 点、褐色(♯7d6639)。

⑥ 在文档右下角用椭圆工具、1 像素、红色描边,楷体、25 点、浑厚、红色做"故宫博物院"印章。

▲ 图 8‑19 《韩熙载夜宴图》局部效果图

三、浮雕和投影图层样式——故宫茶文化

请利用素材"茶""窗"、"故宫文化"和"字",使用"浮雕""投影"图层样式,制作如图 8 - 20 所示的故宫茶文化效果图,并保存结果为"SJJG8 - 3.jpg"。

提示:

① 打开图片"窗",在"图层"面板上双击解锁"窗"图层,用"磁性套索工具"沿着窗户内部边缘拖动鼠标,用<Delete>键将窗户内的景物去除。

② 用"移动工具"将图片"茶"拖进图片"窗",并置于"窗"下方,调整位置和大小。

③ 用"魔术棒工具"将"故宫文化"图片中的文字复制进"窗"。

④ 用"魔术棒工具"将"字"图片中的文字复制进"窗"。设置斜面浮雕图层样式,内斜面、平滑、深度 100%、向上、大小 7 像素;2 像素、白色、外部投影图层样式。

▲ 图 8 - 20　故宫茶文化效果图

四、浮雕和阴影图层样式——荷花

请利用素材"荷花""花"和"章",使用"斜面浮雕""内阴影"等图层样式,制作如图 8 - 21 所示的"荷花"效果图,并保存结果为"SJJG8 - 4.jpg"。

提示:

① 用"裁剪工具"将图片"荷花"进行裁切。

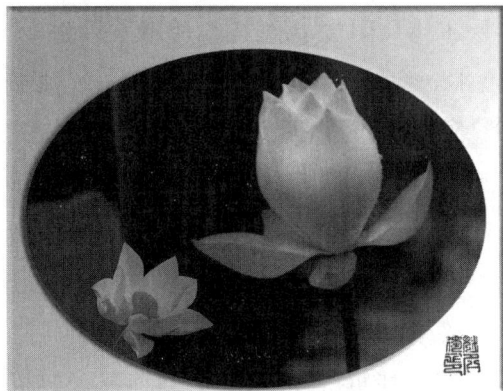

▲ 图 8 - 21　"荷花"效果图

② 用"魔术棒工具"、连续、容差 60,将图片"花"中的荷花抠出后拖进"荷花"图片中得到图层 1,改变大小、图层不透明度为 70%。

③ 对图层 1 设置"内阴影"图层样式,混合模式为:正常、淡蓝色(♯5caff6)、不透明度 45%、角度 30 度、距离 35 像素、大小 30、阻塞 2%。

④ 用"椭圆选框工具"将两朵"荷花"一起选中后反选,新建图层 2。设置前景色(♯87c579)、背景色(♯ffffff),利用"前景色到背景色渐变"做出绿色到白色的"线性渐变"镜框效果。

⑤ 双击图层 2 图层面板,设置"斜面和浮雕"图层样式,内斜面、平滑、深度 100%、向下、大小 15 像素。

⑥ 用"魔术棒工具"将图片"章"中的红色印章复制进"荷花"图片,执行"编辑/变换/扭曲"命令,将"章"调整好大小置于右下角。

五、图层样式与填充——凹陷玫瑰

请利用素材"玫瑰",使用"斜面浮雕""内阴影""渐变叠加""颜色叠加""投影"等图层样式,"颜色加深"等混合模式做出如图 8 - 22 所示的凹陷玫瑰图片,并保存结果为"SJJG8 - 5.jpg"。

▲ 图 8-22 凹陷玫瑰效果图

提示:

① 新建文档、复制白色玫瑰:创建一个 1 500×2 000 像素、72 像素/英寸、RGB 颜色模式、8 位、(♯8f2015)深红色背景的新图像。用不连续的魔术棒将图片"玫瑰.jpg"中的白色玫瑰选中后拖进新图像中,执行"编辑/自由变换"命令配合<Shift>键将玫瑰进行缩放。

② 制作图层 1 玫瑰图层样式:利用<Ctrl>+<J>对图层 1 进行 2 次拷贝,将三层玫瑰的填充全部设为 0%。双击图层 1,设置斜面浮雕效果为:内斜面、平滑、深度 43%、大小 57 像素、软化 16 像素、角度 120、高度 25、高光模式为线性加深、不透明度 20%、阴影模式为正片叠底、不透明度 5%。设置内阴影效果为:黑色正片叠底、不透明度 45%、角度 90 度、距离 20 像素、阻塞 2%、大小 54 像素。设置投影效果为:白色线性减淡(添加)混合模式、不透明度 23%、角度 120 度、距离 3 像素、扩展 0%、大小 7 像素。

③ 制作图层 1 拷贝图层玫瑰图层样式:双击图层 1 拷贝图层,设置斜面浮雕效果为:内斜面、平滑、深度 32%、大小 3 像素、软化 0 像素、角度 120 度、高度 25 度、高光模式为线性加深、不透明度 20%、阴影模式为正片叠底、不透明度 15%。设置内阴影效果为:(♯8f2015)颜色加深混合模式、不透明度 45%、角度 90 度、距离 35 像素、阻塞 2%、大小 35 像素。颜色叠加:(♯8f2015)颜色正常混合模式、不透明度 3%。渐变叠加:柔光混合模式、不透明度 20%、中密灰度渐变、线性样式、角度—40 度、缩放 100%。设置投影效果为:白色线性减淡(添加)混合模式、不透明度 10%、角度 120 度、距离 10 像素、扩展 0%、大小 10 像素。

④ 制作图层 1 拷贝图层 2 玫瑰图层样式:双击图层 1 拷贝 2 图层,设置斜面浮雕效果为:内斜面、平滑、深度 43%、方向向上、大小 70 像素、软化 16 像素、角度 120 度、高度 25 度、高光模式为黑色线性加深、不透明度 20%、白色阴影模式为正片叠底、不透明度 0%。设置投

影效果为:白色线性减淡(添加)混合模式、不透明度 7%、角度 120 度、距离 10 像素、扩展 0%、大小 16 像素。如图 8-22 样张所示。

六、用悟空软件实现实验准备第 1 题的制作

请利用悟空图像软件,根据实验准备题目 1 的要求,实现观看飞机的效果图,并将结果保存为"SJJG8-6.jpg"。

提示:

① 分别打开 3 个图像文件"山脉""背影"和"飞机"。

② 选择"飞机"图像,复制粘贴进"山脉"图像中,双击新生成的图层名字修改为图层 1。

③ 使用"魔棒工具"去除飞机蓝色背景,按住<Ctrl>键,单击图层 1 图标,将飞机图像载入选区,选择任一选取工具(比如矩形选框工具),在"属性设置/选区设置/选区操作"里选择羽化边缘 5 像素,单击应用。

④ 选择"属性设置/对象属性"选项,单击"水平翻转"按钮,将飞机在水平方向上镜像翻转。使用<Ctrl>+<T>命令或"扭曲"工具,调整图层 1 的大小和方向,做出向上飞的效果。

⑤ 使用"磁性套索工具"将"背影"图中的人物抠出,羽化为 2 后复制进"山脉"图片,适当调整大小和位置。

⑥ 最后效果如图 8-23 所示。

▲ 图 8-23　观看飞机效果图

七、用悟空软件实现实验准备第 4 题的制作

请利用悟空图像软件,根据实验准备题目 4 的要求,实现立体书信的效果图,并将结果保

存为"SJJG8-7.jpg"。

提示：

① 分别打开"从前""书""相思叶"。用"魔棒工具"或"色彩范围"将"从前"和"相思叶"复制粘贴到"书"上，利用对象属性调整大小和方向。

② 为"相思叶"图层添加"斜面浮雕"图层样式，内斜面样式、平滑、深度50%、方向向上、大小7像素、阴影角度30度、高度30度。

③ 为"相思叶"图层添加"外发光"图层样式，混合模式正常、不透明度25%、杂色0%、黄色、图素方法为柔和、扩展0%、大小7像素。

④ 为"从前"图层添加"投影"图层样式，混合模式正片叠底、不透明度15%、角度30度、距离20像素、扩展6%、大小18像素。

⑤ 最后效果如图8-24所示。

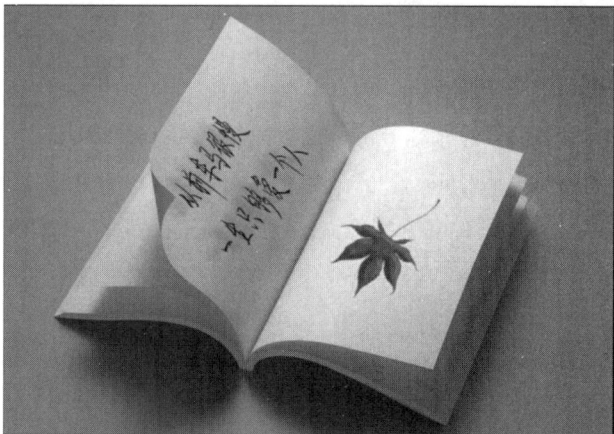

▲ 图8-24 立体书效果图

归纳与总结

完成本实验所有内容后，请将所学到的知识点和技能点填入表8-1和表8-2，表格可以根据需要增加行；然后从已掌握和希望学习两个方面写出学习和完成本实验后的体会。

▼ 表8-1 学到的知识点归纳表

序号	知识点名称	掌握情况	希望深入学习的相关内容
1			
2			

▼ 表 8–2　学到的技能点归纳表

序号	技能点名称	掌握情况	希望深入学习的相关内容
1			
2			

完成本实验后的体会是：

_____

_____

_____

_____。

实验 9
图像特效提升

实验目标

1. 知识目标

（1）理解图像一般图层文字和蒙板文字概念。

（2）理解蒙板工作原理。

（3）理解滤镜工具原理。

2. 技能目标

（1）掌握添加、编辑文字方法。

（2）掌握添加图层蒙板方法。

（3）掌握添加滤镜方法。

问题情境

图像修复师需修复一张 20 世纪 50 年代的老照片（如图 9-1 所示），并进行创意改造。图像修复师想办法先用工具精准修复照片的划痕、污渍等受损区域，调整色彩恢复其清晰度和色调。然后通过滤镜功能，对局部如木质餐桌、人物服饰用"浮雕"滤镜增强立体感，边缘添加复古花纹边框和梦幻光斑等创意元素，使老照片兼具历史韵味与现代艺术风格，满足客户复古主题咖啡馆装饰需求。最后效果如图 9-2 所示。

▲ 图9-1　老照片

▲ 图9-2　老照片修复效果图

实验准备

一、径向渐变——樱花

请利用素材"樱花",使用前景色到背景色的径向渐变蒙板制作如图 9-3 所示的"樱花朦胧"效果图,并保存结果为"SYZBJG9-1.jpg"。

提示:

① 打开"樱花"图片,新建图层 1。

② 给图层 1 添加白色油漆,同时"添加矢量蒙板"。

③ 给蒙板添加"前景色到背景色渐变",使其径向渐变。

二、选区蒙板——茶壶

请利用素材"老上海""上海"和"注水"图片以及文档文字"卖糖粥",使用"魔术棒工具""添加矢量蒙板"制作如图 9-4 所示的效果图,并保存结果为"SYZBJG9-2.jpg"。

▲ 图9-3　樱花朦胧效果图

提示:

① 打开"老上海"图片,双击解锁背景图层得到图层 0。

② 新建图层 1,填充白色,置于图层 0 下方。

③ 打开"注水"图片,用"魔术棒工具"将茶壶和罐子区域选中,用魔术棒拖进"老上海"图片中,放置在合适的位置。

④ 选中图层 0,单击"图层"面板上的"添加图层蒙板"按钮。

▲ 图 9-4　茶壶效果图

⑤ 用"魔术棒工具"将"上海"二字选中拖进"老上海图片",添加"图案叠加"图层样式,得到水滴图案。

⑥ 用"横排文字工具"设置文本"卖糖粥"中的文字为华文行楷、36 点、蓝色(♯30007b)并复制进"老上海"图片。设置"投影"图层样式、正常黑色、不透明度 15％、角度 30 度、距离 8 像素、扩展 20％、大小 20 像素。

三、风和波纹扭曲滤镜——"人工智能"艺术字

请使用"风""波纹"等滤镜功能,制作如图 9-5 所示的"人工智能"艺术字效果图,并保存结果为"SYZBJG9-3.jpg"。

▲ 图 9-5　艺术字效果图

提示:

① 新建一个 800×300 像素、72 像素/英寸、RGB 颜色模式、8 位、背景色为黑色的新图像。选择"横排文字工具",设置楷体、100 点、白色,输入文字"人工智能"。

② 复制文字层,并隐藏文字原图层(单击文字原图层左侧的"眼睛"按钮)。将文字"人工智能"拷贝层"栅格化文字"。

③ 对文字拷贝层执行两次"滤镜/风格化/风"命令,选择"从右的风"。执行"图像/图像旋转/顺时针 90 度"命令,再按<Ctrl>＋<F>键两次做出两次风的滤镜效果。执行"图像/

图像旋转/180 度"命令,再做出两次风的滤镜效果。执行"图像/图像旋转/任意角度"命令,进行 270 度的顺时针旋转,添加两次风的滤镜效果。将图像旋转回一开始的角度(先垂直翻转再水平翻转)。

④ 将完成"风"滤镜效果的文字层拷贝,对该拷贝图层执行"滤镜/扭曲/波纹"命令,数量为 100%,大小为"中"。设置图层混合模式为"排除"。

⑤ 将原先隐藏的文字原图层显示并移动到最上层,文字颜色修改为黑色。执行"图层/图层样式/外发光"命令,"不透明度"设置为 75%,颜色为黄色。

⑥ 单击"创建新的填充或调整图层"按钮,在弹出的"快捷菜单"中选择"渐变映射",在"预设"中,选择"橙,黄,橙渐变"。

四、水彩画纸素描滤镜——中式婚礼流程图封面

请利用素材"流程图"和"新人",使用滤镜库中的"素描/水彩画纸"滤镜,制作如图 9-6 所示的中式婚礼流程图封面效果图,并保存结果为"SYZBJG9-4.jpg"。

提示:

① 利用"直排文字工具"在图片"流程图"上写"中式婚礼流程",华文仿宋、大小 150 点、颜色为#ffe8af、字间距 50。

② 为文字层添加"斜面和浮雕"图层样式,内斜面、平滑、深度 80%、向上、大小 10 像素、角度 30 度、高度 30 度。

▲ 图 9-6　中式婚礼流程图封面

③ 用"裁剪工具""魔术棒工具"将图片"新人"拖进图片"流程图",调整好大小和位置得到图层 1,将图层 1 改名为"新人"。

④ 对"新人"图层执行"滤镜/滤镜库/素描/水彩画纸"命令,纤维长度 15、亮度 60、对比度 80。

五、纹理化滤镜——锦鲤戏莲

请利用素材"画框""鱼 1"和"鱼 2",使用滤镜库中的"纹理/纹理化"滤镜,制作如图 9-7 所示的"锦鲤戏莲"效果图,并保存结果为"SYZBJG9-5.jpg"。

提示:

① 打开图片"鱼 1",用<Ctrl>+<J>键拷贝图层;用"椭圆工具"配合<Shift>键在拷

▲ 图 9-7 "锦鲤戏莲"效果图

贝图层中拉出一个正圆选区后反选；用 <Delete>键删除选区，取消选择，隐藏原图层（在图层上单击"眼睛"按钮）。

② 用"移动工具"将处理后的圆形图片拖进画框，调整大小和位置。

③ 图片"鱼2"同上处理。

④ 用"直排文字工具"，设置隶书、25点、红色（♯cd232f）、鱼形、垂直、弯曲20％变形文字，写"锦鲤戏莲"四个字。

⑤ 对背景层执行"滤镜/滤镜库/纹理/纹理化"命令，砂岩纹理、缩放50％、凸现为10、光照为左上。

六、海报边缘艺术效果和波纹扭曲滤镜——茶具

请利用素材"茶具""龙"和"注水"，使用利用滤镜库中的"艺术效果/海报边缘""扭曲/波纹"滤镜，制作如图9-8所示的效果图，并保存结果为"SYZBJG9-6.jpg"。

提示：

① 用"魔术棒工具"将图片"茶具"抠出后拖进图片"注水"图片中，调整大小和位置。

② 对图层1执行"滤镜/滤镜库/艺术效果/海报边缘"命令，边缘厚度3、边缘强度2、海报化3。

③ 对背景层执行"滤镜/滤镜库/扭曲/波纹"命令，数量90％、中。

▲ 图 9-8 茶具效果图

④ 用"直排文字蒙板工具"，设置华文行楷、70点，在图片"龙"上书写"紫禁茶韵"四个字，再用"移动工具"拖进"注水"图片。

⑤ 用"直排文字工具"，设置楷体、30点、姜黄色（♯977911），在图片"注水"上书写"清茶具组合"几个字。

七、波纹和旋转扭曲滤镜——海浪

请利用素材"鸟"，使用滤镜库中的"扭曲/波纹""扭曲/旋转扭曲"等滤镜、文字蒙板工具制作如图9-9所示的海浪效果图，并保存结果为"SYZBJG9-7.jpg"。

提示：

① 新建 800×600 像素、白色背景文档。

② 将前景色设为蓝色（#6da9ed），执行"滤镜/渲染/云彩"命令。

③ 新建图层 1，用"矩形选框工具"拉一个矩形选框做蓝到白线性渐变，取消选择。

④ 执行"滤镜/扭曲/波纹"命令，数量 988%、大；再次执行"滤镜/扭曲/波纹"命令，数量 988%、中。执行"滤镜/扭曲/旋转扭曲"命令，角度 300 度。

▲ 图 9-9　海浪效果图

⑤ 用"快速选择工具"将"鸟"选中后拖进新建文档，调整大小和方向。

⑥ 在背景层用"横排文字蒙板工具"，设置华文行楷、60 点、100& 弯曲水平波浪变形，书写"巨浪滔天"。执行"图层/通过拷贝的图层"命令，得到图层 3。对图层 3 采用 3 像素、白色、外部描边。

八、云彩渲染和颗粒纹理滤镜——姑苏桥

▲ 图 9-10　姑苏桥效果图

请利用素材"船"，使用"渲染/云彩"、滤镜库中的"纹理/颗粒"滤镜，制作如图 9-10 所示的效果图，并保存结果为"SYZBJG9-8.jpg"。

提示：

① 对图片"船"执行"图像/调整/曲线"命令，输出 200、输入 160，适当调亮。

② 使用"矩形选框工具"在图片下半部分拉一个矩形选框，执行"滤镜/风格/风"命令，设置从右的风。

③ 对图片执行"图像/画布大小"命令，添加宽 10 厘米、高 5 厘米的白色画布扩展颜色。

④ 选中白色区域创建新图层 1，设置前景色绿色（#a4f6aa）、背景色白色（#ffffff），执行"滤镜/渲染/云彩"命令和"滤镜/滤镜库/纹理/颗粒"命令，强度 50、对比度 50、柔和颗粒类型。

⑤ 用华文隶书、100 点、蓝色（#00789f）书写"一入姑苏　满眼江南"，设置投影图层样式，黑色、不透明度 15%、角度 30 度、距离 10 像素、扩展 30%、大小 20 像素。

九、凸出风格化和云彩渲染滤镜——祥云剪纸

请利用素材"城楼"和"剪纸",使用"风格化/凸出""渲染/云彩"等滤镜,制作如图9-11所示的"祥云剪纸"效果图,并保存结果为"SYZBJG9-9.jpg"。

▲ 图9-11 "祥云剪纸"效果图

提示:

① 用"快速选择工具"将图片"城楼"上方的天空选中。前景色设为红色(♯f85903)、背景色为白色,从左上角往右下角拉出红色到白色的线性渐变效果。

② 新建图层,将前景色和背景色设为黑、白色,执行"滤镜/渲染/云彩"命令,按<Ctrl>+<L>调出"色阶"面板,黑、灰、白色阶数据为78、0.49、230。

③ 取消选区,执行"滤镜/风格化/凸出"命令,大小2像素、深度15、基于色阶。图层1混合模式为"滤色",做出祥云效果。

④ 用"魔术棒工具"将图片"剪纸"中的图片"轮廓"选取后拉进图片"城楼"中,选中背景层将选区通过新建的拷贝图层拷贝出图层2。对图层2添加"渐变叠加"图层样式,不透明色90%、透明彩虹渐变、反向、角度10,调整图片位置。

⑤ 用华文行楷、100点、蓝色(♯00789f)书写"剪纸艺术 传统文化"。

十、添加杂色和动感模糊滤镜——烟雨江南

请利用素材"江南",使用"杂色/添加杂色""模糊/动感模糊"等滤镜,调整色阶,制作如图9-15所示的烟雨江南效果图,并保存结果为"SYZBJG9-10.jpg"。

提示:

① 去除天空色并填充白色:使用"修补工具"将图片"江南"中的人物去除并进行填补。

将前景色调为白色,使用"快速选择工具"将天空抠除并填充前景色。

② 添加杂色、设置图层混合模式:新建图层 2 并用黑色填充,执行"滤镜/杂色/添加杂色"命令,数量 80、平均分布、单色,如图 9-12 所示。图层混合模式设为"滤色"。

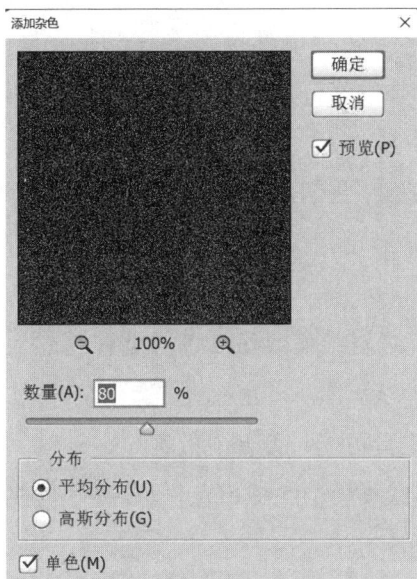

▲ 图 9-12 添加杂色

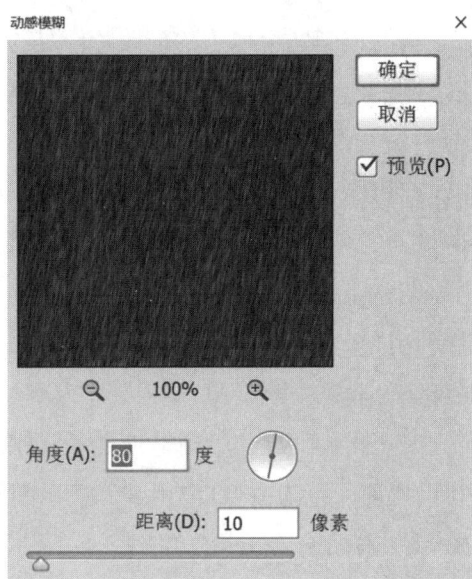

▲ 图 9-13 动感模糊

③ 设置滤镜效果、调整色阶:执行"滤镜/模糊/动感模糊"命令,角度 80、距离 10 像素,如图 9-13 所示。单击"图层"面板下方"创建新的填充或调整图层"按钮 ,将色阶黑、白色分别调为 32、222,如图 9-14 所示。

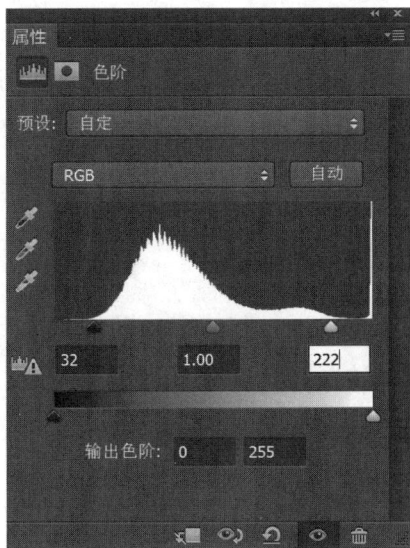

▲ 图 9-14 色阶调整

▲ 图 9-15 烟雨江南效果图

实践与探索

一、老照片修复与特效提升

现在来完成问题情境中的老照片修复与特效提升，并保存结果为"SJJG9-1.jpg"。

① 使用大模型文生图方法生成所需的素材，或通过一些素材网站免费下载，如本实验的素材采用豆包大模型。

② 使用 Photoshop 或者悟空图像软件，打开"老照片"并创建备份图层，这样可以保留原始图层，防止在修复过程中出现不可挽回的错误。

③ 选中复制的图层，添加图层蒙板。

④ 利用"修复画笔工具"或"污点修复画笔工具"，修复划痕或污渍以及墙壁上的受损裂缝。擦除右下角的"豆包 AI"字样。

⑤ 选中图层蒙板，使用画笔工具，可以隐藏修复工具可能过度修复的区域。

⑥ 设置前景色为白色，白色表示显示图层内容。在蒙板上涂抹白色，可以显示修复工具修复的区域，确保修复效果自然。

⑦ 调整蒙板不同的不透明度和填充设置，可以实现渐变效果，使图层内容逐渐隐藏或显示，使修复部分更加自然。

⑧ 修复完成，可以使用"色阶"或"曲线"调整照片的整体亮度和对比度，使照片更加清晰和生动。

⑨ 使用磁性套索工具，选择人物，添加两个"锐化"滤镜。

⑩ 对局部如木质餐桌、人物服饰用"浮雕"滤镜增强立体感。

⑪ 使用裁剪工具或其他方式，给老照片加个边框，填充颜色为深棕色，添加滤镜库里拼缀图纹理滤镜。保存文件，最后效果如图 9-2 所示。

▲ 图 9-16　京剧效果图

二、纹理化滤镜——京剧

请利用素材"窗"和"人物"，使用滤镜库中的"纹理/纹理化"滤镜制作如图 9-16 所示的京剧效果图，并保存结果为"SJJG9-2.jpg"。

提示：

① 用"魔术棒工具"将"窗"图片中窗内杂物去除。得到新的图层 0，对图层 0 设置"斜面和浮雕"效

果,外斜面、雕刻柔和、深度 100%、向下、大小 30 像素,角度 30、高度 30。

② 对图层 0 执行"滤镜/滤镜库/纹理/纹理化"命令,砂岩、缩放 73%、凸现 10,光照右下。

③ 将"人物"图片拖进"窗"图片中,调整大小。

④ 用"直排文字工具",设置华文行楷、200 点、白色,书写"京剧"二字;楷体、100 点、白色,书写"2024.08.02";隶书、100 点、白色,书写"戏曲传承 致敬经典"八个字。

⑤ 在图层 0 上用"矩形选框工具"制作竖线,执行"编辑/描边"命令,宽度 6 像素、白色、居中。

三、用悟空软件实现实验准备第一题的制作

请利用悟空图像软件,根据实验准备题目一的要求,实现"朦胧樱花"的效果图,并将结果保存为"SJJG9 - 3.jpg"。

提示:

① 打开"樱花"图片,新建图层 1。

② 使用"油漆桶工具"给图层 1 填充白色,放置于樱花图层下方。

③ 对樱花图层添加空白蒙板,选中蒙板,利用"油漆桶工具",设置渐变填充(渐变模式是径向,颜色色标为从白到黑,方向由里到外),如图 9 - 17 所示。也可以使用添加预设蒙板,单击圆形选项,选择图 9 - 18 中所选图形(图中右上角)。

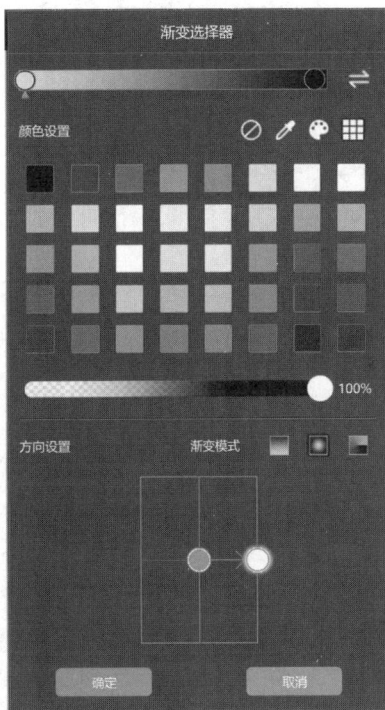
▲ 图 9 - 17 渐变编辑器

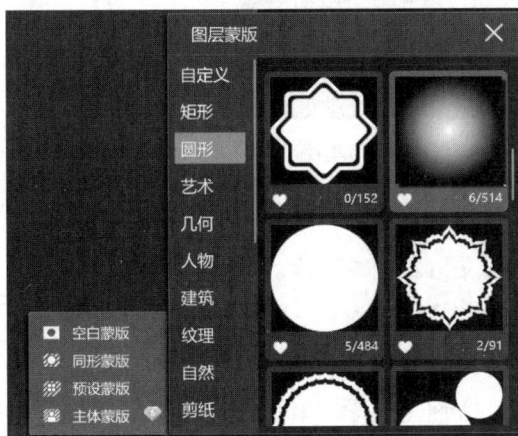
▲ 图 9 - 18 预设蒙板

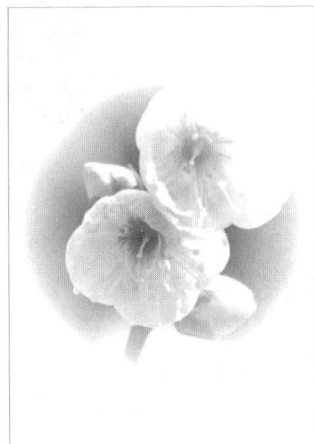
▲ 图 9 - 19 朦胧樱花效果图

四、用悟空软件实现实验准备第四题的制作

请利用悟空图像软件,根据实验准备题目四的要求,实现"中式婚礼流程"效果图,并将结果保存为"SJJG9-4.jpg"。

提示:

① 在图片"流程图"上,利用"文字工具",书写"中式婚礼流程",属性设置里选择竖排文字形式,华文仿宋、大小300点、颜色为♯ffe8af。

② 为文字层添加"斜面和浮雕"图层样式,内斜面、平滑、深度80%、向上、大小10像素、角度30度、高度30度。

③ 用"魔棒工具"将图片"新人"合成到图片"流程图"中,调整大小和位置得到图层1,将图层1改名为"新人"。

④ 对"新人"图层执行"特效滤镜/特效库/水彩"命令。

▲ 图9-20 "中式婚礼流程"效果图

归纳与总结

完成本实验所有内容后,请将所学到的知识点和技能点填入表9-1和表9-2,表格可以根据需要增加行;然后从已掌握和希望学习两个方面写出学习和完成本实验后的体会。

▼ 表 9-1　学到的知识点归纳表

序号	知识点名称	掌握情况	希望深入学习的相关内容
1			
2			

▼ 表 9-2　学到的技能点归纳表

序号	技能点名称	掌握情况	希望深入学习的相关内容
1			
2			

完成本实验后的体会是：

_____

_____

_____

_____ 。

实验 10
视频与动画

实验目标

1. 知识目标

（1）熟悉剪映专业版软件特点和界面布局，如"素材"面板、"时间线"面板、"功能"面板和"播放器"面板等。

（2）了解多轨编辑、AI 智能辅助等功能。

（3）理解关键帧的概念和功能。

（4）理解蒙板的概念和功能。

2. 技能目标

（1）学会使用剪映对视频素材进行分割、合并、修剪等编辑操作，为视频添加转场、特效、贴纸等效果，增添视觉冲击力。

（2）学会使用剪映 AI 功能自动生成文案和视频，自动识别视频中的语音并生成字幕。

（3）学会通过添加关键帧实现视频素材的平滑过渡、缩放、旋转、透明度变化等动画效果。

（4）学会使用蒙板对视频进行遮罩和抠像，从而实现更多的创意表现方式。

问题情境

晓红是一名来上海读书的大学生，在这个繁华的都市里，她不仅努力汲取知识的养分，还尽情感受着上海的独特魅力。外滩的璀璨夜景、田子坊的文艺小巷、迪士尼的梦幻城堡都留下了她的欢声笑语。

晓红想通过短视频,把自己对家乡那片养育她的土地的眷恋,以及对上海这座充满机遇与活力的城市的喜爱之情传递给大家。她希望能用 AI 功能帮她生成贴合主题的文案,并且在视频中自动添加字幕,让表达更加清晰。

晓红还拍了许多游玩时的美照和视频,她期待在自己的短视频里,出场方式别具一格,像广场大屏投放视频那样震撼,或者来个视频水墨开场,尽显诗意与优雅。同时,她也热衷于给照片添加各种转场、特效、贴纸、蒙板等效果,让视频更加生动有趣。

剪映操作简单易上手,即使晓红从未接触过也能快速掌握。它丰富的功能,从 AI 文案生成到智能字幕添加,从多样化的视频开场到海量的转场、特效、贴纸素材,都能助力晓红完成这个承载着她对生活感悟与快乐的短视频。让我们一起帮助晓红,用剪映开启她的短视频创作之旅吧!

实验准备

剪映专业版内置丰富的图片、视频、动画素材及音效和背景音乐库,可以制作出丰富的剪辑、特效、字幕、音频,以及智能识别等效果,满足多样化的视频编辑需求。剪映还可以将编辑好的视频分享到各大社交平台,实现与他人分享作品。需要提醒的是剪映中部分功能需开通会员才能使用,在实验中提到的操作如果提示收费或者需开通会员,可自行更换为免费类似功能或者直接跳过。

文中所有操作均以剪映专业版 6.6.0 版本号为例,不同版本的操作界面、素材库等内容可能差异较大,练习时不必拘泥本文提供的案例细节,根据具体情况灵活应用即可。

一、AI 生成图文视频——星星之火,可以燎原

利用剪映的图文成片功能生成"红色之旅——井冈山感悟"文案,选择智能匹配素材自动生成视频,导出视频"星星之火,可以燎原.mp4"。

1. 登录剪映专业版

打开剪映专业版,进入如图 10-1 所示的欢迎界面,单击左上角的"点击登录账户"按钮,进入如图 10-2 所示的登录界面。剪映登录有"通过抖音登录"和"通过 Apple 登录"2 种方式。登录后,可以将视频草稿上传至"我的云空间",后续无论是在手机、平板还是电脑上使用剪映,只要登录同一个账号,就可以继续访问、编辑项目。

2. AI 生成文案视频

登录后剪映自动返回欢迎界面(图 10-1),单击"图文成片"按钮,进入如图 10-3 所示的图文成片界面。单击左侧的"旅行感悟",在旅游地点文本框中输入"井冈山",在话题文本框

▲ 图 10-1 剪映专业版欢迎界面

▲ 图 10-2 剪映专业版登录界面

中输入"星星之火,可以燎原",视频时长选择"1 分钟左右",单击下方的"生成文案"按钮,会自动生成文案结果,如图 10-4 所示。如果对 AI 生成的文案不满意,可单击"重新生成"按钮,也可以直接对自动生成的方案进行适当修改。满意后选择合适的声音,单击右下角"生成视频"按钮,选择"智能匹配素材",剪映会自动生成视频,同时进入如图 10-5 所示的视频编辑界面。

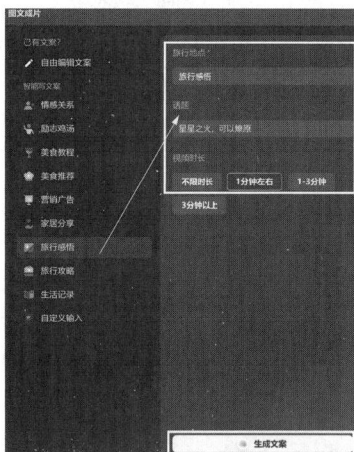

▲ 图 10-3 智能写文案

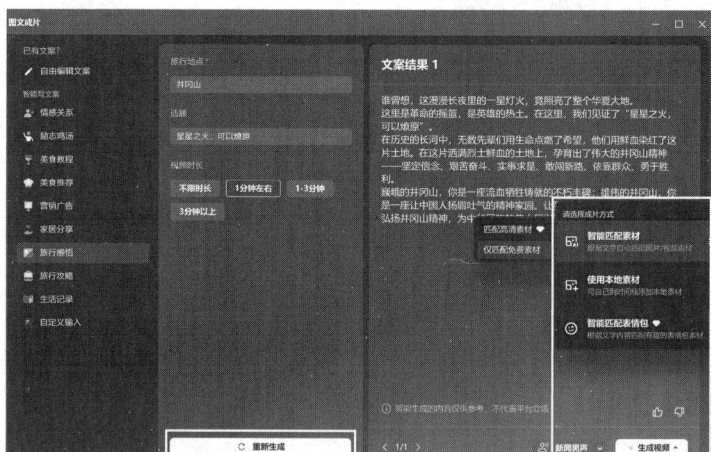

▲ 图 10-4 自动生成文案

3. 编辑导出视频

单击视频编辑界面"播放器"面板右下角的视频比例按钮,选择合适的视频比例(如 16:9),如图 10-5 所示。

还可以对 AI 自动生成的视频做适当的编辑,如替换不满意的图片、修改字幕颜色,添加转场、特效、动画等效果等。完成后,单击右上角的"导出"按钮,在弹出的"导出"对话框的标题位置输入"星星之火,可以燎原",并选择合适的视频分辨率、帧率等参数,确定保存位置

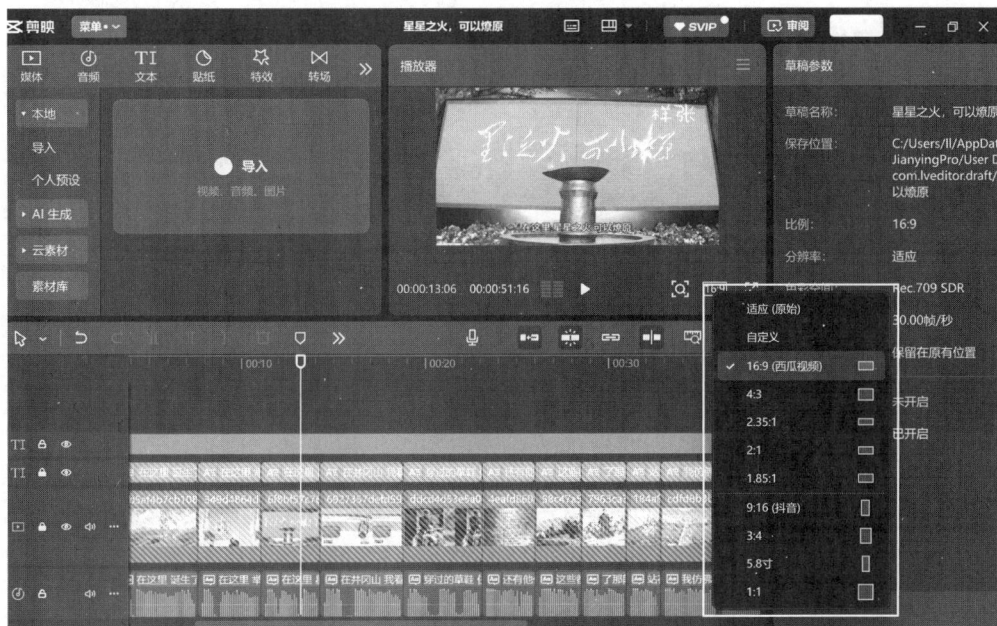

▲ 图 10-5　视频编辑界面

等,如图 10-6 所示。然后单击右下角的"导出"按钮开始渲染并生成视频。单击发布按钮可以将视频发布到社交媒体平台。

▲ 图 10-6　导出视频设置

▲ 图 10-7　欢迎界面草稿区域

4. 保存草稿

单击右上角的"关闭"按钮,回到欢迎界面,生成的视频会自动保存在剪辑草稿区。使用鼠标指向该草稿,然后右击鼠标,在弹出的菜单中选择"重命名"命令,将草稿另存为"星星之火,可以燎原"。单击鼠标右键,在弹出的快捷菜单中选择"上传"选项,如图 10-7 所示,将草稿上传到"我的云空间"。

二、AI 效果照片——百变精灵，不一样的自己

利用同一张人物照片素材，使用剪映的"AI 效果"中的"玩法"功能智能生成多张不同风格的人物照片，并添加转场、特效、贴纸等效果，导出视频"百变精灵——不一样的自己. mp4"。

1. 新建草稿

打开剪映专业版，单击欢迎界面中的"开始创作"按钮，可以新建一个草稿，并自动进入视频编辑界面。

2. AI 效果生成多张照片

单击"导入"按钮，导入素材中的"SYSC10 - 1. png"图片，并将其拖曳至"时间线"面板 5 次。选中第 2 张照片，切换到"功能"面板中的"AI 效果"选项卡，勾选"玩法"选项，选择"热门"中的"智能扩图Ⅰ"选项，自动填充和扩展画面，如图 10 - 8 所示。

▲ 图 10 - 8　玩法中的"智能扩图Ⅰ"效果

采用同样的方法，分别选中第 3、4、5 张图片，勾选"玩法"选项，根据自己的喜好选择不同风格的玩法或者 AI 特效，如选择"热门"中的"婚纱照"选项、"AI 写真"中的"环游世界Ⅰ"、"AI 写真"中的"月下少女"等，得到具有不同风格的一组照片，如图 10 - 9 所示。

3. 为照片添加转场效果

单击"素材"面板的"转场"按钮，为生成的照片添加喜欢的转场效果，如找到"幻灯片"组

▲ 图 10－9 "AI 写真"中的"月下少女"效果

中的"开幕"选项,或者直接在输入框中输入"开幕"后回车确认,搜索到需要的转场效果,单击右下角的"＋"号,添加转场效果,也可以直接将选中的转场效果拖至两张图片之间,并将时间长度拉至最长,延长转场效果过渡时间。单击转场效果选项上的"☆",可以将选中转场效果收藏,方便下次使用,如图 10－10 所示。

▲ 图 10－10 添加转场效果

使用同样的方法,为其他照片添加喜欢的转场效果,如叠化、立方体、百叶窗、翻页等,并同样将时间长度拉至最长。

如果希望一次性将所有的转场使用同一效果,可以单击"功能"面板右下角的"应用全部"按钮。

4. 为照片添加特效

单击"素材"面板的"特效"按钮,可以添加喜欢的特效效果,如找到"画面特效"中"边框"组中的"画展边框"选项,或者直接在输入框中输入"边框"后回车确认,搜索到需要的特效,单击右下角的"＋"号,将特效添加至"时间线"面板,并将时长拉伸至与照片轨道完全相同。单击特效选项上的"☆",可以收藏,方便下次使用,如图 10-11 所示。

▲ 图 10-11　添加特效效果

找到"画面特效"中"氛围"组中的"星河"选项,或者直接搜索"星河",单击右下角的"＋"号,将其添加至"时间线"面板,并将时长拉伸至与照片轨道完全相同,如图 10-12 所示,添加了星光闪烁的动态效果。自行尝试"氛围"组、"动态"组的其他效果,并将喜欢的效果收藏。

5. 为照片添加贴纸效果

单击"素材"面板中的"贴纸"按钮,在输入框中输入"美好时光"后回车确认,搜索到需要的贴纸,单击右下角的"＋"号,将贴纸效果添加至"时间线"面板,将时长拉伸至与照片轨道完全相同,将贴纸图片移动到画面右下角,如图 10-13 所示。

单击视频编辑界面"播放器"面板右下角的视频比例按钮,选择合适的视频比例,如 4∶3。

▲ 图 10–12　添加"星河"氛围特效

▲ 图 10–13　添加贴纸效果

　　单击"播放器"面板中的播放按钮进行预览,确认无误后再单击右上角的"导出"按钮,选择合适的视频分辨率、帧率等参数,导出视频"百变精灵——不一样的自己. mp4",也可以将视频发布到社交媒体平台。

单击右上角的"关闭"按钮,回到欢迎界面,将草稿另存为"百变精灵——不一样的自己",并上传到"我的云空间"。

三、卷轴动画——千里江山美如画

使用剪映素材库中的素材和《千里江山图》(局部)素材制作卷轴动画,并为动画添加烟雾文字效果,文字入场动画为打字光标动画,出场动画为激光雕刻,导出视频"千里江山美如画.mp4"。

1. 制作卷轴动画

单击欢迎界面中的"开始创作"按钮,新建一个草稿。

选中"素材"面板中的"素材库",在输入框中输入"卷轴"后回车确认,找到"卷轴素材",单击右下角的"＋"号,添加到"时间线"面板,单击"☆",可以收藏,方便下次使用,如图10-14所示。

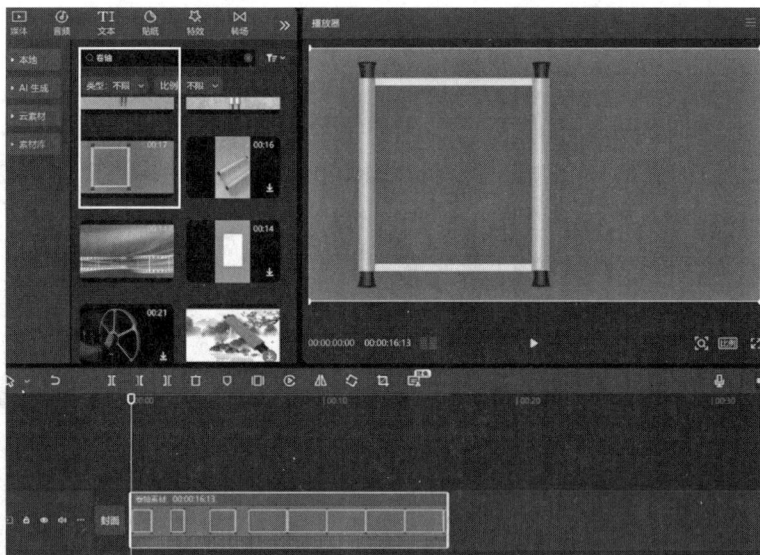

▲ 图 10-14　添加素材库中的卷轴

切换至"素材"面板中的"本地",单击"导入"按钮,导入素材中的"SYSC10-2.jpg"图片,将《千里江山图》添加至"时间线"面板,并将时长拉伸至与卷轴轨道完全相同。选中图片,将其放大,使之高度略大于卷轴绿幕高度,并与绿幕左侧对齐,如图10-15所示。

将卷轴轨道移到《千里江山图》上方。将时间线指针适当后移,使之可以看到全部绿幕,选中卷轴,选择"功能"面板"画图"中的"抠像"选项卡,勾选"色度抠图"选项。此时取色器处于打开状态,单击绿幕区域,并将强度增大至50左右,将绿色背景去除,露出下层的《千里江山图》。单击"播放器"面板的播放按钮,可以展现卷轴徐徐打开的效果,如图10-16所示。

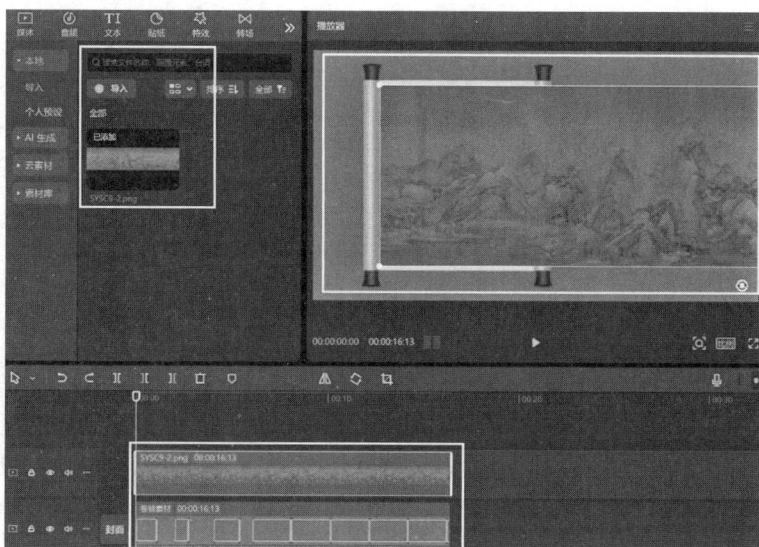

▲ 图 10－15　调整图片和时长

▲ 图 10－16　色度抠图

2. 制作图片自右向左移动的动画效果

将时间线指针调至 6 s 位置(此时卷轴全部打开),选中《千里江山图》,将"功能"面板切换至"基础"选项卡,单击"位置"右侧的菱形关键帧图标,添加关键帧。此时,时间线上会显示起始关键帧标识。将时间线指针移至最后,将《千里江山图》向左移动至与画布右对齐,此时时间线上会自动打上一个结束关键帧标识。单击"播放"按钮,可以看到图片自右向左移动的动画效果,如图 10－17 所示。

▲ 图 10-17 "关键帧"设置

3. 添加文字效果

单击"素材"面板"文本"按钮,将"默认文本"添加至"时间线"面板,将文字修改为"千里江山美如画",起始位置移动到 5 s 位置(此时卷轴完全打开),并将时长拉伸至与卷轴轨道完全相同。文字大小为 12,字体为柳公权,预设样式如图 10-18 所示。

▲ 图 10-18 设置字体

将"功能"面板切换至"动画"选项卡,入场动画选择"打字光标",动画时长 2.0 s,出场动画选择"激光雕刻",动画时长 1.0 s,如图 10-19、10-20 所示。

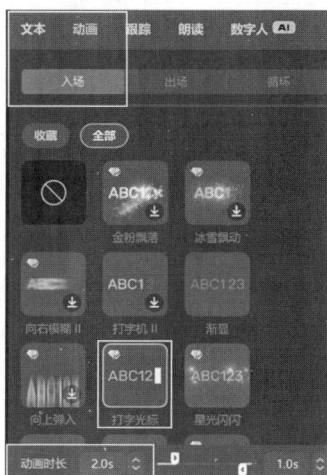

▲ 图 10-19　设置入场动画　　　　▲ 图 10-20　设置出场动画

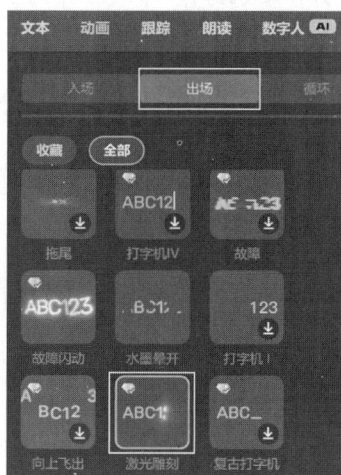

4. 添加烟雾效果

单击"素材"面板中的"媒体"按钮,选中"素材库",在输入框中输入"粒子消散"后回车确认,搜索到需要的特效,单击右下角的"+"号,将其添加至"时间线"面板,起始位置移至与文字轨道相同。选中"粒子消散"素材,在"功能"面板中单击"混合"右侧向下的箭头展开,将混合模式修改为"滤色",去除黑色的背景,如图 10-21 所示。

▲ 图 10-21　添加烟雾效果

单击"播放器"面板右下角的视频比例按钮,选择合适的视频比例,如 16：9。

单击"播放器"面板中的"播放"按钮进行预览,确认无误后再单击右上角的"导出"按钮,选择合适的视频分辨率、帧率等参数,导出视频"千里江山美如画.mp4",也可以将视频发布到社交媒体平台。

单击右上角的"关闭"按钮,回到欢迎界面,将草稿另存为"千里江山美如画",并上传到"我的云空间"。

四、蒙板动画——爱上海

利用剪映的蒙板及关键帧功能制作陆家嘴外滩夜景灯光秀动画,并导出视频"爱上海.mp4"。

1. 添加、剪辑视频

单击欢迎界面中的"开始创作"按钮,新建一个草稿。

选中"素材"面板中的"素材库",在输入框中输入"陆家嘴外滩夜景灯光秀"后回车确认,类型选择"视频",比例选择"横屏"。将列表中 12 s 的视频添加至"时间线"面板,将时间线指针指向 10 s 左右,单击"向右裁切"按钮,将 10 s 后的视频删除,再将指针指向 2 s 左右,单击"向左裁切"按钮,如图 10-22 所示。将 2 s 前的视频删除,把视频移动到轨道最左侧。也可以单击"分割"按钮后手动删除不需要的视频。

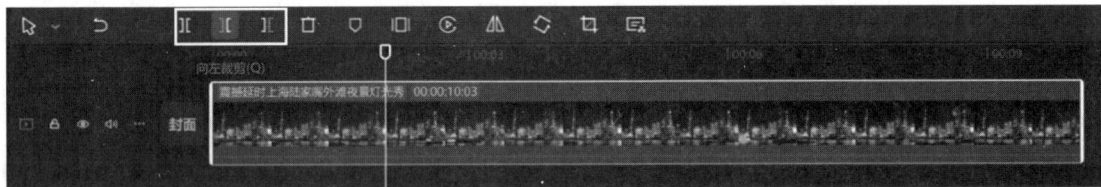

▲ 图 10-22　视频裁切

再复制一段裁切好的视频,单击上层轨道视频左侧"隐藏轨道"按钮将视频隐藏。选中下层轨道的视频,在"功能"面板中单击"混合"右侧向下的箭头展开,将不透明度调至 30% 左右,如图 10-23 所示。

2. 添加蒙板

单击"显示轨道"按钮,显示上层轨道视频,在"功能"面板中将缩放调至 110% 左右。将时间线指针指向开始位置,切换至"蒙板"选项卡,选中"爱心"选项,适当缩小并移动到合适的位置,单击"大小"右侧的菱形关键帧图标,添加关键帧;将时间线指针移动到 5 s 左右,将蒙板放大到整个画面,如图 10-24 所示。

单击视频编辑界面"播放器"面板右下角的视频比例按钮,选择合适的视频比例,如 16：9。

▲ 图 10‑23　视频透明度调整

▲ 图 10‑24　添加蒙板效果

　　单击"播放器"面板中的播放按钮进行预览,确认无误后再单击右上角的"导出"按钮,选择合适的视频分辨率、帧率等参数,导出视频"爱上海.mp4",也可以将视频发布到社交媒体平台。

　　单击右上角的"关闭"按钮,回到欢迎界面,将草稿另存为"爱上海",并上传到"我的云空间"。

实践与探索

一、AI 生成

① 以家乡或者自己感兴趣的内容为主题,利用剪映的"图文成片"功能自动生成文案,使用"智能匹配素材"自动生成视频,进行适当的编辑,如替换不满意的图片、修改字幕颜色,添加转场、特效、动画等效果等,导出视频并命名为"SYSJ10‐1.mp4"。

② 选择自己喜欢的照片,利用剪映的"AI 效果"中的"玩法"功能智能生成多张不同风格的照片,并添加转场、特效、贴纸、蒙板等效果,导出视频并命名为"SYSJ10‐2.mp4"。

③ 录制 1 分钟时长的讲话、唱歌视频,利用剪映中素材面板中文本里的"智能字幕"或"识别歌词"功能,参考教材例 4‐3‐4,为视频自动添加字幕,并导出视频"SYSJ10‐3.mp4"。

二、视频制作

① 广场大屏投放视频。

提示:在"素材库"中搜索"广场屏幕"后回车确认,类型选择"视频",比例选择"竖屏",并将合适的视频添加至"时间线"面板,单击轨道左侧的声音按钮将声音关闭;使用"色度抠图"方法将蓝色幕布去除。

在"素材库"中搜索"跳舞女孩",将选中的跳舞视频添加至广场屏幕下方。再次选中广场屏幕,在"功能"面板的"变速"选项卡中将倍数调整为 0.7 左右,使两段视频的长度一致,如图 10‐25 所示。

▲ 图 10‐25 广场大屏上投放视频广告

单击"功能"面板"缩放"右侧的菱形关键帧图标，添加关键帧，制作大屏拉近的效果，并导出视频"SYSJ10 - 4. mp4"。

② 视频水墨开场。

提示：在"素材库"中搜索"女人跑步的背影"，将选中的跑步视频添加至"时间线"面板。

在"素材库"中搜索"水墨效果"，将选中的水墨效果视频添加至轨道上，将"功能"面板中的混合模式修改为"滤色"，去除黑色的背景。单击轨道左侧的声音按钮将声音关闭。在"功能"面板的"变速"选项卡中将倍速调整为 0.5，使它的轨道长度略小于跑步视频，如图 10 - 26 所示。导出视频"SYSJ10 - 5. mp4"。

▲ 图 10 - 26　水墨开场视频效果

归纳与总结

完成本实验所有内容后，请将所学到的知识点和技能点填入表 10 - 1 和表 10 - 2，表格可以根据需要增加行；然后从已掌握和希望学习两个方面写出学习和完成本实验后的体会。

▼ 表 10 - 1　学到的知识点归纳表

序号	知识点名称	掌握情况	希望深入学习的相关内容
1			

续表

序号	知识点名称	掌握情况	希望深入学习的相关内容
2			

▼ 表 10-2　学到的技能点归纳表

序号	技能点名称	掌握情况	希望深入学习的相关内容
1			
2			

完成本实验后的体会是：

_____

_____

_____

_____ 。

实验 11
图文并茂的信息展示

实验目标

1. 知识目标

（1）能够识别并掌握演示文稿相关概念和术语。

（2）熟知常用的演示文稿软件提供的功能和命令。

（3）理解幻灯片信息展示的静动态设计基本原则。

（4）理解演示文稿的整个制作逻辑和流程。

2. 技能目标

（1）新建、复制、移动、删除、导出、打印和保存等基本操作熟练。

（2）恰当布局和设置文字、图像、形状、图表、音视频等多种元素。

（3）设置母版、模板、版式和主题，制作风格统一的文稿。

（4）能分析需求，整合技术，制作高质量演示文稿。

问题情境

为迎接第一届"中华文化节"，学生社团联合会开展小组学习，分别探究中国传统文化进入校园的理论基础、实施路径以及成功案例。计划分工准备后再整合一处形成一份演示文稿，辅助调研汇报，通过调研进行社团预热与认知统一，确保活动顺利推广。

实验准备

掌握演示文稿的建立、保存，掌握幻灯片版式模板和占位符的使用方法，掌握幻灯片格式化排版、插入、删除、复制、移动等操作方法，掌握各种对象的插入及编辑方法。

一、演示文稿基本操作

1. 新建演示文稿

启动 WPS Presentation，单击新建"空白演示文稿"，如图 11-1(a)所示。出现新建演示文稿的普通视图，如图 11-1(b)所示。

▲ 图 11-1　新建幻灯片（a）

▲ 图 11-1　新建幻灯片（b）

在普通视图左侧"大纲/幻灯片"窗格中，单击幻灯片下方再按回车键，在此插入一张新幻灯片；单击新幻灯片上方再按回车键，在此插入一张新幻灯片。使用＜Ctrl＞+＜M＞组合键再快速创建一张新的幻灯片。

普通视图左侧"大纲/幻灯片"窗格中，按住＜Ctrl+A＞、＜Ctrl+C＞、＜Ctrl+V＞组合键复制多张幻灯片；长按＜Ctrl＞键并单击第一张和第八张幻灯片后，按＜Delete＞键删除这两张幻灯片；选中第四张幻灯片鼠标拖动，移动到所有幻灯片前面。

2. 在幻灯片中插入对象

输入演示文稿标题和各页内容文字。单击第一张幻灯片主标题占位符，输入"传统文化与校园文化融合路径"，设置字体为：华文隶书、72 磅、颜色为"猩红，着色 6"、加粗、文本居中对齐，字间距加宽 10 磅。单击副标题占位符，输入"理论阐述与实践策略"，设置字体为：华文楷体、32 磅、颜色为"黑色，文本 1"、文本居中对齐。在第二、三、四、五、六张幻灯片文字占位符内输入素材"SY11SC1 文本素材.docx"提供的文字内容。完成效果如图 11-2 所示。

插入智能图形。删除第二张幻灯片的标题占位符。选择正文文字。单击"文本工具"选

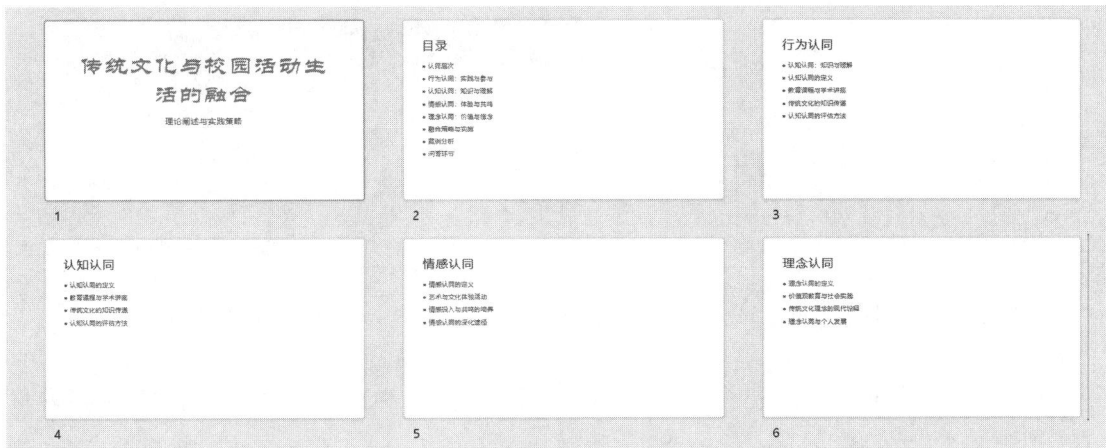

▲ 图 11-2　输入文字

项卡"转智能图形/SmartArt/交错流程"命令。删除 SmartArt"行为认同：实践与参与""认知认同：知识与理解""情感认同：体验与共鸣""理念认同：价值与信念"四个项目。

在动态选项卡"设计"中，选择"更改颜色/着色 6"最右边的样式。适当调整大小和位置。

插入艺术字。在第二张幻灯片内，单击"插入"选项卡"艺术字"命令，在下拉列表中选择第一行第五列艺术字样式，输入"目录"（利用回车键使得文字竖排呈现），150 磅。单击"文本工具"选项卡"填充/图片或纹理/金山"命令。单击"文本工具"选项卡"轮廓/更多设置"命令，右侧窗格内设置宽度 10 磅，透明度 80%，颜色任意的实线。效果如图 11-3 所示。

▲ 图 11-3　插入艺术字

插入表格。插入新幻灯片作为第三张。单击标题占位符，输入文字"认同层次"，单击占位符中"插入表格"按钮，插入 5 行 2 列的表格，如图 11-4(a)所示。将"SY11SC1 文本素材.docx"提供的红色文字内容贴入表格中。单击"表格工具"选项卡，设置表格宽度 10 厘米，单元格高度 2 厘米，文字水平居中。选择"对齐/相对于幻灯片/相对于幻灯片"命令、"对齐/横向分布"命令、"对齐/纵向分布"命令，让表格位于幻灯片居中位置。切换到"表格样式"选项卡，在预设样式中选择"中度样式 2-强调 6"。效果如图 11-4(b)所示。

插入形状。在第四张幻灯片内，删除原有所有占位符。单击"插入"选项卡"形状/图文框"命令▢，切换到"绘图工具"选项卡设置高度和宽度均为 12 厘米；填充色"猩红，着色 6"。操作图文框的黄色编辑点，适当调整边框粗细。

▲ 图 11-4　插入表格（a）

行为认同	实践与参与
认知认同	知识与理解
情感认同	体验与共鸣
理念认同	价值与信念

▲ 图 11-4　插入表格（b）

　　插入图片。单击"插入"选项卡"图片/本地图片"命令，弹出插入图片对话框，选择素材中提供的"SY11SC2 梅花.jpg"图片文件，在图片上右击选择"设置对象格式"命令，将右侧"对象属性"窗格切换到"大小与属性"，设置"缩放高度"和"缩放宽度"均为 43%。切换到"图片工具"选项卡，在"色彩"下拉列表里选择"灰度"命令。移动图片位置，叠放于图文框上。

　　设置组合。选择插入的图片，在"图片工具"选项卡中选择"下移"命令。长按 Shift 键点选图片和图文框后，在"图片工具"选项卡中选择"组合"命令。单击组合，在"图片工具"选项卡中选择"效果/三维旋转/透视/宽松"命令。复制组合，在第五、六、七张幻灯片内多次粘贴。单击第五张幻灯片中的组合，在组合选中状态下，单击其内的图片，在"图片工具"选项卡中选择"更改图片"命令，替换为"SY11SC3 兰花.jpg"，将第六、七张幻灯片分别替换为"SY11SC4 竹子.jpg""SY11SC5 菊花.jpg"。效果如图 11-5 所示。

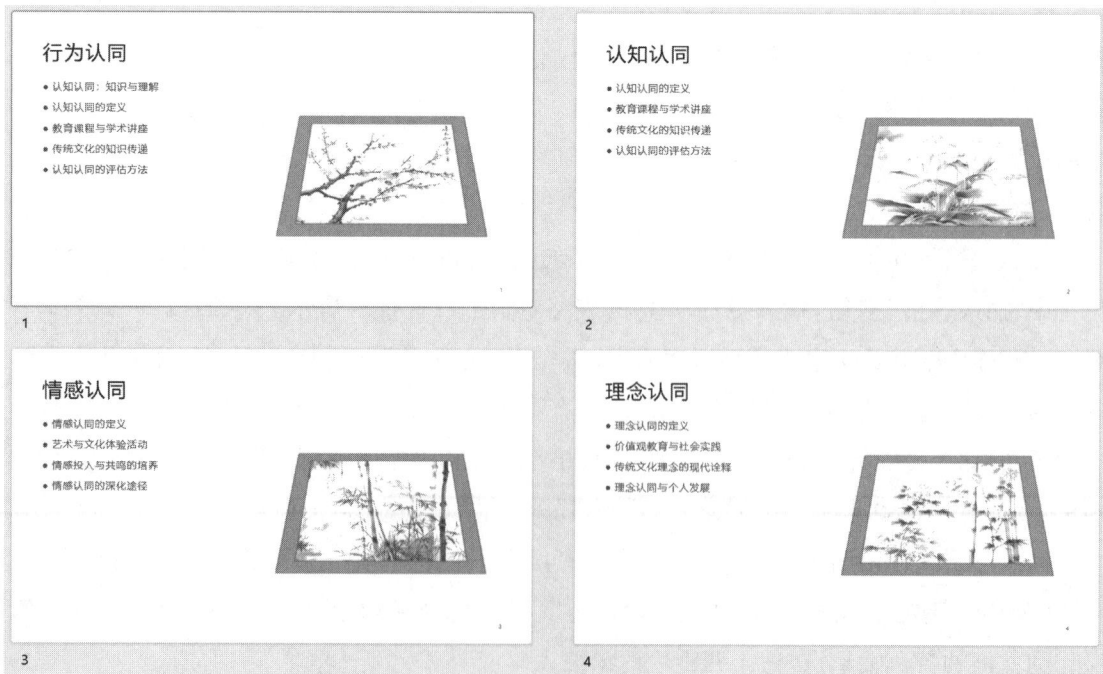

▲ 图 11-5　插入图片

插入外部文件。插入新幻灯片作为第八张。在标题占位符中输入文字"案例"。单击"插入"选项卡"附件"命令,选择素材中提供的"SY11SC6 文献 1.pdf",将附件添加到文档中。

单击"插入"选项卡"对象"命令,点选"有文件创建"并勾选"链接"和"显示为图标"。分两次选择素材中提供的"SY11SC7 文献 2.pdf"和"SY11SC8 文献 3.pdf"文件。

长按<Shift>键,分别单击将三个得到的图标选中,选择"图片工具"选项卡"对齐"命令,将"相对于幻灯片"调整为"相对于对象组",再使用"对齐/左对齐"命令、"对齐/纵向分布"命令和"对齐/等尺寸"等命令,调整图标的相对位置与大小,如图 11-6 所示。

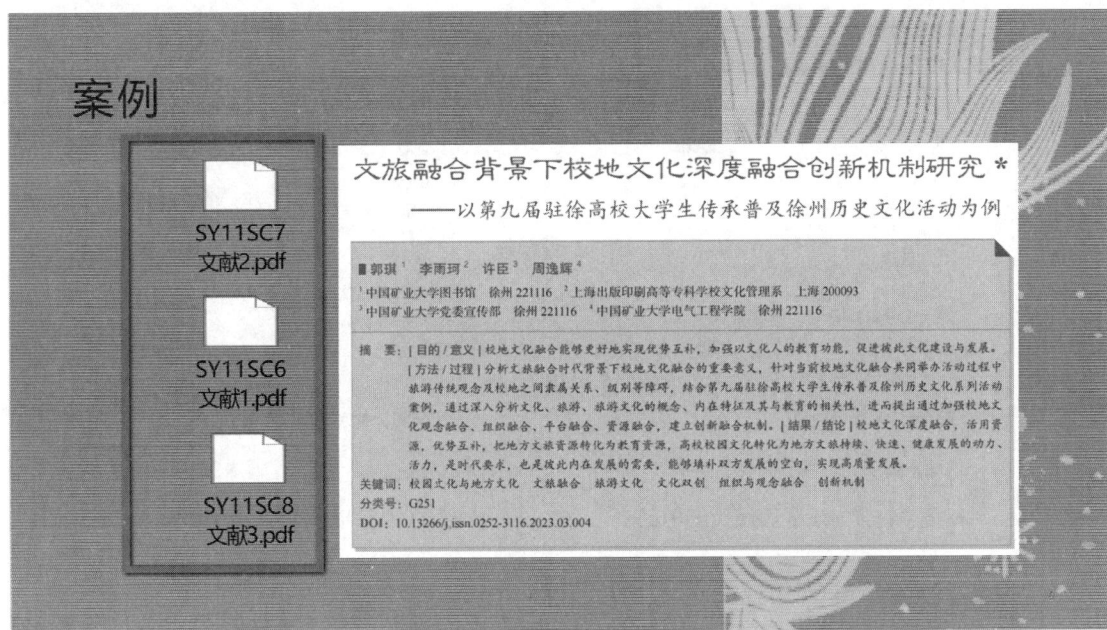

▲ 图 11-6　插入外部文件图标并对齐

插入屏幕截图。选择"插入"选项卡"截屏/截屏工具窗口"命令并最小化。在素材文件夹窗口下打开"SY11SC6 文献 1.pdf"文件。在任务栏单击 WPS 截屏工具,单击"矩形区域截图"命令,绘制适当大小的范围,截取文献部分内容并单击"√"确认。回到幻灯片中,右击鼠标,选择"粘贴为图片"。适当调整图片的位置与大小。

二、演示文稿静态效果

1. 设置背景

在任意幻灯片空白处右击键,选择"设置背景格式"命令,勾选"图案填充",选择"窄横线",前景色"猩红,着色 6,深色 50%",单击"全部应用"按钮。选择第二张幻灯片中的艺术字,单击"文本工具"选项卡"填充"命令。注意区分形状填充命令图标为油漆桶,文本填充命令图标为字母 A,此处要求的是形状填充为"猩红,着色 6,淡色 80%"。

2. 设置页眉页脚

除首张幻灯片插入编号。在任意幻灯片,单击"插入"选项卡"页眉页脚/幻灯片编号"命令,在"幻灯片"选项卡内勾选"标题幻灯片不显示",单击"全部应用"按钮,如图 11-7(a)所示。

首张幻灯片插入日期。在第一张幻灯片,单击"插入"选项卡"页眉页脚/日期和时间"命令,在"幻灯片"选项卡内勾选"日期和时间"且"自动更新",挑选含有星期的日期格式,取消勾选"标题幻灯片不显示",单击"应用"按钮,如图 11-7(b)所示。

移动日期位置与大小。设置日期字体为:18 磅、颜色红色。位置在副标题下方。

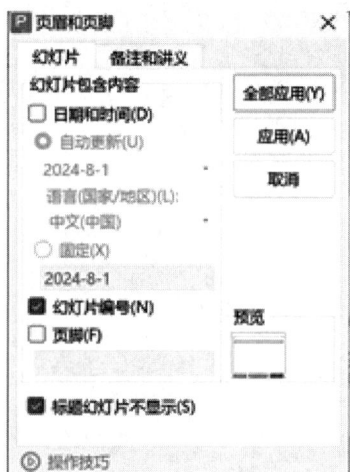

▲ 图 11-7 设置页眉页脚(a)   ▲ 图 11-7 设置页眉页脚(b)

3. 重用幻灯片

鼠标单击在第七张和第八张幻灯片之间。单击"开始"选项卡"新建幻灯片/重用幻灯片"命令,选择素材中提供的"SY11SC9.pptx"文件。在右侧窗格点选"融合策略与实践"幻灯片,此幻灯片已经做好设计效果,将其插入指定位置,成为新的第八张幻灯片,如图 11-8 所示。

4. 修饰图片

单击第八张幻灯片的图片。选定右侧的图,单击"图片工具"选项卡"智能抠图/设置透明色"命令。此时鼠标处于吸管状态,用鼠标单击图片的红色背景任一点,去除颜色。单击"图片工具"选项卡"色彩/冲蚀"命令。单击"图片工具"选项卡"图片透明度/40%"命令。

将图片复制,粘贴到第三、第九张幻灯片同位置处。在第一张幻灯片同位置处粘贴两次,将其中一个图片移动到幻灯片的左侧对称处。单击"图片工具"选项卡"旋转/水平翻转"命令。

设置这些相同图片的层叠位置。选择图片,单击"图片工具"选项卡"下移/置于底层"命令,如图 11-9 所示。

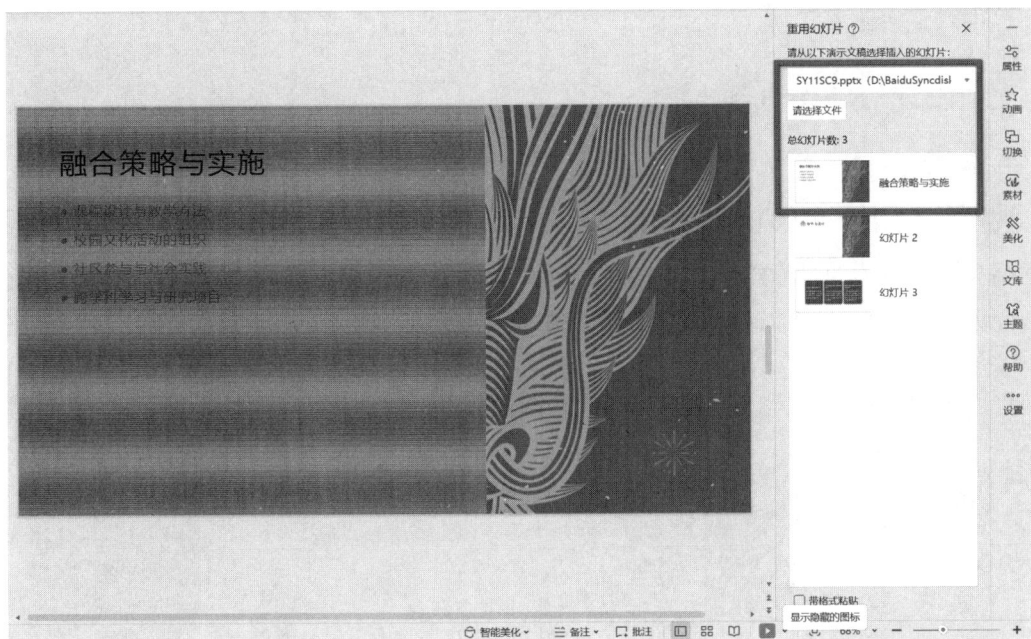

▲ 图 11-8　重用幻灯片

▲ 图 11-9　修饰图片

5. 思维导图

在文稿最后新建第十张幻灯片。在标题占位符输入"问答环节-头脑风暴"。使用"插入"选项卡"思维导图/本地思维导图"命令或者"思维导图/在线思维导图"命令,尝试在幻灯片中插入思维导图。

也可以直接使用素材提供的"SY11SC11 思维导图.jpg",将其插入幻灯片中。

三、设计幻灯片动态效果

1. 设置超链接

选择第三张幻灯片表格中的文字,单击"插入"选项卡"超链接/本文档幻灯片页"命令,设置超级链接到第四张幻灯片。单击对话框中"超链接颜色"按钮,设置超链接颜色"红色",已访问超链接颜色"橙色",单击"应用到全部"按钮,如图 11-10 所示。

▲ 图 11-10 设置超链接

在第一张幻灯片的副标题后添加上标文字 1,单击"插入"选项卡"超链接/文件或网页"命令,设置超级链接到素材文件"SY11SC17 资料.pdf"。

2. 设置幻灯片切换效果

选择"切换"选项卡"形状"命令,效果选项"圆形",勾选"单击鼠标时换片",速度 1 秒,单击"应用到全部"按钮。

3. 设置图片动画效果

选择第四张幻灯片图片,增加进入类动画,选择"动画"选项卡"飞入"命令,动画属性"自右侧",选择"在上一动画之后"。

单击"动画窗格"命令,在窗格内增加退出类动画,选择"添加动画/擦除"命令,在列表内点选该动画,单击右键选择"效果选项"设置:在"效果"选项卡中选择"自顶部";在"计时"选项卡中选择"在上一动画之后",设置动画延迟 5 秒启动。

双击"动画刷"命令,复制动画效果到第四、五、六张幻灯片的图片上。动画刷使用完成及时再次单击"动画刷",退出该命令,避免误设置。

4. 设置文本动画效果

选择第一张幻灯片标题,增加强调类动画,单击"动画"选项卡"放大/缩小"命令,动画属性为默认,文本属性为"逐字播放",选择"与上一动画同时",持续时间改为 0.5 秒。

在第二张幻灯片中,单击"插入"选项卡"文本框"命令,输入数字"1",为文本框增加路径类动画,单击"动画"选项卡"直角三角形"命令,适当调整动画起点和路径大小。打开动画窗格,动画启动"与上一动画同时",持续时间 1 秒,延迟 0 秒。

三次复制粘贴文本框后,修改文本框文字内容,分别为 2、3、4。再依次修改动画的延迟时间为 00.50,01.00,01.50。

选择第二张幻灯片中的 SmartArt,增加进入类动画,选择"动画"选项卡中华丽类别的"弹跳"命令,动画持续时间 1 秒,选择"与上一动画同时"。在动画窗格中,用鼠标拖动这个动画,移动到所有动画最前面,调整动画顺序。单击动画窗格中的"播放"按钮查看当前页面所有动画的整体效果,如图 11-11 所示。

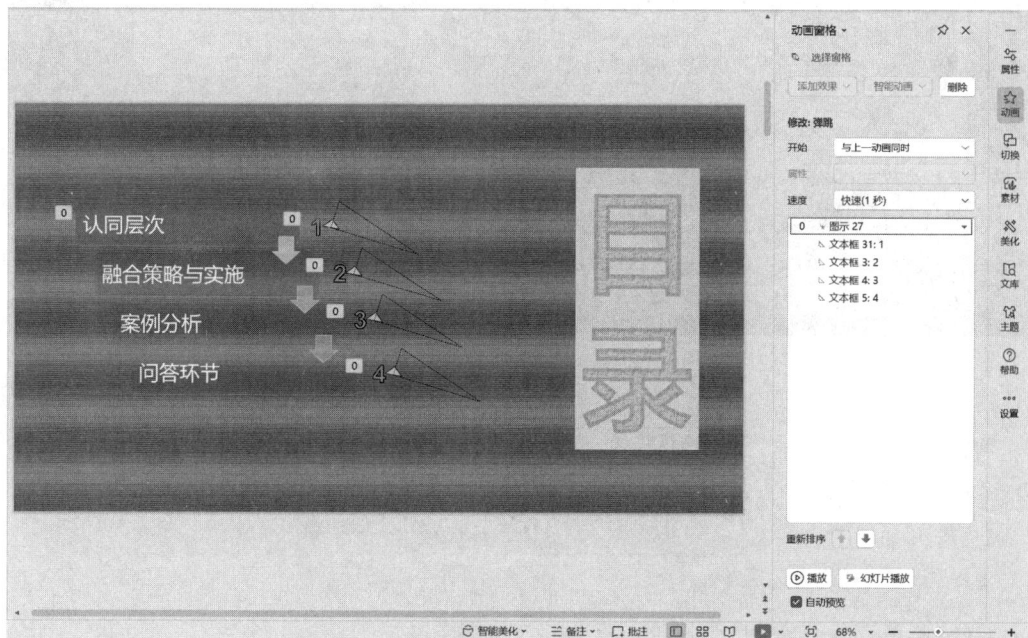

▲ 图 11-11　动画效果

5. 设置动作

在第二张幻灯片中,依次单击选定数字文本框,单击"插入"选项卡"动作"命令,根据内容设置超链接到不同的幻灯片。

四、幻灯片放映与导出

1. 排练计时

选择第十张幻灯片。单击"放映"选项卡"排练计时/排练当前页"命令。在全屏状态下，右击鼠标，选择快捷菜单"演示焦点/缩放"命令，在排练中增加放大镜，方便查看思维导图细节。如图 11 - 12 所示。排练完成，单击鼠标右键，选择快捷菜单"结束放映"命令，并保留排练时间。单击"放映"选项卡"放映设置/放映设置"命令，按图 11 - 13 所示设置放映参数。单击"放映"选项卡"从头开始"命令，查看执行结果。

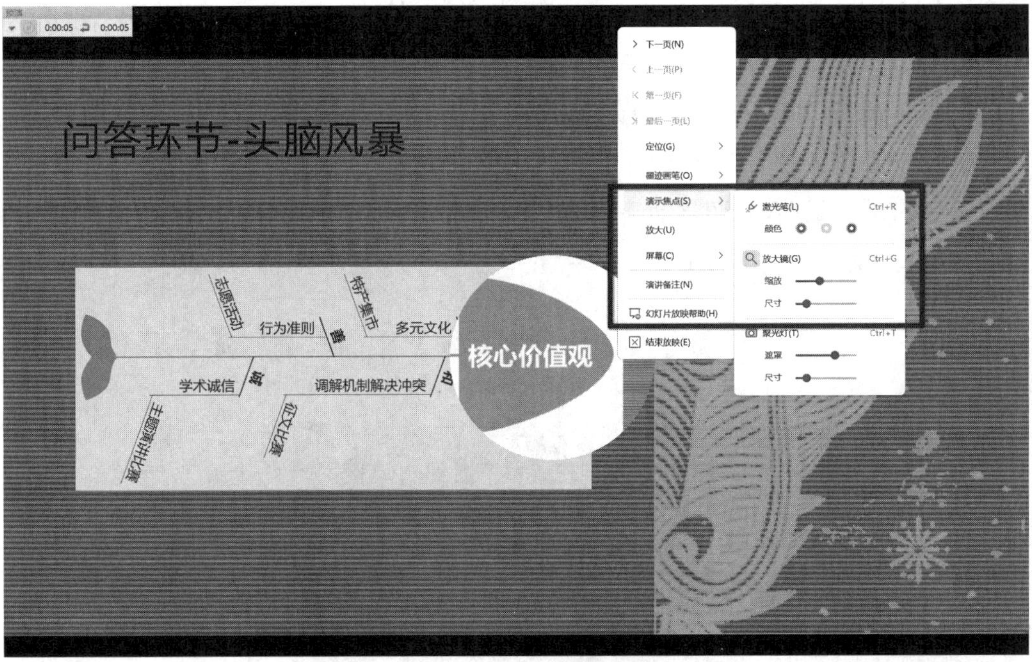

▲ 图 11 - 12 排练计时

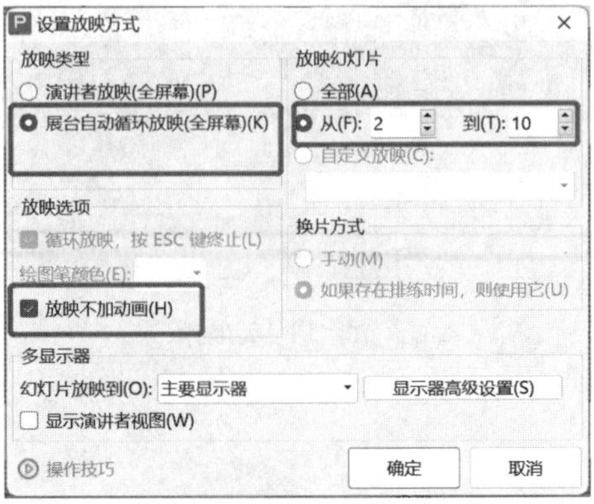

▲ 图 11 - 13 放映设置

2. 保存文件与导出文档

单击菜单"文件/保存"命令，将文件保存为"SYZB11‐1.pptx"，后续待用。再单击菜单"文件"中"另存为/转为 WPS 文字文档"命令并查看执行结果。

实践与探索

一、将分工制作的演示文稿整合一处

① 打开"SY11SC10.pptx"素材，设置个性化配色方案：修改"着色 1"和"着色 6"的颜色为"♯DF8247"并应用此配色方案。文件另存为"SYZB11‐2.pptx"，如图 11‐14 所示。

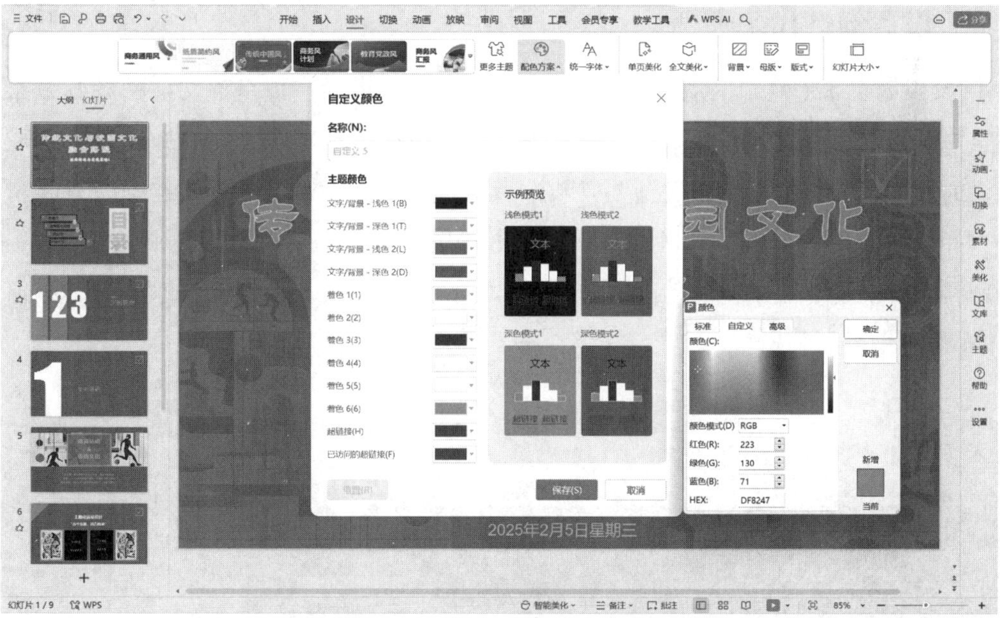

▲ 图 11‐14　个性化配色方案

② 重用之前完成的"SYZB11‐1.pptx"文件的第三至十张幻灯片，放在当前文件的第二张幻灯片后。

③ 利用"SY11SC13.png""SY11SC14.png""SY11SC15.png"图片分别替换幻灯片中部分龙图案，图案色彩从"冲蚀"修改为"自动"。

④ 利用裁剪工具调整第十四张幻灯片中图像的位置，如图 11‐15 所示。

⑤ 利用"SY11SC13.png"图片填充第十七张幻灯片中圆形形状，透明度 50%、向上偏移 2%，放置方式为拉伸，适当缩小圆形大小。利用两个"八角星"图形和"合并形状/组合"工具处理图形，如图 11‐16 所示。

⑥ 删除所有幻灯片编号。

▲ 图 11-15　裁剪工具调整图片

▲ 图 11-16　合并形状/组合工具

二、设置幻灯片动画

① 参照第二张幻灯片的动画效果，制作滑块 4 一边滑动一边呈现文字的动画效果。选择文字"问答环节"，剪切，在屏幕空白处右击，选择"带格式粘贴"命令粘贴，此时文字成为一个独立的文本框。右击滑块 4 设置叠放顺序为"置于顶层"。适当调整文本框位置和滑块位置。选择滑块 1，单击"动画/动画刷"命令，单击滑块 4，将滑块 1 的动画复制给滑块 4。使用动画刷将"认同层次"文本框的动画复制给"问答环节"文本框。注意操作顺序。动画窗格如图 11-17 所示。

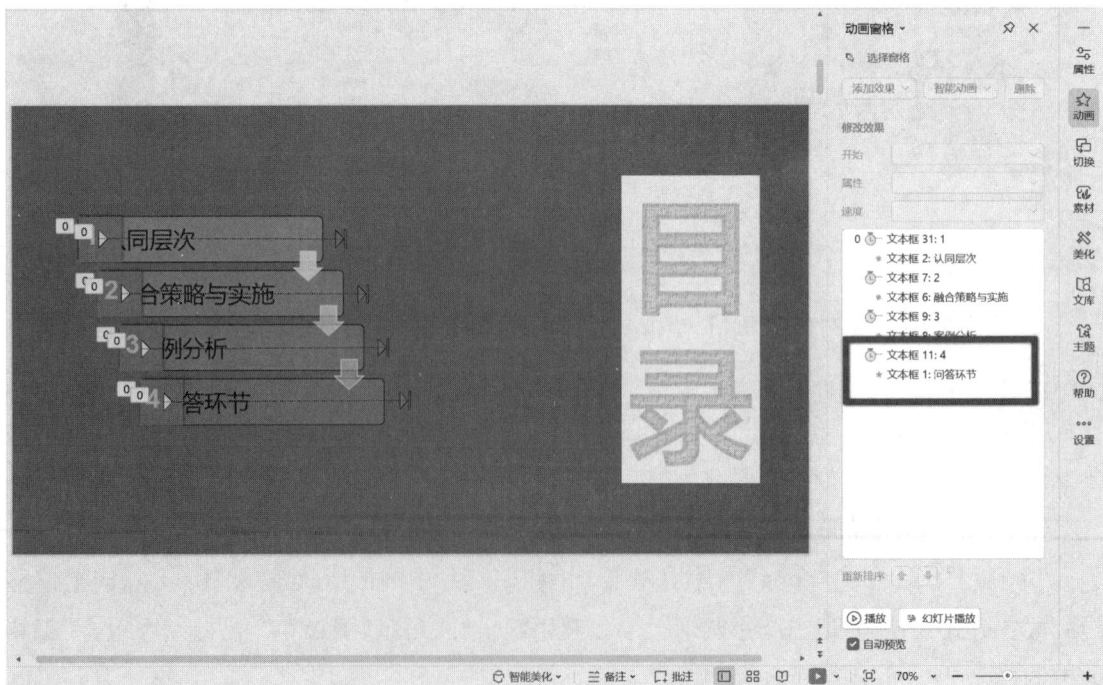

▲ 图 11-17　滑块动画效果

②　播放第十一张幻灯片动画,观察单击数字 2 时会触发动画。退出播放状态,回到普通视图,调整幻灯片显示比例为 50％。修改动画触发的"待定"图片的超链接为"下一张幻灯片"。

③　为第十二张幻灯片中数字 1 设置动画"渐变式缩放""在上一动画之后",持续时间 1秒;继续为数字 1 增加动画"忽明忽暗""在上一动画之后",设置计时为非常快 0.5 秒,重复两次。注意动画的播放顺序。

④　设置第十三张幻灯片标题文本框动画。参数为"放大/缩小""尺寸 50％""平稳开始""平稳结束""在上一动画之后",中速 2 秒,动画结束后改变颜色"♯F7860C"。

⑤　参考左侧图片(图片 1)动画效果,使用动画刷工具,设置第十四张幻灯片右侧图片(图片 5)动画。参考左侧文本框(组合 3)动画效果,设置右侧文本框(组合 4)动画,如图 11‒18所示,注意动画的播放顺序。

▲ 图 11‒18　第十四张幻灯片动画设置

⑥　设置第十七张幻灯片中圆形的动画为"陀螺旋",720 顺时针,"平稳开始""平稳结束""自动翻转""在上一动画之后",慢速 3 秒。动画播放顺序在其他动画之前,如图 11‒19 所示动画窗格内的椭圆 1。

⑦　继续调整幻灯片中部分元素的动画同步性。设置动画窗格内"直接连接符 28"动画延迟 0.5 秒,"圆角矩形 30:本届"动画延迟 1 秒。

⑧　调整图表数据的本届人数为 1 450,以及坐标轴格式最大值为 1 500,主要单位为 300。

⑨　播放第十七张幻灯片动画,观察动画效果。将本届人数从 1 240 调整为 1 450,如图11‒19 所示。

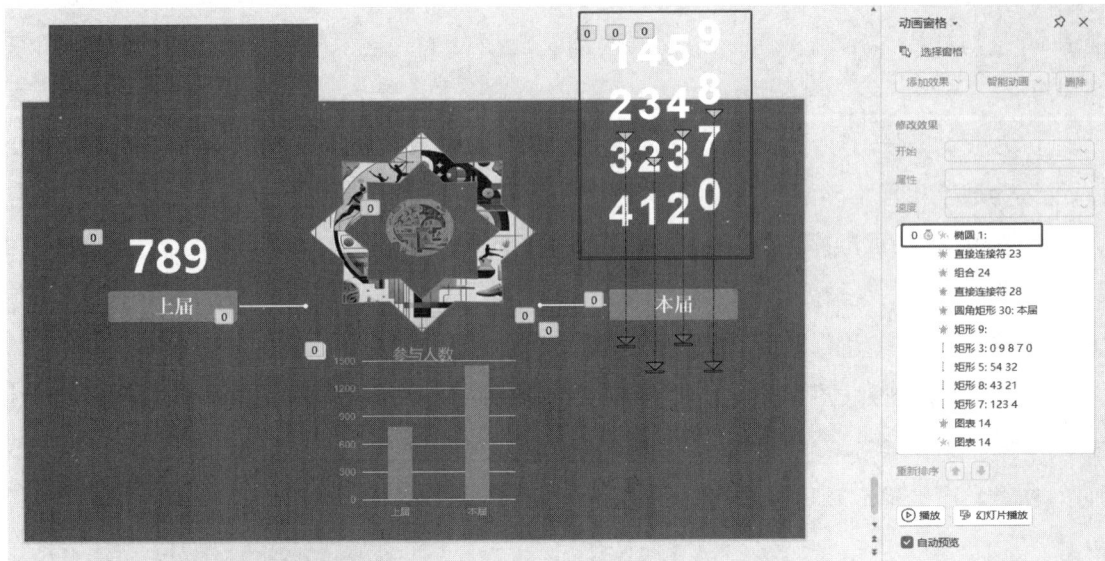

▲ 图 11-19 第十七张幻灯片动画设置

三、设置幻灯片切换

① 设置第十二张幻灯片"推出"切换,效果选项"向上",自动换片 0.2 秒;设置第十三张幻灯片"平滑"切换,效果选项"字符"。

② 设置第十四张幻灯片"飞机"切换,效果选项"向右飞"。

③ 设置第十五张幻灯片"页面卷曲"切换,效果选项"双左",2 秒。

④ 设置第十六张幻灯片"推出"切换,效果选项"向上",1 秒。

⑤ 设置第十七张幻灯片"立方体"切换,效果选项"下方进入",1.5 秒。

四、演示文稿母板设置

① 将第十二张幻灯片版式切换为"副标题页_1"。

② 删除文件中所有无关的幻灯片母版。

③ 删除母版中的特殊符号☑。

五、其他实践

① 借助 AI 工具,了解在演示文稿中插入附件和插入对象两者的区别。

② 设计视觉效果良好的奥运主题的演示文稿模板,突出更高、更快、更强、更团结的体育精神。借助 AI 工具完善配色方案、动画效果等参数设定。

③ 以文件夹"实验实践—学术汇报"中素材文件"学习者特征分析.ppt"为参考,找一篇专业相关硕士论文,制作答辩演示文稿。

④ 以文件夹"实验实践—推荐美好"中素材文件"自得琴社.ppt"为参考,完成文稿创建并向全班推荐。

归纳与总结

完成本实验所有内容后,请将所学到的知识点和技能点填入表11-1和表11-2,表格可以根据需要增加行;然后从已掌握和希望学习两个方面写出学习和完成本实验后的体会。

▼ 表 11-1　学到的知识点归纳表

序号	知识点名称	掌握情况	希望深入学习的相关内容
1			
2			

▼ 表 11-2　学到的技能点归纳表

序号	技能点名称	掌握情况	希望深入学习的相关内容
1			
2			

完成本实验后的体会是:

_____

_____

_____

_____ 。

实验 12
网页制作

实验目标

1. 知识目标

（1）掌握网页设计的基本原则、布局技巧、色彩搭配与视觉设计原理。

（2）掌握站点管理、代码编辑、页面布局与设计、多媒体元素插入等核心功能。

2. 技能目标

（1）能够创建新的站点项目，管理站点文件和资源。

（2）能够运用布局工具（如表格等）设计网页的整体布局，实现网页元素的精确定位与样式美化。

（3）能够在网页中插入图片、视频、音频等多媒体元素，并进行适当的编辑与优化，提升网页的交互性和表现力。

（4）能够结合所学知识，发挥创意，设计并制作出具有个性和特色的网页作品，不断优化网页的视觉效果和用户体验。

问题情境

中秋习俗，是民间传统节日习俗之一，中秋节自古便有祭月、赏月追月、乞月照月、扎灯笼、玩花灯、猜灯谜、舞火龙、烧塔、听香、吃月饼、嗦田螺、食甜薯、赏桂花、饮桂花酒等习俗。流传至今，经久不息。中秋节以月之圆兆人之团圆，为寄托思念故乡，思念亲人之情，祈盼丰收、幸福，成为丰富多彩、弥足珍贵的文化遗产。

制作一个介绍中秋节的网站,旨在传承和弘扬这一优秀传统文化,表达"团圆"的含义。

实验准备

春节是中华民族最重要的传统节日之一,融合了祀神祭祖、辞旧迎新、亲朋团聚、家国同庆等多种文化习俗活动,是中国人一年中最盛大的节日。它不仅是一个节日,更是新时代传承和发展中华优秀传统文化的一个重要载体。制作一个介绍中国春节的网站具有多方面的意义。它不仅是传承和弘扬传统文化的重要途径,也是促进文化交流与理解、激发民族自豪感和认同感、推动旅游业和文化产业发展以及传播正能量的有效手段。先通过制作一个介绍春节的网站,来体验一般网站的制作过程。

一、网站内容规划

利用 AI 技术生成一个网站规划,以百度"文心一言"为例(文心大模型 3.5),可以提问:"拟制作一个介绍中国春节的网站,应该如何规划该网站?"百度将给出一份详细的规划方案,方案如图 12-1 所示,详见"网站规划方案.txt"。

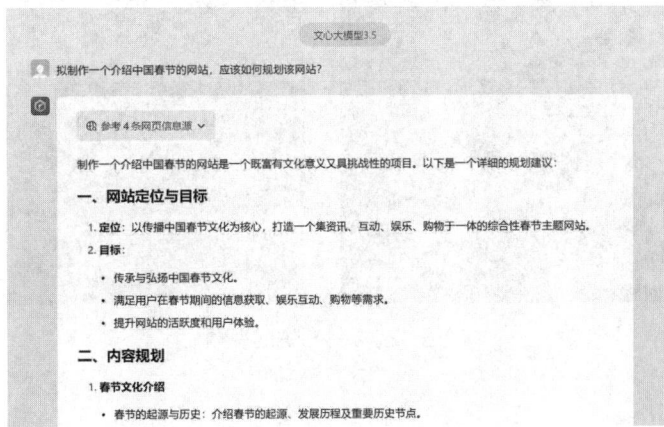

▲ 图 12-1　网站规划方案截图（部分）

二、素材准备

1. 图像素材

利用 AI 技术生成图片素材,以"讯飞星火"为例,可以提出"生成一个中国春节的图像,要求以红色为背景,能体现春节民俗"。"讯飞星火"将生成图像供选择,如不满意,可鼠标单击左下角的"重新生成"按钮再次生成图像。AI 生成的图像在图像右下角标有"AI 生成"字样,如图 12 - 2 所示。

▲ 图 12 - 2 AI 生成图像

2. 视频素材

利用 AI 技术生成视频素材,以"剪映"为例,可以使用"图文成片"功能,输入"主题"为"介绍中国的春节","视频时长"为"1 分钟左右",单击"生成"按钮即可生成视频的文案。剪映会提供 3 个版本的文案供选择,用户可选择一个文案进行自定义加工后生成视频,生成视频可选择音频风格,例如,朗诵男声等,单击"生成视频"按钮,选择"智能匹配素材"即可,生成视频后也可进行自定义加工,如图 12 - 3 所示。

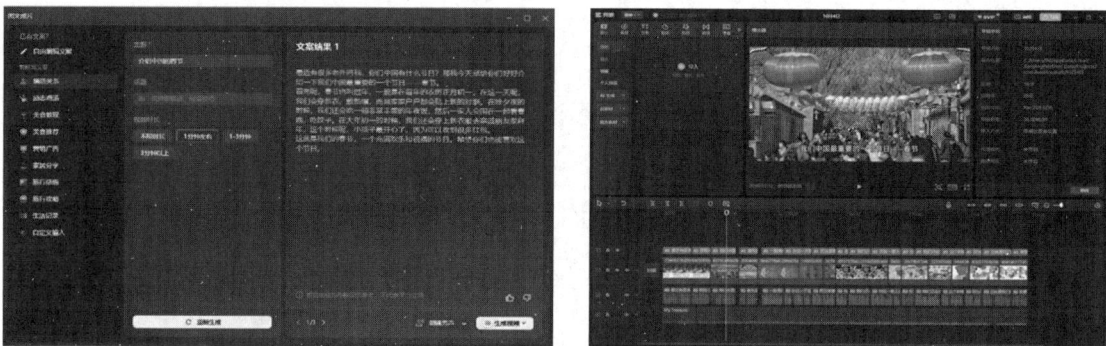

▲ 图 12 - 3 AI 生成视频

三、网站建设

制作一个介绍春节的网站可提供集资讯、互动、娱乐为一体的在线平台,使中外用户能够深入了解春节的文化、习俗和活动,同时享受节日的欢乐氛围。

1. 创建网站站点

根据介绍中国春节的主题进行网站规划,利用 Dreamweaver 创建网站站点,要求站点中包含"images"和"TXT"两个文件夹以及"index.html"网页文件。

① 在 C 盘上新建一个文件夹,命名为"春节介绍"。在 Dreamweaver 中,执行"站点/新

建站点"菜单命令。在弹出的"站点设置对象"窗口中设置参数,如图 12-4 所示,单击"保存"按钮即可新建一个网站站点。

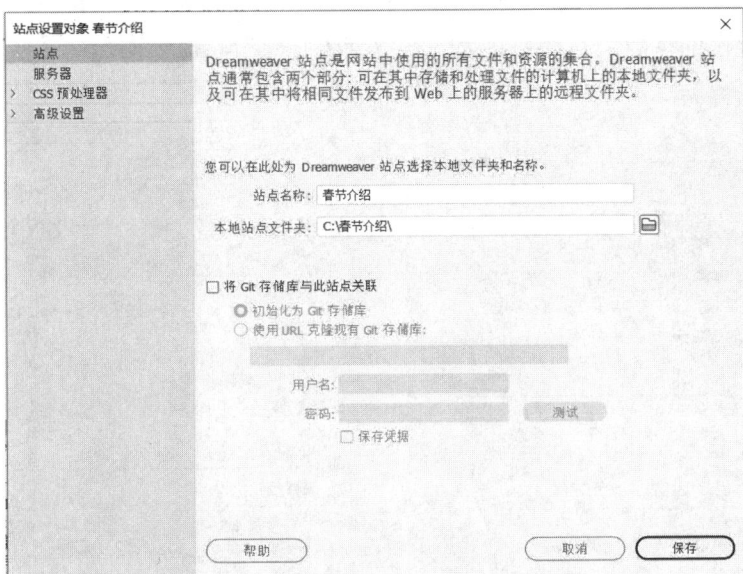

▲ 图 12-4　站点设置

②　在 Dreamweaver 的"文件"面板中,右击新建的站点,在弹出的快捷菜单中选择"新建文件夹"菜单命令,将默认的文件夹名称"untitled"改为"images",即可完成站点内的文件夹的建立。同样操作,新建"TXT"文件夹。

③　在 Dreamweaver 的"文件"面板中,右击新建的站点,在弹出的快捷菜单中选择"新建文件"菜单命令,将默认的文件名称"untitled.html"改为"index.html",即可完成站点内的文件的建立。

最终网站的站点结构如图 12-5 所示,电脑硬盘中也会建立相应的文件夹和文件。

▲ 图 12-5　站点结构

2. 制作"index.html"网页

在 Dreamweaver 的"文件"面板中,双击"春节介绍"网站站点中的"index.html"网页文件,打开该文件。在"属性"面板中设置"文档标题"为"中国春节的介绍"。

（1）表格布局

鼠标光标停留在该网页文件的第一行中,执行"插入/Table"菜单命令,在弹出的"Table"对话框中设置表格的行数为"4",列数为"3",宽度为"800"像素,如图12-6所示,单击"确定"按钮即可插入表格。

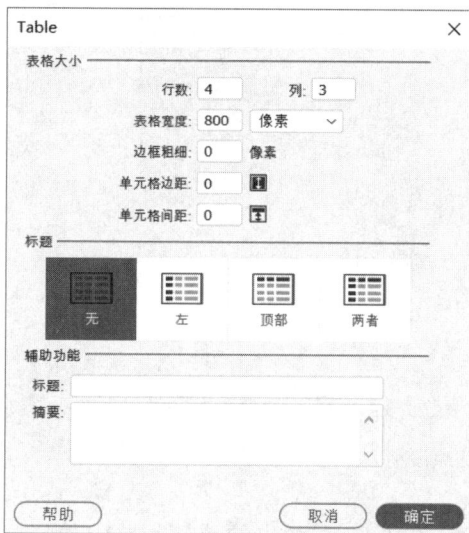

▲ 图 12-6 表格设置

▲ 图 12-7 拆分单元格

选中表格,在"属性"面板中设置对齐方式（Align属性）为"居中对齐"。选中表格第一行所有单元格,单击"属性"面板中的"合并所选单元格"按钮,依同样的操作,合并第四行的所有单元格。选中表格第二行的第一个单元格,单击"属性"面板中的"拆分单元格为行或列"按钮,在弹出的"拆分单元格"对话框中,设置"把单元格拆分成"为"列","列数"为"2",如图12-7所示,单击"确定"按钮即可拆分单元格,依同样的操作,将第二行的其他单元格均拆分为两列。

最终的表格布局如图12-8所示（浏览器浏览该网页时,虚线部分不显示）。

▲ 图 12-8 表格布局

（2）图像

将素材图像文件和视频文件复制到网站站点下的"images"文件夹中,将素材中的文本文件复制到网站站点下的"TXT"文件夹中。

在 Dreamweaver 的"文件"面板中,双击"春节介绍"网站站点中的"index. html"网页文件,打开该文件。鼠标光标停留在表格的第一行的单元格内,执行"插入/Image"菜单命令,在弹出的对话框中选择"背景. jpg"图像文件,即可完成图像的插入。

(3) 文字

鼠标光标停留在表格的第二行,分别在各单元格中输入文本"春节文化介绍""春节民俗介绍""春节活动资讯""春节美食与购物""春节祝福与互动"和"联系我们"。

选择第二行所有单元格,在"属性"面板中设置"目标规则"为"新内联样式","字体"为"华文新魏","水平"为"居中对齐","垂直"为"居中","高"为"50"像素,"背景颜色"为"♯B00609"。

(4) 鼠标经过图像

鼠标光标停留在第三行第一列的单元格中,执行"插入/HTML/鼠标经过图像"菜单命令,在弹出的"插入鼠标经过图像"对话框中设置"原始图像"为 images 文件夹中的"春节01. jpg","鼠标经过图像"为 images 文件夹中的"春节02. jpg",如图 129 所示,单击"确定"即可完成插入。

选择该图像,在"属性"面板中设置"宽"为"200"像素。

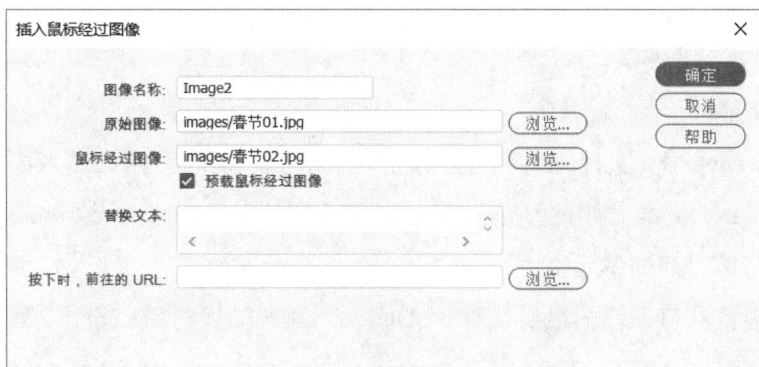

▲ 图 12-9　鼠标经过图像

(5) 视频

鼠标光标停留在第三行第三列的单元格中,执行"插入/HTML/HTML5 Video"菜单命令,选择插入的占位符,在"属性"面板中设置"W"为"250"像素,"源"为"images/春节介绍. mp4"。

鼠标光标停留在占位符的右侧,在"属性"面板中设置"水平"为"右对齐"。

(6) 字符和日期

鼠标光标停留在第四行的单元格中,输入文本"版权所有 ABC"。鼠标光标停留在文本"版权所有"的后方,执行"插入/HTML/字符/版权"菜单命令插入一个版权符号。

鼠标光标停留在文本"ABC"的后方,执行"插入/HTML/不换行空格"菜单命令插入一个空格符号,同样的操作重复 7 次,即可插入 8 个连续空格。

鼠标光标停留在 8 个连续空格的后方,执行"插入/HTM/日期"菜单命令,在弹出的"插入日期"对话框中设置"星期格式"为"星期＊","日期格式"为"＊＊＊＊年＊月＊日","时间格式"为"＊＊：＊＊",勾选"储存时自动更新",如图 12－10 所示,单击"确定"按钮即可插入日期和时间。

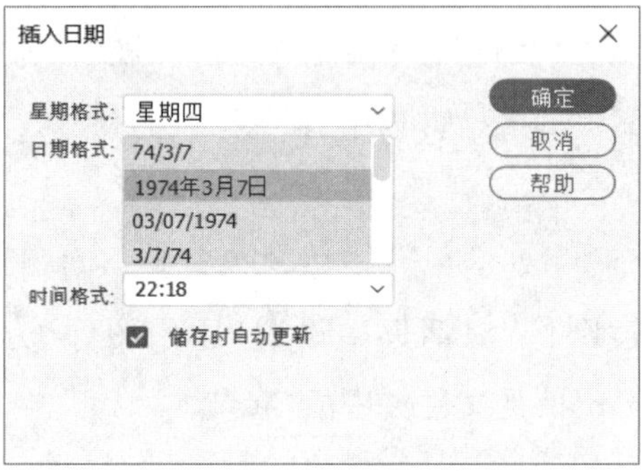

▲ 图 12－10　插入日期

鼠标光标停留在第四行的单元格中,在"属性"面板中设置"水平"为"居中对齐","垂直"为"居中","高"为"50"像素。

（7）滚动字幕

在 Dreamweaver 的"文件"面板中,鼠标左键双击"春节介绍"网站站点中"TXT"文件夹中的"滚动字幕.txt"文本文件,打开该文件。将该文件中的文本复制到"index.html"网页文件的表格第三行第二列的单元格中。

鼠标光标停留在每一行的最后,使用＜Delete＞键删除换行符＜br＞,使用＜Enter＞键输入段落符号＜p＞。

选择第 2—6 行,在"属性"面板中,选中"项目列表"。

切换至"代码"窗口,在该段文本的上方添加代码＜marquee direction＝"up"＞,在文本的后方添加代码＜/marquee＞,如图 12－11 所示。

```
<marquee direction="up"> <ul>
    <li> 正月初一【春节】这天一般不会打扫房屋，因为在春节的习俗里，
    扫屋子会被视为扫走财运，人们都会包饺子，吃汤圆</li>
    <li> 正月初二【祭财神，迎婿日】嫁出去的女儿会带着丈夫和孩子回娘
    家</li>
    <li> 正月初三【赤狗日】这天不吃谷类食材</li>
    <li> 正月初四【羊日】这天一般会打扫屋子，将垃圾扔到院子中，这就
    是"扔穷"，寓意着新的一年里，生活富足</li>
    <li> 正月初五【破五节】过了今天后，之前的一些习俗与禁忌都可以打
    破了</li>
</ul></marquee>
```

▲ 图 12－11　滚动字幕代码

完成后"index.html"网页的预览效果如图 12‑12 所示。

▲ 图 12‑12　"index.html"网页预览效果

3. 创建"联系我们.html"网页文件

在 Dreamweaver 的"文件"面板中,右击"春节介绍"站点,在弹出的快捷菜单中选择"新建文件"菜单命令,将默认的文件名称"untitled.html"改为"联系我们.html",即可完成站点内的文件的建立。双击该文件即可打开文件进行编辑。

（1）页面属性

在"属性"面板中设置"文档标题"为"联系我们"。单击"页面属性"按钮,在弹出的"页面属性"对话框中设置"页面字体"为"华文新魏","大小"为"24"像素,"文本颜色"为"#754709","背景颜色"为"#F7B4B4",如图 12‑13 所示,单击"确定"按钮即可完成设置。

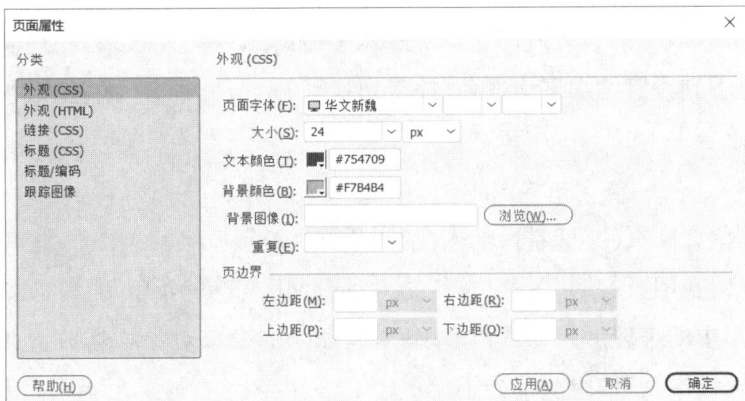

▲ 图 12‑13　页面属性

（2）文字

鼠标光标停留在网页的第一行,输入文本"联系我们"。在"属性"面板中设置"格式"为"标题 1",选中"居中对齐"。

（3）电子邮件链接

鼠标光标停留在网页的第二行,输入文本"Email：abc@abc.com",选择文本"abc@abc.com",执行"插入/HTML/电子邮件链接"菜单命令,在弹出的"电子邮件链接"对话框中设置"文本"和"电子邮件"均为"abc@abc.com",如图 12-14 所示,单击"确定"按钮即可完成。

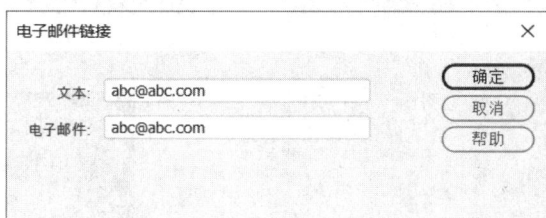

▲ 图 12-14　电子邮件链接

（4）水平线

鼠标光标停留在网页的第三行,执行"插入/HTML/水平线"菜单命令。在"属性"面板中设置"宽"为"800"像素,"高"为"5"像素。

选择水平线,单击"属性"面板最右侧的"快速标签编辑器"图标按钮,在弹出的"编辑标签"对话框中输入设置颜色的代码。默认情况下,会出现代码"<hr width="800" size="5">",将鼠标光标定位在代码的最后方,输入空格和字母"c",软件会出现代码列表供用户选择,在代码列表中选择"color","编辑标签"文本框中会出现"color="""代码,在双引号中间输入颜色代码"#754709",完成后的代码如图 12-15 所示。

```
<hr width="800" size="5" color="#754709">
```

▲ 图 12-15　设置水平线颜色的代码

提示：Dreamweaver 的设计视图不会显示水平线的颜色设置效果,用户需要保存文档后在浏览器中才能看到设置的水平线颜色,或者切换到 Dreamweaver 的"实时视图",查看所设置的颜色效果。

（5）表单

鼠标光标停留在网页的第四行,输入文本"意见反馈"。

鼠标光标停留在网页的第五行,执行"插入/HTML/表单/表单"菜单命令即可插入一个表单,表单在网页中的表现形式为红色虚线,后续插入的表单对象均需放置在该红色虚线区域内,浏览器浏览该网页时,虚线部分不显示。

　　鼠标光标停留在表单的第一行,执行"插入/HTML/表单/列表"菜单命令,插入一个列表,将该列表前方的文本修改为"意见板块:"。选择该列表,在"属性"面板中,单击"列表值…"按钮,在弹出的"列表值"对话框中依次输入文本"春节文化介绍""春节民俗介绍""春节活动资讯""春节美食与购物""春节祝福与互动"和"联系我们",如图 12-16 所示,单击"确定"按钮即可完成设置。选择该列表,在"属性"面板中设置"Selected"的值为"春节民俗介绍"。

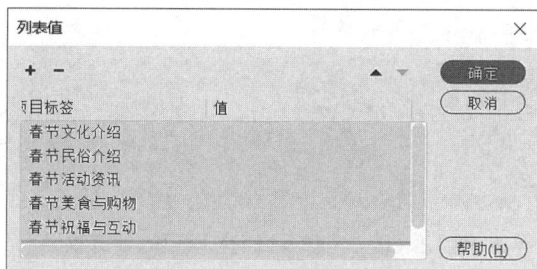

▲ 图 12-16　设置列表值

　　鼠标光标停留在表单的第二行,执行"插入/HTML/表单/单选按钮组"菜单命令,在弹出的"单选按钮组"对话框中设置"单选按钮标签"依次为"设计""内容"和"其他","布局,使用"为"换行符",如图 12-17 所示,单击"确定"按钮即可完成设置。鼠标光标停留在单选按钮组之前,输入文本"意见类型:"。鼠标光标分别停留在单选按钮组第一个和第二个选项之后,使用"DEL"键(删除键)删除段落符号,使三个选项能在同一行中显示。选择第二个选项,在"属性"面板中勾选"Checked"。

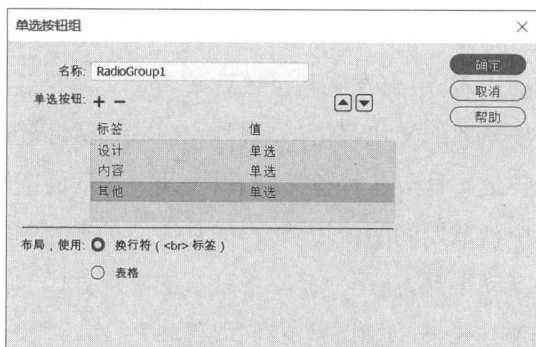

▲ 图 12-17　设置单选按钮组

　　鼠标光标停留在表单的第三行,执行"插入/HTML/表单/文本区域"菜单命令,修改文本区域前的文本为"意见内容:"。选择该文本区域,在"属性"面板中设置"Rows"为"3","Cols"为"20"。

　　鼠标光标停留在表单的第四行,执行"插入/HTML/表单/"提交"按钮"菜单命令,鼠标光标停留在该按钮后方,执行"插入/HTML/表单/"重置"按钮"菜单命令,即可完成两个按钮的插入。

完成后"联系我们. html"网页的预览效果如图 12 - 18 所示。

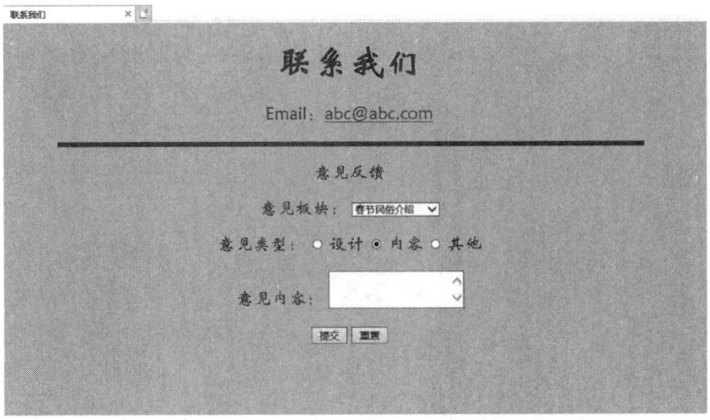

▲ 图 12 - 18 "联系我们"网页的预览效果

(6) 超链接

在 Dreamweaver 的"文件"面板中,鼠标左键双击"春节介绍"网站站点中的"index. html"网页文件,打开该文件。选中文本"联系我们"(表格第二行第六列),在"属性"面板中设置"链接"为"联系我们. html","目标"为"_blank"。

实践与探索

一、制作"中秋节介绍"网站

1. 规划网站内容

- 首页:展示中秋节的由来、历史发展和重要意义。
- 中秋节文化:介绍中秋节的文化习俗,如赏月、吃月饼、猜灯谜等。
- 中秋节活动:展示各地中秋节的特色活动,以及线上线下的庆祝方式。
- 中秋节美食:介绍中秋节期间的传统美食,如月饼的种类、制作方法等。
- 互动与祝福:提供互动平台,让用户分享中秋节的庆祝方式和祝福语。
- 联系我们:提供联系方式,方便用户与我们取得联系。
- 其他相关内容。

2. 素材准备

- 图像素材:利用 AI 技术生成以中秋节为主题的图片,如满月、月饼、灯笼等。
- 视频素材:制作或收集关于中秋节习俗、活动的视频,用于网站展示。
- 文本素材:撰写中秋节相关的介绍性文字,包括文化、习俗、美食等方面的内容。
- 其他相关素材。

3.　网站建设

● 创建网站站点：在 Dreamweaver 中新建站点，命名为"中秋节介绍"。在站点内创建"images""videos"和"TXT"三个文件夹，以及"index. html"等网页文件。

● 制作"index. html"网页：设置文档标题为"中国中秋节的介绍"。使用表格布局，规划网页结构，包括标题、图片、文字介绍等区域。插入准备好的图像素材，作为网页的背景或点缀。在表格内输入中秋节相关的文字介绍，设置字体、颜色、对齐方式等属性。插入视频素材，展示中秋节的习俗和活动。在网页底部插入版权信息、日期等。

● 制作其他网页：根据内容规划，制作"中秋节文化""中秋节活动""中秋节美食"等网页。在每个网页中插入相应的图像、视频和文字素材。设置网页属性，如字体大小、颜色、背景等，以保持网站风格的一致性。

● 添加互动功能：在"互动与祝福"网页中，添加表单，让用户可以分享中秋节的庆祝方式和祝福语。

● 设置超链接：在首页和其他网页之间设置超链接，方便用户导航。确保超链接的目标正确，且在新窗口或标签页中打开。

二、制作"人工智能专题"网页

利用"wy1"文件夹下的素材（图片素材在"wy1\images"文件夹下），按以下要求制作或编辑网页，结果保存在原文件夹下。

① 打开主页 index. html，设置网页标题为"人工智能专题"，网页背景图像为"bj. jpg"；设置表格属性：边距和间距均为 5，边框为 0；合并第 1 行单元格，设置该单元格背景颜色（♯999999）。

② 将第 1 行文字"Chat GPT 来了"设置为微软雅黑、白色（♯FFFFFF）、36 px，居中对齐；在表格第 2 行第 1 列，插入图像 pic. jpg，调整大小为 500×280 像素（宽×高），并设置超链接到网站 https://openai. com。

③ 按样张在第 3 行的表单中插入 1 个名为 radio 的单选按钮组，标签分别为"是"和"否"，并在"提交"按钮后添加"重置"按钮；在表格第 4 行插入水平线，宽度 900 像素，水平线下方输入文字"版权所有"，并在其后面插入版权符号。

三、制作"鲁迅纪念馆网"网页

利用"wy2"文件夹下的素材（图片素材在"wy2\images"文件夹下），按以下要求制作或编辑网页，结果保存在原文件夹下。

① 打开主页 index. html，设置网页标题为"鲁迅纪念馆网"，网页背景颜色为黄色（♯E3E2A7）；表格边框间距设置为 0；第 2 行开头的"上海鲁迅纪念馆"：隶书，24 像素。

② 合并表格第 1 行所有单元格,并插入图像 pic.jpg,调整其大小为 580×287 像素(宽×高),并超链接到 https://www.lx.cn/,设置该单元格水平居中;为第 3 行第 1 列单元格中的相关文字添加编号列表。

③ 在第 3 行第 2 列的表单中,插入复选框组,选项标签为:狂人日记、呐喊、社戏,添加"提交"和"重置"按钮;在文字"版权所有"后面插入注册商标符号,输入文本"联系我们"链接到 abc123@163.com 邮箱。

四、制作"一带一路"专题网页

利用"wy3"文件夹下的素材(图片素材在"wy3\images"文件夹下),按以下要求制作或编辑网页,结果保存在原文件夹下。

① 打开主页 index.html,设置网页标题为"一带一路"专题,网页背景颜色为♯958558;表格居中对齐,合并第一行单元格,并设置其水平居中。

② 设置表格第 1 行中的文字:方正姚体,40 像素,颜色为♯E1272A;在表格第 2 行第 1 列中插入图像 wyimg.jpg,调整图片大小为 450×250 像素(宽×高);将表格第 3 行第 1 列中文字"一带一路"设置超链接到 https://www.yidaiyilu.gov.cn,在新窗口中打开。

③ 第 3 行第 1 列单元格中的相关文字添加项目列表;在第 3 行第 2 列的表单中,插入标签为"男"和"女"的单选按钮组及文本区域;在文字"版权所有"后面插入版权符号。

归纳与总结

完成本实验所有内容后,请将所学到的知识点和技能点填入表 12-1 和表 12-2,表格可以根据需要增加行;然后从已掌握和希望学习两个方面写出学习和完成本实验后的体会。

▼ 表 12-1 学到的知识点归纳表

序号	知识点名称	掌握情况	希望深入学习的相关内容
1			
2			

▼ 表 12-2　学到的技能点归纳表

序号	技能点名称	掌握情况	希望深入学习的相关内容
1			
2			

完成本实验后的体会是：

_____

_____

_____

_____ 。

实验 13
Markdown 的运用

实验目标

1. 知识目标

（1）了解 Markdown 的基本概念、优势和使用场景。

（2）理解 Markdown 的基本语法和扩展语法。

2. 技能目标

（1）学会使用 Markdown 创建简洁美观结构化文档。

（2）学会插入标题、段落、列表、引用、粗体、斜体、图片、链接、表格等多媒体元素。

（3）通过实际操作提升写作和信息整理的能力。

问题情境

在信息技术日新月异的今天，中国已经成为全球科技创新的重要力量。从 5G 通信到人工智能，从大数据到云计算，中国的科技企业正在引领世界潮流。作为新一代的信息技术学习者，不仅需要掌握最新的技术知识，还需要了解和记录这些激动人心的发展历程。

Markdown 是一种非常轻量的标记语言，用它编写的文档很多技术平台都能通用，格式转换方便，可以轻松地将文本转换为 html、pdf 等。为了更好地理解和展示中国信息技术的发展现状，未央同学准备使用 Markdown 语言制作一份清晰易读的文档，介绍中国在信息技术领域的重大成就。

如图 13-1 所示，通过结构化的格式，全面展示了中国在科技创新方面的成就和发展前景。使用了标题、任务列表、引用、表格、图片和超链接等元素,概述了中国在科技创新方面的重大成就,涵盖了信息技术、人工智能和可持续发展三个主要领域。介绍了 5G 通信的标准制定、基础设施建设和应用创新,以及人工智能在语音识别、图像处理和自动驾驶领域的进展。在可持续发展方面,强调了中国在太阳能发电和风能开发方面的领先地位,以及在绿色出行和生态修复方面的努力。

🚀 **中国科技发展进步概览** 🚀

📑 **摘要**

本文概述了近年来**中国在科技创新方面**取得的重大成就,涵盖了信息技术、航空航天、生物技术等多个领域。通过这些成就,我们可以看到中国正逐步成为全球科技创新的重要力量。

💻 **信息技术**

5G通信

- ◉ **标准制定**:中国企业在5G国际标准中贡献了大量专利。
- ◉ **基础设施建设**:全国范围内大规模部署5G基站,推动5G商用化进程。
- ○ **应用创新**:5G+工业互联网、远程医疗等领域的应用不断拓展。

图1: 5G基站在城市中的部署

人工智能

> "人工智能的未来属于那些能够拥抱变革的国家。" — 来源于某位科技专家的演讲

应用领域	主要企业	成就
语音识别	科大讯飞	国际领先的技术水平
图像处理	商汤科技	广泛应用于安防监控
自动驾驶	百度	开发Apollo自动驾驶平台

🏆 **可持续发展**

清洁能源

- ◉ **太阳能发电**:中国是全球最大的太阳能电池板生产国。
  - ○ 技术创新:持续研发高效光伏组件。
  - ○ 政策支持:政府提供补贴和税收优惠。
- ◉ **风能开发**:海上风电装机容量位居世界前列。

环境保护

- ○ **绿色出行**:推广电动汽车和共享单车,减少碳排放。
- ○ **生态修复**:实施退耕还林、湿地保护等多项生态工程。

🏆 **结论**

中国在科技创新方面的快速发展不仅提升了国家的综合国力,也为全球经济和社会发展做出了积极贡献。未来,随着更多政策支持和技术突破,中国的科技创新将迈上新的台阶。

📚 **参考资料**

- 中国科学院
- 中国国家航天局
- 中国科学技术部

联系我们

- **邮箱:** techinnovation@china.org
- **电话:** +86-10-12345678
- **社交媒体:** 微博 | 微信公众号

▲ 图 13-1　参考效果

实验准备

一、安装 Markdown 编辑器

Markdown 编辑器非常多,选择一款适合的 Markdown 编辑器尤为重要。这里推荐一款开源、免费、跨平台的编辑器 MarkText,它采用了极简主义的设计理念,减少了干扰因素,使用户能够专注于内容创作。它界面设计干净直观,支持实时预览功能,编写 Markdown 文本时能够即时看到最终效果。除了基本的 Markdown 语法外,还支持一些扩展语法如表格、脚注等,满足更多高级用户的需要。同时它支持 Windows、macOS 和 Linux 操作系统,确保用户可以在不同设备上无缝切换使用。

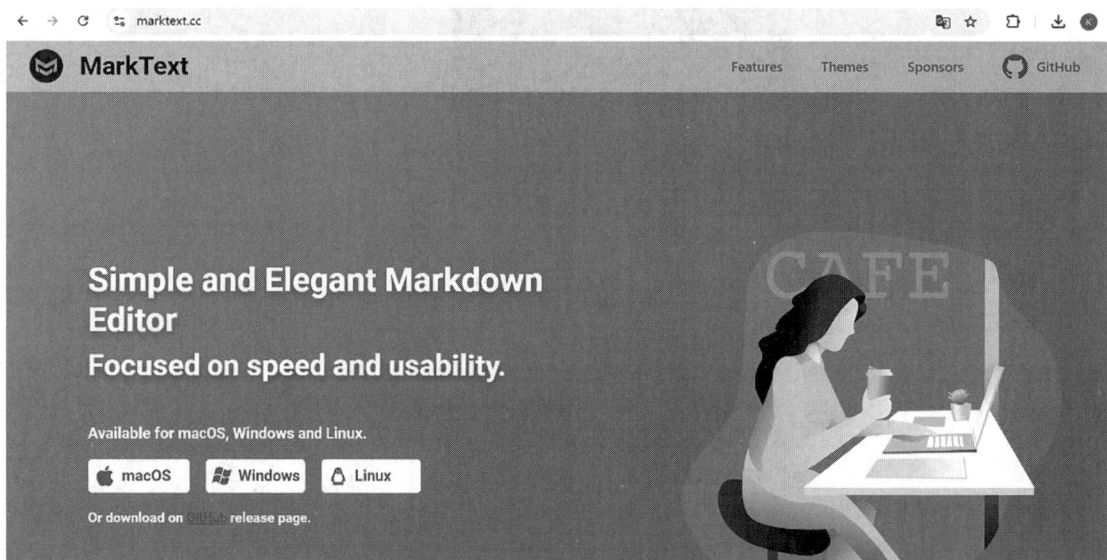

▲ 图 13‑2 Marktext 官网

除了 MarkText 以外,如下编辑器也各具特色,能够满足不同使用者的需求。

Haroopad:这是一款跨平台的免费的编辑器,可以轻松地导出文件,可以兼容 github 的 Markdown 格式,可以自定义插件,文档可以方便地嵌入到博客和邮件中,支持数学公式,可以画图表。

Visual Studio Code (VS Code):是一个代码编辑器,通过安装 Markdown 扩展,VS Code 可以成为一个强大的 Markdown 编写工具。它提供了丰富的插件,有实时预览和强大的代码高亮功能,非常适合开发者和技术文档撰写者。

MarkdownPad(仅限 Windows):专为 Windows 用户设计,提供了一个快速而简单的 Markdown 编辑环境。它支持基本的 Markdown 语法以及一些扩展功能,如导出为 HTML

或 PDF 等格式。

二、编写 Markdown 文档

利用 Markdown 的基本语法及扩展语法创建一个关于大学生生活指南的 Markdown 文档,涵盖大学新生可能关心的各个方面,结构清晰,保存为 SYZB13‐1. md,并导出 HTML 格式及 PDF 格式。

1. 新建文件

启动 MarkText,单击菜单栏中的"文件/新建"或快捷键<Ctrl>＋<N>来新建一个空白文档。也可以通过"文件/打开"或快捷键<Ctrl>＋<O>来打开已有的 Markdown 文档,如图 13‐3。将素材中"大学生生活指南. txt"的文本内容复制粘贴到新建的空白文本中。

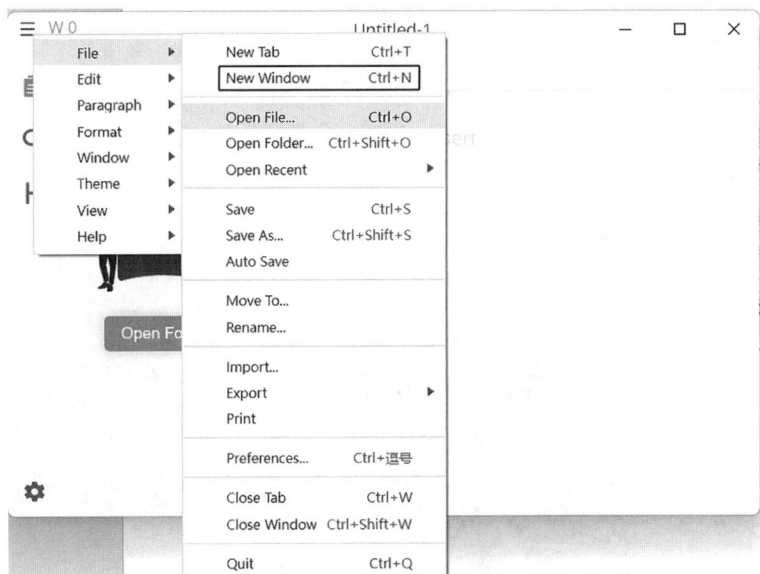

▲ 图 13‐3　MarkText 新建文档

2. 编辑文本

(1) 添加标题、段落及引用,如图 13‐4

▲ 图 13‐4　标题、段落、引用效果

一篇结构化良好的 Markdown 文档需要使用合适的标题层级来组织内容。

① 使用#符号表示标题，#个数表示不同层级的标题，从一级到六级，字体从大到小。#后面空一格再写标题名，标题应置于行首。

② 段落之间使用一个空白行分隔，单独的换行不会产生新的段落。在一行的末尾添加两个或多个空格，然后按回车键，即可创建一个换行。

③ 在段落前使用>符号表示引用。如果引用的是多个段落，分割段落的空行也需要加引用符号。引用也可以嵌套，每多加一个大于符号多一层嵌套，参考代码如图 13-5 所示。

```
1 # 大学生生活指南

  ## 欢迎来到大学校园

  恭喜你成为我们大学的一员！在这里，你将开启一段新的旅程，结识新朋友，学习新知识。希望你在大学里度过美
  好的时光！

  > “在最美好的年华里，做着自己最喜欢的事情。” —佚名
```

▲ 图 13-5　标题、段落、引用代码

（2）添加图片，设置文字斜体样式，如图 13-6

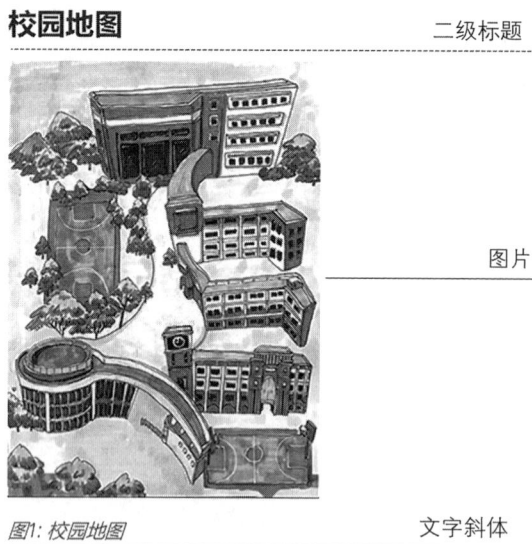

▲ 图 13-6　图片、文字斜体效果

① 使用！[图片名称](图片 URL)来插入图片。图片链接放在圆括号里，然后可以增加一个可选的图片标题文本。可直接复制本地图片到编辑处。[ ]里是替代文本(Alt Text)，图片无法加载时显示。

Markdown 本身不支持直接设置图片大小，但可以使用 HTML 标签来实现。如：＜img src=".\实验素材\campus-map.jpeg" width="300" height="500"＞。添加图片时请确保

文件名和路径没有空格或特殊字符,使用小写字母和下划线或连字符。

② 使用一个星号 * 或一个下划线_包围文本,表示斜体。同一文档中应选择一种标记方式保持一致性。如果需要在斜体文本中嵌套其他格式(如加粗),应使用不同的标记以避免冲突。例如,使用星号表示斜体时,使用下划线表示加粗,参考代码如图 13 - 7 所示。

```
      ## 校园地图
10
      ![](.\实验素材\campus-map.jpeg)

      *图1: 校园地图*
```

▲ 图 13-7　图片、文字代码

(3) 添加列表、设置超级链接及字体加粗,如图 13 - 8

① 使用 *、+或—来表示无序列表,用数字加. 表述有序列表,同一列表只能使用同一符号。每个列表项的缩进应保持一致。嵌套列表项需要比上一级多两个空格或一个制表符的缩进。有序列表中的编号可以是任意数字,Markdown 会自动重新编号,但为了可读性,建议使用连续的数字。

② 使用两个星号 * 或两个下划线_包围文本,表示加粗。加粗和无序列表可以嵌套使用,其他的元素也可以嵌套使用,嵌套元素时,要确保每一层都正确闭合。

重要联系方式 　　二级标题

- **校医院**:电话: 123-456-7890 　列表
- **图书馆**:电话: 098-765-4321
- **学生服务中心**:电话: 111-222-3333
- **访问学校官网** 　超级链接

▲ 图 13-8　列表、超级链接及文字粗体效果

```
      ## 重要联系方式

      - **校医院**: 电话: 123-456-7890
      - **图书馆**: 电话: 098-765-4321
      - **学生服务中心**: 电话: 111-222-3333
20    - **[访问学校官网](http://www.samples.com)**
```

▲ 图 13-9　列表、超级链接及文字粗体代码

③ 使用[显示文本](URL)来创建链接。还可以用尖括号把网址或者邮件地址包裹起来直接成为可点击的链接,如果链接文本或 URL 中包含特殊字符(如星号、下划线等),可以使用反斜杠(\)进行转义,以避免解析错误。列表项、加粗、超链接三种元素嵌套可以实现图 13 - 8 中的效果,参考代码如图 13 - 9 所示。

(4) 添加表格,如图 13 - 10

创建每列的标题,使用(|)分隔每列;确保每一行的列数一致,且每行的列数必须与表头的列数相同。第二行使用三个或多个减号(———)来区分表头和表格内容。这一行也表示每列的对齐方式,在列定义栏的前后都加冒号代表居中对齐(减号前加冒号表示内容左对

齐,减号后加冒号代表右对齐)。在单元格内容周围添加空格,以提高可读性。如果需要在表格单元格中嵌套其他格式(如斜体、加粗等),应使用不同的标记来区分不同格式,确保标记不会与表格标记冲突。每个单元格的内容前后都应该有一个空格。应避免创建过于复杂或冗长的表格,这可能会影响文档的可读性,参考代码如图13-11所示。

社团活动 二级标题

社团名称	活动时间	地点
篮球社	每周二下午3:00	体育馆
音乐社	每周四晚上7:00	音乐教室
编程俱乐部	每周五下午4:00	计算机实验室

表格

▲ 图 13-10 表格效果

```
## 社团活动

| 社团名称    | 活动时间       | 地点      |
|:------:|:---------:|:------:|
| 篮球社     | 每周二下午3:00  | 体育馆     |
| 音乐社     | 每周四晚上7:00  | 音乐教室    |
| 编程俱乐部   | 每周五下午4:00  | 计算机实验室  |
```

▲ 图 13-11 表格代码

(5)添加含嵌套的任务列表,如图13-12。

① 先创建一级任务列表,使用-[x]来创建已经完成的任务列表项(用-[ ]创建未完成的任务列表)。任务列表项的缩进应与普通无序列表项的缩进一致。嵌套任务列表项需要比上一级多两个空格或一个制表符的缩进。

生活小贴士 二级标题

- ✓ 保持良好的作息时间
  - ✓ 定期参加体育锻炼
  - ✓ 合理规划学习和娱乐时间
- ✓ 保持饮食均衡
- ✓ 积极参与社团活动

含嵌套的任务列表

▲ 图 13-12 任务列表效果

```
## 生活小贴士

40  - [x] 保持良好的作息时间
      - [x] 定期参加体育锻炼
      - [x] 合理规划学习和娱乐时间
    - [x] 保持饮食均衡
    - [x] 积极参与社团活动
```

▲ 图 13-13 任务列表代码

② 在"保持良好的作息时间"的下一行,使用两个空格或一个制表符(Tab)进行缩进,创建二级任务列表项,参考代码如图13-13所示。

③ 每个级别的缩进必须一致,不同的Markdown解析器可能对缩进的支持有所不同,建议使用一个制表符以确保兼容性。

提示:和许多Markdown编辑器一样,Mark Text提供了图形用户界面(GUI)和菜单功能(如Paragraph或是Formate菜单),使得即使不熟悉Markdown语法的用户也能轻松创建和编辑Markdown文档。编辑器通常会提供工具栏按钮来插入各种格式和元素,同时在后台自动生成相应的Markdown代码。

3. 查看 Markdown 源码、调试和纠错

MarkText 编辑器能够实时预览 Markdown 文本的效果,所见即所得。当 Markdown 渲染结果不正确时,则需要通过查看源码快速定位问题所在。例如,如果某个列表项没有正确显示,可以在源码中检查其缩进和标记是否正确。

MarkText 编辑器中可以使用快捷键<Ctrl>+<E>切换到 Markdown 源码模式,直接修改标题、列表、链接、图片等元素的 Markdown 语法,或是进行复杂格式调整或批量修改。

表 13‐1 列举了一些使用 Markdown 进行文档编写时常见的错误及解决方法。这些错误通常涉及语法使用不当、格式错误或者编辑器的兼容性问题。

请查看源码,确保整个文档中的格式和标记是一致的,所有的标题、层级、图片正确显示,所有的链接均有效。

▼ 表 13‐1　Markdown 常见错误及解决方法

错误描述	解 决 方 法
标题格式错误	● 确保在#和标题文本之间添加一个空格
文本连续显示,未换行	● 在需要换行的行尾添加两个空格 ● 或者使用一个空行来表示新段落
图片无法显示	● 检查图片的路径是否正确 ● 确保文件扩展名正确(如.jpg, .png) ● 如果图片位于网络上,请确保链接是可访问的
链接无法正确渲染	● 确保使用正确的括号格式:先是方括号[],然后是圆括号() ● 链接应包含协议(如 http://或 https://)
列表未按预期显示	● 列表项前应有一个下划线_、加号+ 或星号*,后跟一个空格 ● 对于嵌套列表,子列表项应适当缩进
表格无法正确渲染	● 确保每列都有匹配的分隔符l ● 表头下方的分隔行是必需的

4. 保存及导出文档

单击菜单栏中的"文件/保存",将文件保存为"SYZB13‐1.md",也可以通过菜单栏中的"文件/导出"或快捷键<Ctrl>+<Shift>+<E>来导出 Markdown 档为 HTML 或 PDF 格式;还可以通过菜单栏中的"编辑/复制"或快捷键<Ctrl>+<Shift>+<C>来复制 Markdown 文档的 HTML 代码。

实践与探索

使用 Markdown 编写一份关于中国科技发展进步概览的报告保存为"SYSJ13‐1.md",导出 Html 及 PDF 格式,最终效果参考图 13‐1。

① 建立清晰的文档结构。

● 添加标题"中国科技发展进步概览",副标题"摘要"等,三级标题"5G 通信"等。

● 添加一个简短但全面的摘要,概述本文的主要内容。添加结论时,重申主要观点并给出对中国未来科技创新发展的积极展望。

● 使用超级链接列出引用的所有参考资料。在文档末尾提供联系信息,包括邮箱、电话以及社交媒体链接。

[中国科学院](http://www.cas.cn/)

[中国国家航天局](http://www.cnsa.gov.cn/)

[中国科学技术部](http://www.most.gov.cn/)

● 在文中联系方式前使用水平线进行内容块的分割。

② 丰富文档内容,添加其他元素。

● 使用无序列表来列举信息技术和可持续发展部分成就或要点。

● 在适当位置添加图片。

● 使用表格形式呈现人工智能方面的发展状况。

● 使用加粗、斜体等文本格式来强调关键点或重要概念。

● 使用多种图标(如 ✎、🗒、🖥、◎、🍴、🏆、🗐)来增强视觉效果和可读性。

③ 仔细检查语法及标点符号使用是否恰当并保存文档。

归纳与总结

完成本实验所有内容后,请将所学到的知识点和技能点填入表 13-2 和表 13-3,表格可以根据需要增加行;然后从已掌握和希望学习两个方面写出学习和完成本实验后的体会。

▼ 表 13-2 学到的知识点归纳表

序号	知识点名称	掌握情况	希望深入学习的相关内容
1			
2			

▼ 表 13-3　学到的技能点归纳表

序号	技能点名称	掌握情况	希望深入学习的相关内容
1			
2			

完成本实验后的体会是：

_____

_____

_____ 。

实验 14
问题求解体验

实验目标

1. 知识目标

（1）掌握使用文心一言大模型生成代码。

（2）了解大模型的工作原理。

（3）理解大模型的优势与局限性。

（4）理解提示工程。

2. 技能目标

（1）学会使用大模型进行代码生成，并在 Spyder 中运行代码。

（2）学会根据生成的代码进行调试、优化和修改。

（3）学会正确地构建提示词。

（4）学会通过大模型辅助解决复杂问题。

问题情境

    响应国家"推动绿色交通发展"的号召，学校组织了"绿色交通行动"主题活动，旨在培养学生的交通安全意识和环保责任感。未央同学作为活动的一员，决定结合自己所学的 Python 知识，并借助大模型生成代码的功能，设计一个智能化的交通管理系统。系统功能包括信号灯控制、违章行为记录、交通数据分析和实时车速监测与报警等，助力交通管理提效和环境改善。

　　如图 14-1 所示,为"绿色智能交通管理系统"的菜单界面,它由五个功能选项组成,分别是:信号灯控制功能,通过获得的同时段车流量数据来智能设定红绿灯的时长;违章行为记录功能,提示系统用户输入违章车辆的车牌号与违章类型,同时加上处理时间,将违章记录存储至记录文件中;交通数据分析功能,通过对各个时段经过某个路口的车流量进行计算,得到最大车流量、最小车流量和平均车流量;实时车速监测与报警功能,通过随机生成一个数值来判定车辆是否超速,若超速则输出提示信息;退出功能,系统用户使用结束时可选择退出系统。

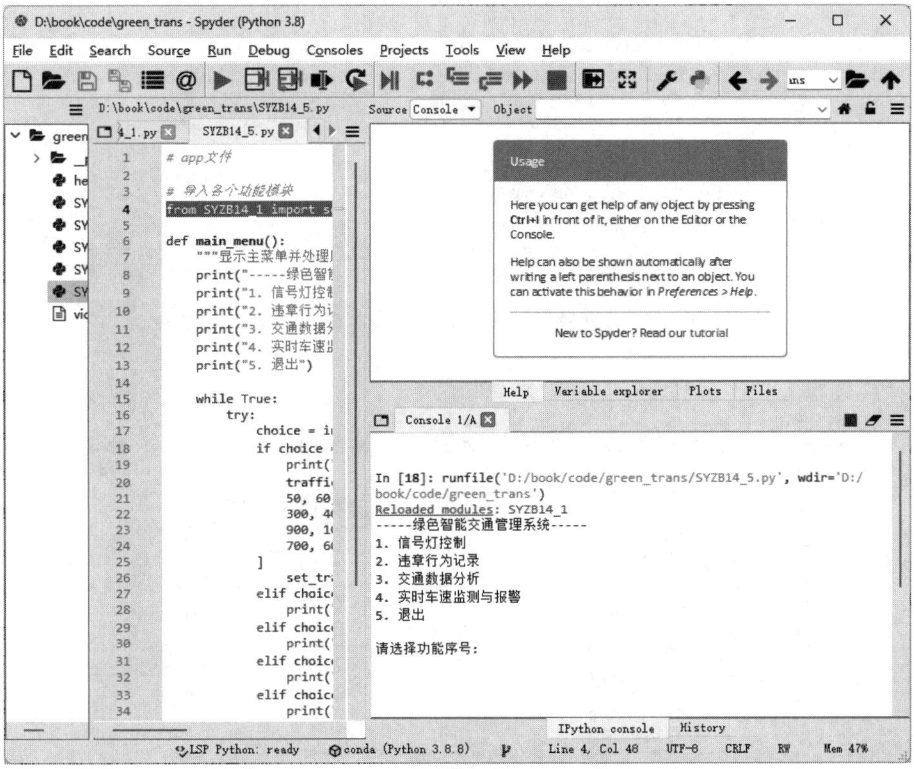

▲ 图 14-1 "绿色智能交通管理系统"菜单

　　如图 14-2 所示,为"绿色智能交通管理系统"的违章行为记录功能,系统提示用户输入违章车辆的信息,将违章车辆的信息储存到指定文件中。如图 14-3 所示,为"绿色智能交通管理系统"的实时车速监测与报警功能,在 5 秒时间内每隔 1 秒生成一个 0—150 的整数来模拟实时车速,对这个数值进行判断,若超过设定数值,则输出超速提醒信息。

▲ 图 14‑2 "绿色智能交通管理系统"违章行为记录功能

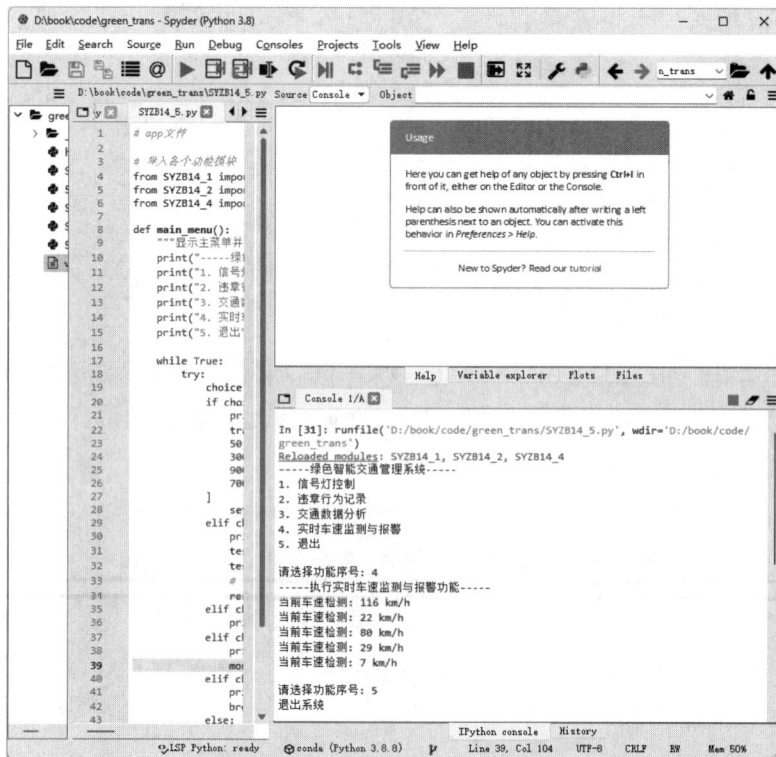

▲ 图 14‑3 "绿色智能交通管理系统"实时车速监测与报警功能

实验准备

一、实验环境配置

1. 大模型平台

文心一言是百度推出的一个强大的人工智能平台,该平台基于大规模预训练语言模型构建,具备出色的自然语言处理能力。它能够执行文本生成、问答、翻译、总结等任务,并支持对多种语言的处理。在本实验中,使用文心一言来辅助生成"绿色智能交通管理系统"的代码。为了使用文心一言,需要在文心一言官网注册账号。在浏览器中打开文心一言官网并登录账号,登录后的界面如图 14‑4 所示。

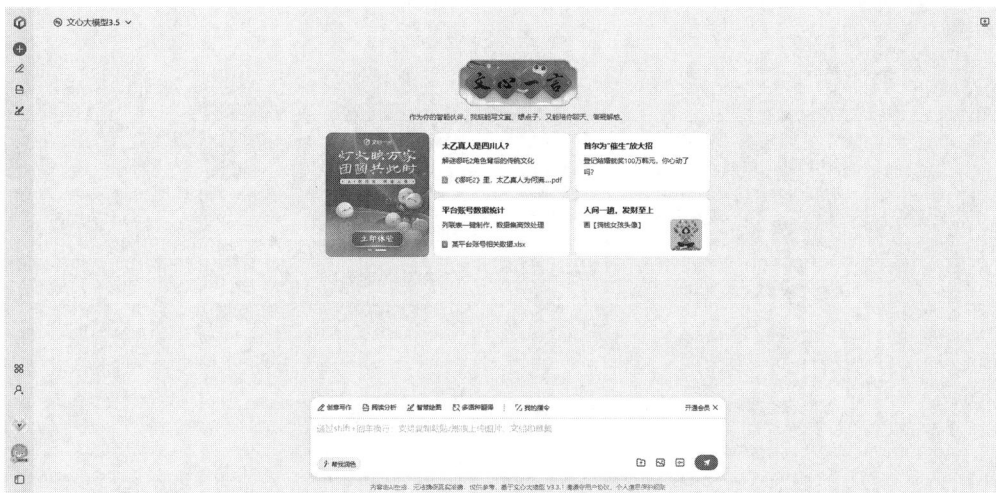

▲ 图 14‑4　文心一言界面

2. 实验环境

Anaconda 是一个广泛使用的数据科学和机器学习平台,主要用于 Python 和 R 的科学计算。它集成了常用的数据分析和机器学习库(如 NumPy、Pandas、TensorFlow),并包含了包管理器和环境管理工具,方便用户创建和管理独立的 Python 环境。Anaconda 还内置了多个流行的 IDE(如 Spyder、Jupyter Notebook),使其成为数据分析、机器学习和科学研究领域的理想选择。在本实验中,使用 Spyder 来运行和调试整个项目的代码,Spyder(Scientific Python Development Environment)是一个专为数据科学和科学计算设计的开源集成开发环境(IDE),本实验使用的 Anaconda 版本为 Anaconda3‑2021.05。

在开始菜单中启动 Spyder,界面如图 14‑5 所示。创建项目的步骤为:单击"Projects/New Project",打开"Create new project"对话框。如图 14‑6 所示,输入项目名并选择项目

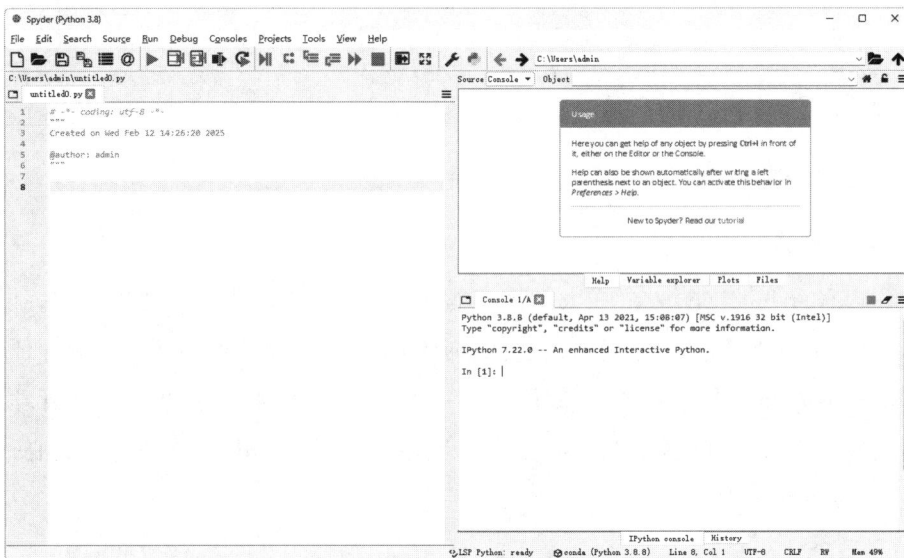

▲ 图 14‑5　Spyder 窗口

▲ 图 14‑6　创建项目对话框

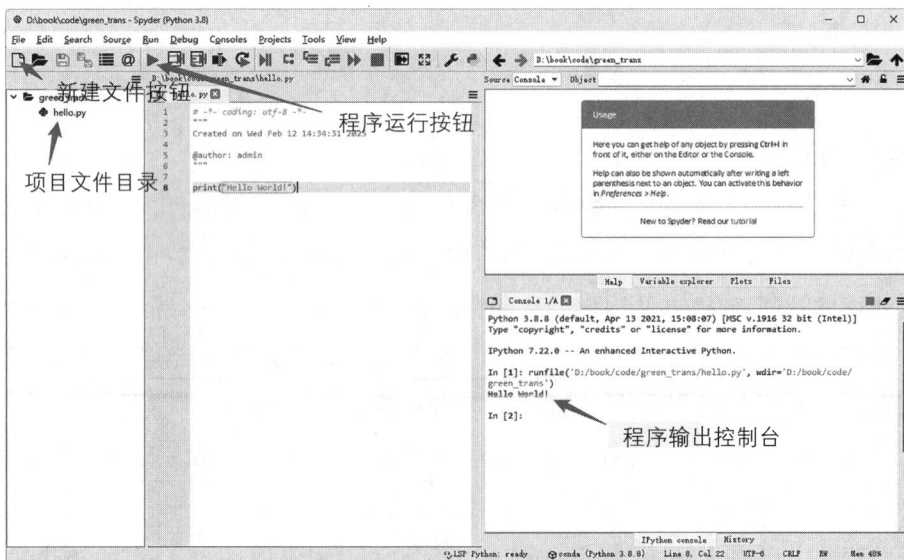

▲ 图 14‑7　Spyder 使用界面

存放路径,单击"Create"创建项目。如图 14 - 7 所示,可以通过以下任意一种方式新建模块文件:执行"File/New File"菜单命令,或者按下快捷键<Ctrl>+<N>,还可以直接单击程序窗口中的"新建文件"按钮。新建的模块文件名默认为 untitled1. py,在保存文件时可以指定文件名。单击"File/Save"或按快捷键<Ctrl>+<S>可保存文件。

二、提示工程

提示工程(Prompt Engineering)是使用大模型时不可或缺的一个概念,通过精心设计和优化输入文本来引导大模型生成理想的输出。大模型的强大能力在很大程度上依赖于输入提示的质量,因此提示工程的好坏直接影响模型的输出效果。通过设计精准的提示,用户可以帮助大模型更好地理解任务需求,从而提高生成内容的准确性和相关性。

提示工程的重要性在于,它不仅可以提高模型对复杂任务的处理效率,还能帮助用户更好地控制大模型的行为。通过构建合适的提示,用户可以简化任务的复杂性,引导大模型逐步生成正确的结果。此外,提示工程还可以使大模型的输出更加一致和规范,从而提高其在不同应用场景下的可用性。在使用大模型处理各种任务时,掌握提示的构建技巧至关重要。

因此,在使用大模型生成代码时,提示工程的作用尤为重要。明确的提示不仅可以让模型理解任务的具体需求,还能帮助生成符合预期的代码。通过优化提示内容,用户可以有效避免生成模糊或不相关的代码。下面通过一个错误示例和一个正确示例,来说明提示工程对代码生成的影响。

1. 错误示例

提示词:"写一个 Python 程序。"

这个提示过于笼统,没有具体的功能描述,模型可能会返回一个基础程序,但无法满足任何特定的任务需求。

2. 正确示例

提示词:"请用 Python 编写一个程序,该程序可以读取一个 txt 文件,并将文件中的内容输出到屏幕上。"

这个提示明确指定了功能需求,使得模型可以生成更贴合实际的,具备可操作性的代码。

通过这两个示例可以看出,详细、具体的提示词在大模型生成代码的过程中起着至关重要的作用。

三、信号灯控制

在"绿色智能交通管理系统"项目中,"信号灯控制"是一个关键模块。该模块旨在通过获取某段时期内一天 24 个时间段的车流量数据,根据车流量大小智能调控信号灯的绿灯时长,从而提高道路通行效率、减少交通拥堵并降低尾气排放。利用 Python 列表存储每小时的车流量数据,并通过遍历数据,为每个时段设定所需的绿灯时长(短、中、长三种时长)。

需要为大模型提供清晰的提示词,以便它可以理解我们希望生成的代码功能。以下是设计的提示词示例:

"我正在开发绿色智能交通管理系统中的'智能信号灯控制'功能。请帮助我编写一段 Python 代码,要求如下:

① 使用一个列表存储一天 24 个时间段的车流量数据。

② 根据车流量高低设置绿灯时长。车流量高时设为长时间秒数,车流量中等时设为中等时间秒数,车流量低时设为短时间秒数。

③ 将代码模块化并进行模块的即时测试,本功能的所有代码逻辑定义在一个函数中便于后期集成在主代码文件中。

④ 给出代码注释,解释每一步的作用。"

将提示词输入到文心一言的对话框中,如图 14-8 所示。文心一言大模型在接收到指令后,将根据提示词输出代码和相关代码说明,文心一言输出如图 14-9 所示。

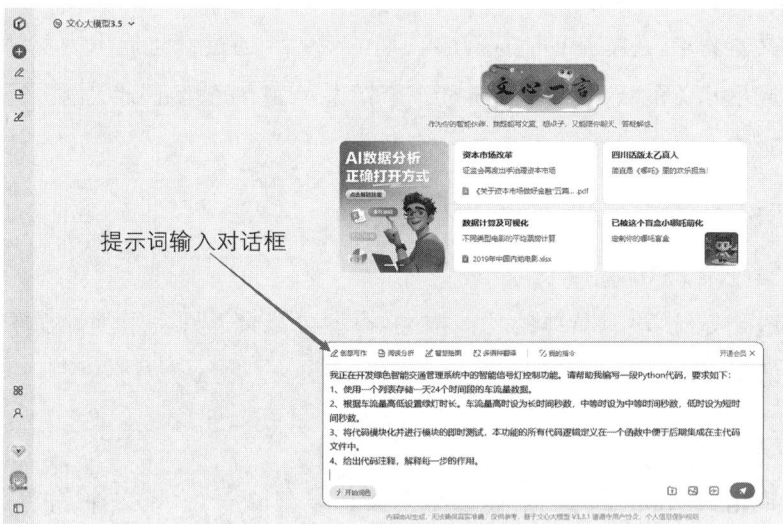

▲ 14-8　提示词输入界面

提示:

① 在 Spyder 项目中新建"SYZB14_1.py"文件,将文心一言输出的代码复制到 Spyder 的模块文件中运行,如图 14-10 所示。

② 在生成的代码中设置了两个阈值,根据这两个阈值来设定绿灯时长,既可直接在代码中修改想要设定的阈值,也可以通过追问大模型让大模型对生成的代码进行调整。如将低车流量阈值设定为 250,中等车流量阈值设定为 650,可在同一个文心一言对话窗口输入提示

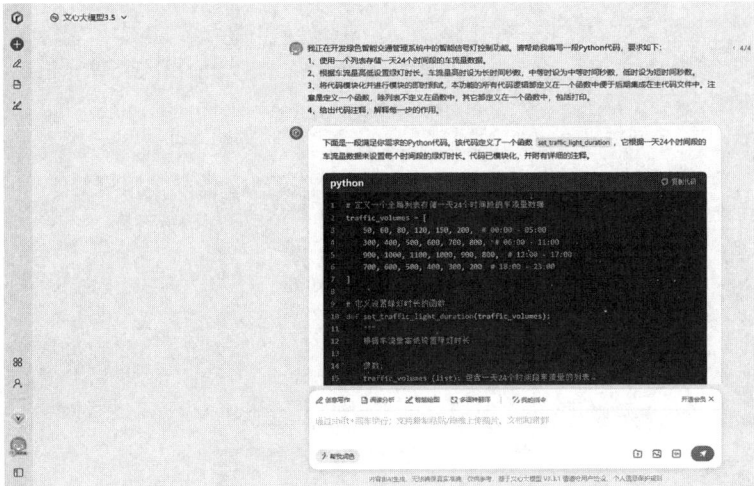

▲ 图 14-9　文心一言输出界面

词："帮我将代码中的低车流量阈值设定为 250，中等车流量阈值设定为 650。"如图 14-11 所示。提交追问的提示词后，可观察到文心一言根据最新指示完成了对应代码的修改。通过追加输入提示词可以使大模型的输出逐渐接近功能需求，也可以让文心一言对代码中的某个部分进行详细的解释说明，从而完全理解代码的功能逻辑。

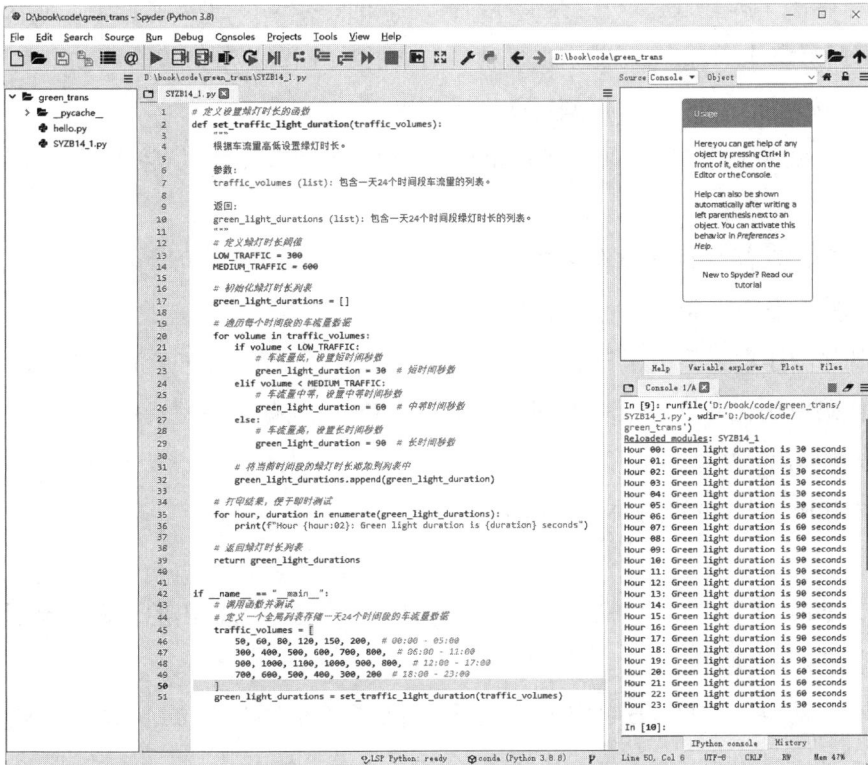

▲ 14-10　信号灯控制程序运行界面

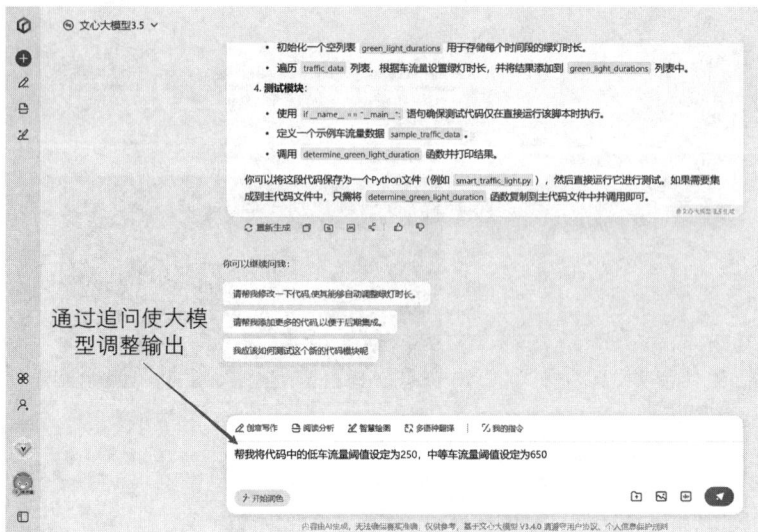

通过追问使大模型调整输出

▲ 图 14-11　追问文心一言界面

四、违章行为记录

在"绿色智能交通管理系统"项目中,"违章行为记录"模块是交通管理系统的重要组成部分。该模块旨在登记违章车辆的信息,以便后续的管理与分析。使用大模型生成一个函数,将违章车辆的车牌号,违章行为类型和时间组成的记录写入文本文件中。此功能不仅有助于执法部门追踪违章行为,还能增强驾驶员的交通法规意识,促进安全驾驶。

可以提供如下提示词,让大模型帮助生成代码:

"我正在开发绿色智能交通管理系统中的'违章行为记录'功能,请帮助我编写一段Python 代码,要求如下:

① 该函数的功能是将违章车辆的车牌号、违章类型和违章时间合并为一条记录写入到一个文本文件中(例如,violation_record. txt)。

② 车牌号和违章类型由用户手动输入,违章时间使用 datetime 库获取当前的系统时间。

③ 将代码模块化并进行模块的即时测试,本功能的所有代码逻辑定义在一个函数中便于后期集成在主代码文件中。

④ 给出代码注释,解释每一步的作用。"

提示:

① 在 Spyder 项目中新建"SYZB14_2. py"文件,将文心一言输出的代码复制到文件中运行调试,如图 14-12 所示。

② 文心一言生成的代码中定义了一个记录违章车辆信息的函数 record_violation(license_plate, violation_type, file_path='violation_record. txt'),拥有三个参数,分别为违章车辆车牌号、违章行为类型和记录文件存储路径。在函数中将违章车辆信息写入到

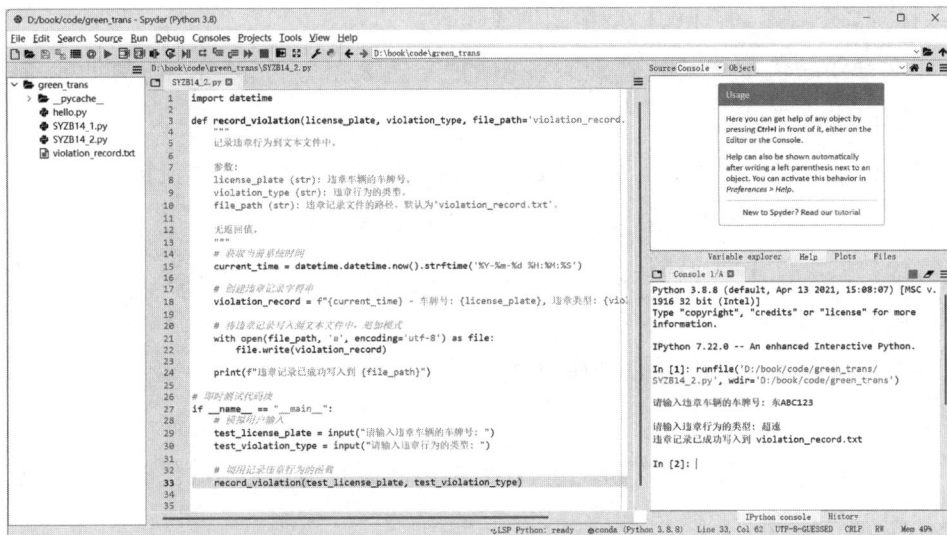

▲ 图 14 - 12　违章行为记录程序运行界面

"violation_record. txt"文件中。在程序成功运行后，可在当前项目路径下观察到生成了一个
"violation_record. txt"文件，txt 文件的内容如图 14 - 13 所示。

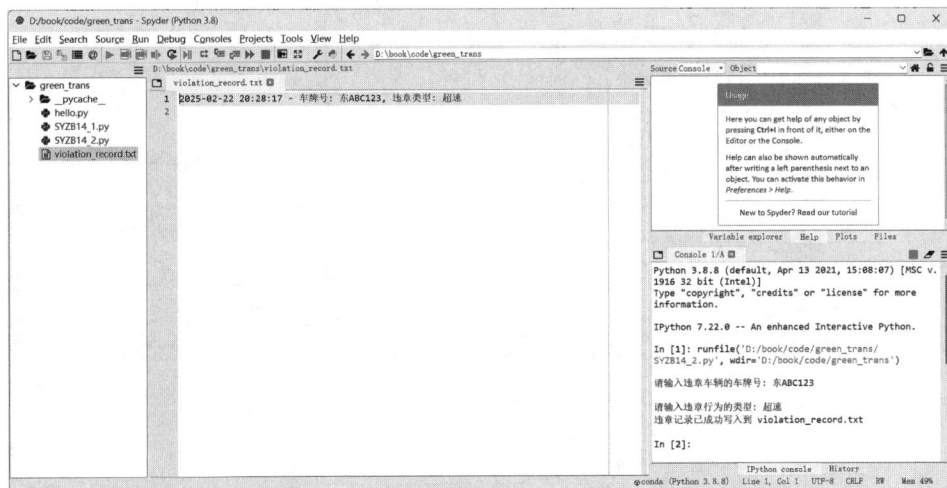

▲ 图 14 - 13　"violation_record.txt" 文件

五、交通数据分析

在"绿色智能交通管理系统"项目中，"交通数据分析"模块旨在对一天内的车流量数据
进行深入分析，帮助交通管理部门更好地理解交通流量的变化趋势。使用大模型生成一段
代码，利用一个列表保存各个时间段的车流量数据，通过计算最大值、最小值、平均值和总数
等关键指标，为交通管理部门提供有价值的信息。这些分析结果可以帮助交通管理部门制
定更合理的交通管理策略，优化信号灯调控，提升道路通行效率。

可以提供如下提示词，让大模型帮助生成代码：

"我正在开发绿色智能交通管理系统中的'交通数据分析'功能，请帮助我编写一段 Python 代码，要求如下：

① 假设有一个列表保存了一天中通过某个路口的各个时间段的车流量数据。

② 计算并输出该列表中的最大值、最小值、平均值和总和。

③ 将代码模块化并进行模块的即时测试，本功能的所有代码逻辑定义在一个函数中便于后期集成在主代码文件中。

④ 提供代码注释，解释每一步的作用。"

提示：

① 在 Spyder 项目中新建"SYZB14_3.py"文件，将文心一言输出的代码复制到文件中运行调试，如图 14-14 所示。

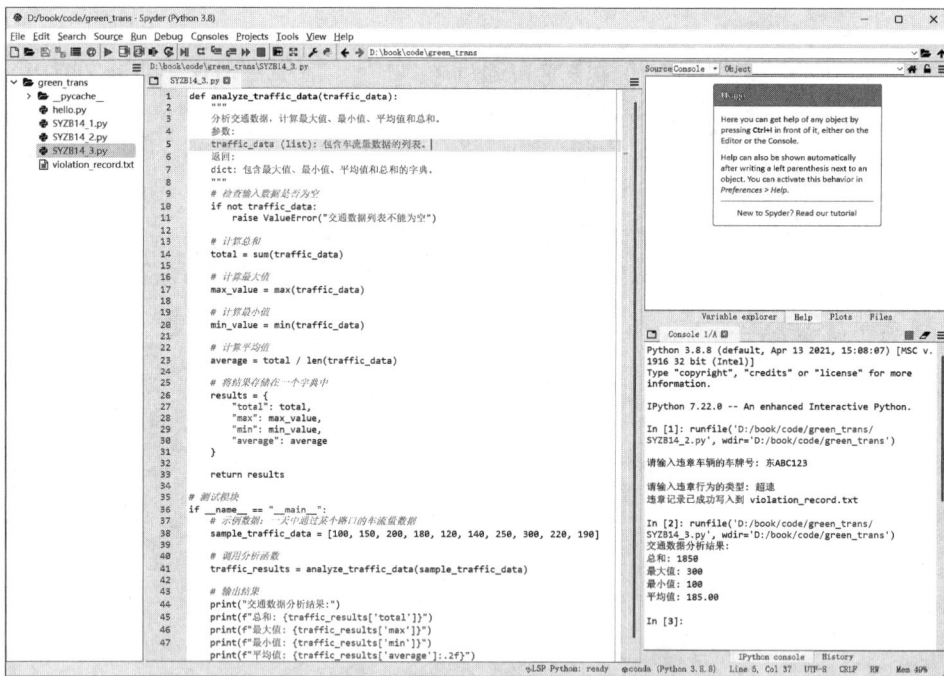

▲ 图 14-14 交通数据分析程序运行界面

② 文心一言生成的代码中定义了一个函数处理数据分析任务，函数接收到一个列表参数，在函数体中对这个参数进行操作。也可以追问大模型，生成数据的其他分析指标，如哪个时间段的车流量最多。

六、实时车速监测与报警

在"绿色智能交通管理系统"项目中，"实时车速监测与报警"模块是交通管理系统的重要功能。该模块通过实时监测车辆速度,判断车辆是否超过安全速度阈值,若超速则立即报警,以保障交通安全。可让大模型使用 Python 随机模块生成车速数据,并判断每个速度值是否超过设定阈值来实现超速检测。若检测到超速,系统将输出报警信息,提示当前速度、设定的速度阈值,并提醒驾驶员减速。该功能在循环中进行,生成 10 个车速数据后自动退出循环。

可以提供如下提示词,让大模型帮助生成代码:

"我正在开发绿色智能交通管理系统中的'实时车速监测与报警'功能,请帮助我编写一段 Python 代码,要求如下:

① 使用随机模块生成车辆速度,生成范围可设定为常见的车速范围(例如 0 到 150 km/h)。

② 设定一个速度阈值(如 120 km/h),使用循环生成 10 个速度数据,若检测到车速超过该阈值,输出报警信息。报警信息包括当前车速、速度阈值,以及'您已超速,请减速!'的提示。

③ 将代码模块化并进行模块的即时测试,本功能的所有代码逻辑定义在一个函数中便于后期集成在主代码文件中。

④ 提供代码注释,解释每一步的作用。"

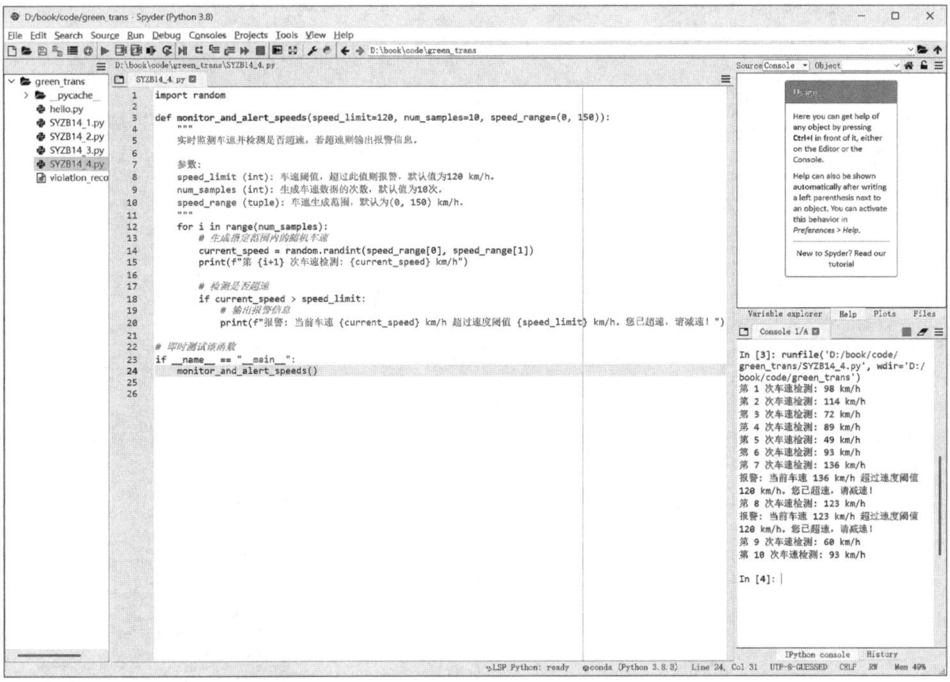

▲ 图 14-15 实时车速监测与报警程序运行界面

提示:

① 在 Spyder 项目中新建"SYZB14_4.py"文件,将文心一言输出的代码复制到文件中运

行调试,如图 14 - 15 所示。

② 生成的代码中使用了 random 库来生成一个 0 到 150 之间的随机数来模拟汽车在驾驶过程中不断变化的速度,使用 for 循环生成多个随机速度并进行超速检测。同样,可以通过追加提示词让大模型解释所用库,以便熟悉和理解未使用过的库。

③ 要达到图 14 - 3 所示功能效果,在 5 秒时间内每隔 1 秒随机生成一个速度值,再对这个速度值进行判断是否超速。可以在提示词中将使用循环生成随机速度值替换为使用 time 库在 5 秒时间内每隔 1 秒随机生成一个指定范围内的速度值。

七、添加菜单界面

在"绿色智能交通管理系统"项目中,为整个系统添加一个主菜单界面是非常有必要的,可以大大提高系统的易用性,也可以快速地对各个功能进行调试。主菜单界面通过给用户提供一个包含各个功能的选择界面来达到菜单的效果,如图 14 - 1 所示。"绿色智能交通管理系统"共包括 5 个功能,分别为信号灯控制、违章行为记录、交通数据分析、实时车速监测与报警和退出。为各个功能赋予一个唯一的序号,通过输入功能序号来选择功能。

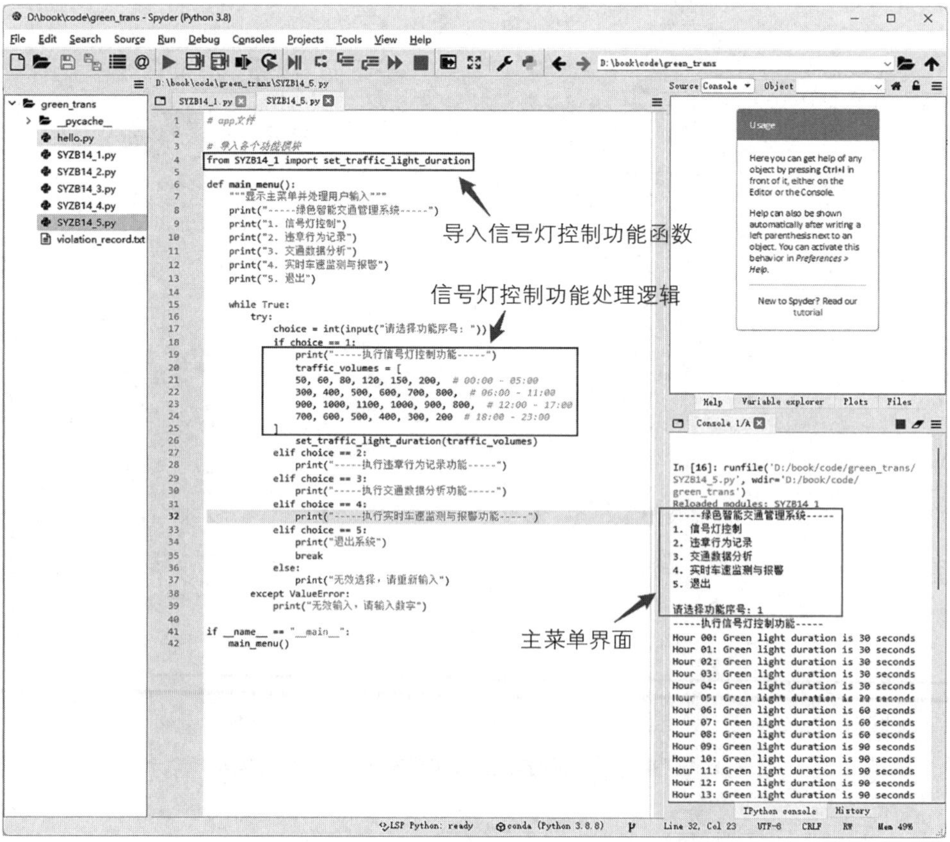

▲ 图 14 - 16 "绿色智能交通管理系统"主菜单界面

可以提供如下提示词,让大模型帮助生成代码:

"我正在为绿色智能交通管理系统添加一个主菜单界面,请帮助我编写一段 Python 代码,要求如下:

① 使用非常简易的菜单界面即可,该菜单包含 5 个功能,分别是信号灯控制、违章行为记录、交通数据分析、实时车速监测与报警和退出,输入功能序号来选择功能。

② 将代码模块化并进行模块的即时测试。

③ 提供代码注释,解释每一步的作用。"

提示:

① 在 Spyder 项目中新建"SYZB14_5. py"文件,将文心一言输出的代码复制到文件中运行调试,如图 14 - 16 所示。

② "from SYZB14_1 import set_traffic_light_duration"用于将在"SYZB14_1. py"中定义的"set_traffic_light_duration"导入到本代码文件中,导入后,在本文件中可直接调用"set_traffic_light_duration"函数,无须重复定义。

③ 所有的功能选项由 print 函数打印到控制台窗口,输入功能选项前的数值选择不同的功能,代码中使用的逻辑是使用多重 if 判断来确定选择的功能,可以在该序号所匹配的 if 代码块中补全对应的功能处理逻辑。

实践与探索

一、系统完善

① 对本系统的"实时车速监测与报警"功能模块进行改进。设计提示词使大模型生成的代码在进行速度模拟时,在一个时间段内(如 5 秒)每隔 1 秒生成 1 个限定范围内的速度值。

提示:指示文心一言使用 time 库实现如图 14 - 3 所示效果。

② 对本实验中的"违章行为记录"功能模块进行改进。若已有一个字典,其中记录了车辆违章的车牌号、违章行为类型和违章时间,读取该字典,将字典中的信息写入到文本文件中,以达到批量处理违章的功能效果。

③ 将剩余的违章行为记录、交通数据分析和实时车速监测与报警功能模块完善或补全在"SYZB14_5. py"文件中,实现如图 14 - 2 所示效果。

提示:可同时将某个功能模块的代码与菜单代码同时发送给文心一言,并加上自然语言描述提示。

二、大模型探索

① 目前,可用的大模型非常之多,它们的能力不尽相同,请尝试至少三种不同的大模型,

观察它们对同一个问题生成的回答有什么区别。

提示：如在尝试"违章行为记录"功能模块改进时，分别使用文心一言与 DeepSeek 来完成这个问题。

② 使用大模型来辅助实现一个简易的计算器程序，能够进行基本的加减乘除运算，同时拥有一个与"绿色智能交通管理系统"类似的主菜单界面。

归纳与总结

完成本实验所有内容后，请将所学到的知识点和技能点填入表 14 - 1 和表 14 - 2；然后从已掌握和希望学习两个方面写出学习和完成本实验后的体会。

▼ 表 14 - 1　学到的知识点归纳表

序号	知识点名称	掌握情况	希望深入学习的相关内容
1			
2			
3			
4			

▼ 表 14-2　学到的技能点归纳表

序号	技能点名称	掌握情况	希望深入学习的相关内容
1			
2			
3			
4			

完成本实验后的体会是：

_____

_____

_____

_____。

实验 15
程序设计入门

实验目标

1. 知识目标

（1）理解列表、元组、字典三类数据容器。

（2）理解选择、循环结构处理逻辑。

（3）掌握函数的定义与调用。

（4）掌握文件读写操作以及异常处理机制。

（5）理解模块与包的基本概念，学会导入和使用 Python 库。

2. 技能目标

（1）学会使用 Spyder 进行 Python 项目的开发。

（2）学会使用合适的数据容器存储数据。

（3）学会编写函数，将不同功能模块封装为独立函数。

（4）掌握对文本文件的读写操作。

（5）掌握使用 Python 标准库和外部包来简化开发流程。

问题情境

在一个致力于可持续发展的校园环境中，为了鼓励学生们积极参与环保活动，学校决定开发一个简单的"校园环保积分系统"。该系统将记录学生们参与的环保活动以及获得的环保积分，从而激励学生们更加积极地参与环保行动，共同营造一个绿色、健康的校园环境。未央同学决定利用最近学习的 Python 编程知识为学校开发一个"校园环保积分系统"。

　　如图 15-1 和 15-2 所示,为"校园环保积分系统"的程序使用界面,该程序由 5 个功能组成,分别是:环保积分登记功能,将参与环保活动的同学的姓名和积分存入记录文档中;排行榜功能,将参与环保活动的同学的积分进行排名,生成一个排行榜;环保活动参与提醒功能,输出当月可参与的环保活动的时间;环保活动参与等级评定功能,根据评定规则将用户输入的积分转换为对应的等级;退出功能,使用完毕后,退出程序。

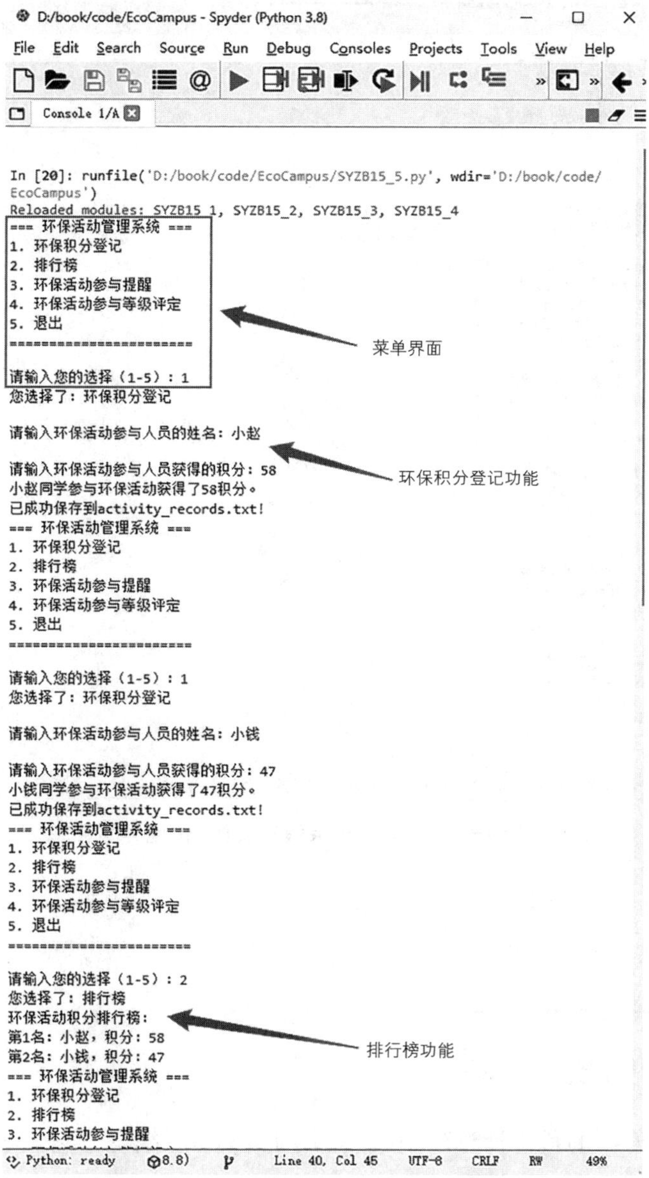

▲ 图 15-1　"校园环保积分系统"使用界面 1

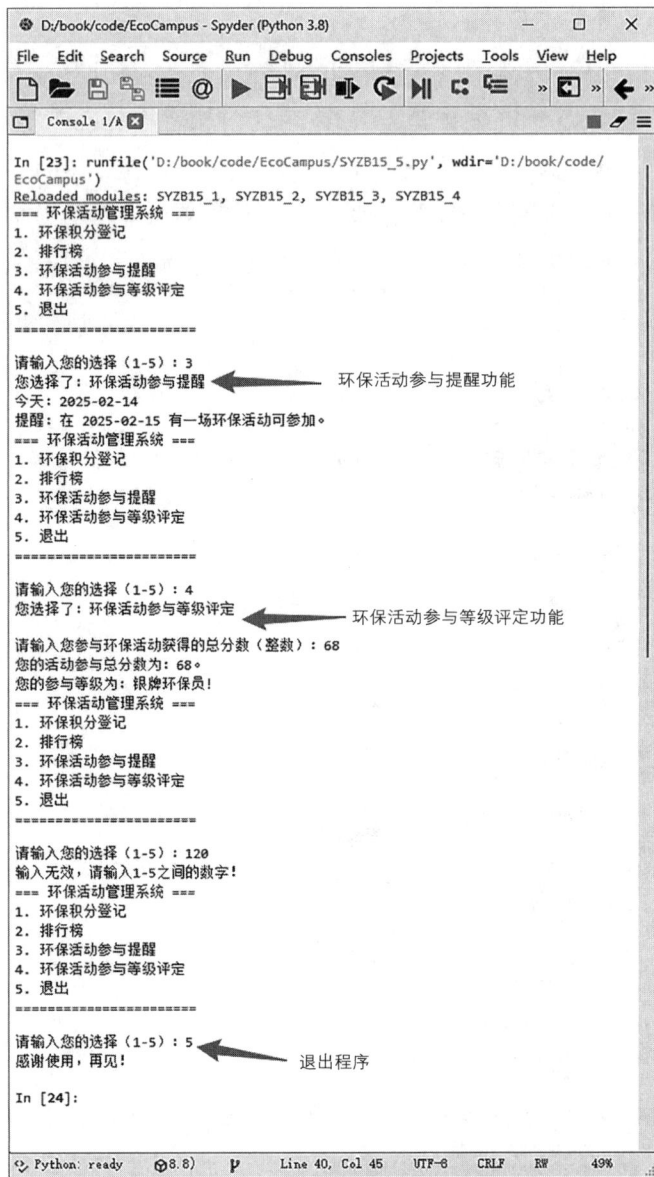

▲ 图 15-2 "校园环保积分系统"使用界面 2

实验准备

一、实验环境准备

Spyder 是一个开源的科学计算环境，主要用于 Python 编程。它集成了多种功能，适合数据分析、科学计算和机器学习等领域。Spyder 提供了一个用户友好的界面，包含代码编辑器、交互式控制台、变量资源管理器和文档查看器等工具，帮助用户更高效地进行开发。

1. 创建项目

启动 Spyder 后，单击"Projects/New Project"，打开"Create new project"对话框，输入项目名称"EcoCampus"，单击"Create"创建项目。项目创建成功界面如图 15-3 所示。

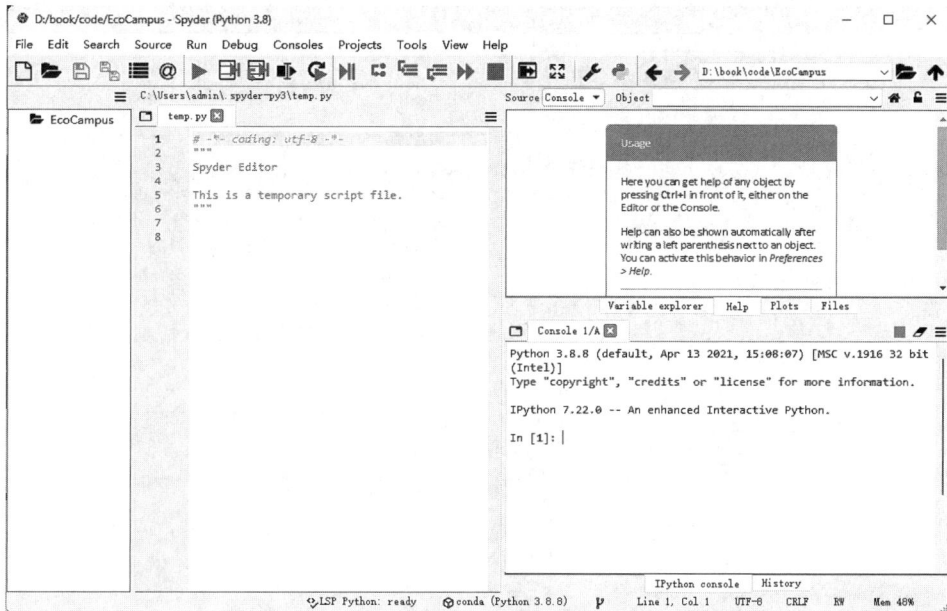

▲ 图 15-3　项目创建成功界面

2. 创建模块文件

创建模块文件的目的是提高代码的可读性和可维护性。通过将功能分割成独立的模块，可以使每个模块专注于特定的任务，简化调试和测试过程，并促进代码的重用。这种结构化的方法不仅使得项目更加清晰，也便于团队协作，提升开发效率。单击"File/New File"（或者单击 Spyder 界面的创建模块文件图标）新建模块文件"untitled1.py"（默认文件名，在保存时可更改文件名）。模块文件创建成功界面如图 15-4 所示。

二、数据容器

数据容器是用于存储和管理多个数据的工具。Python 中常用的数据容器包括：

① 列表（List）：有序、可修改的集合，适合存储一系列数据。

② 元组（Tuple）：有序、不可修改的集合，适合存储固定数据。

③ 字典（Dictionary）：键值对集合，适合快速查找和存储关联数据。

在 Spyder 当前项目中新建一个模块文件，命名为"SYZB15_1.py"。输入如图 15-5 中的代码，运行并查看运行结果（注意运行中还需要参照图示输入运行所需数据，然后再继续执行）。

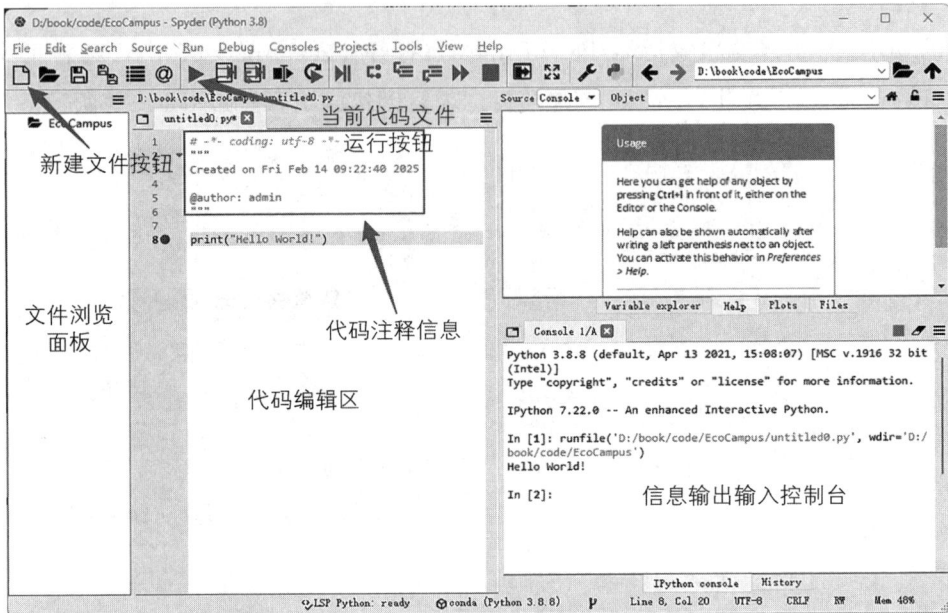

▲ 图 15-4　模块文件创建成功界面

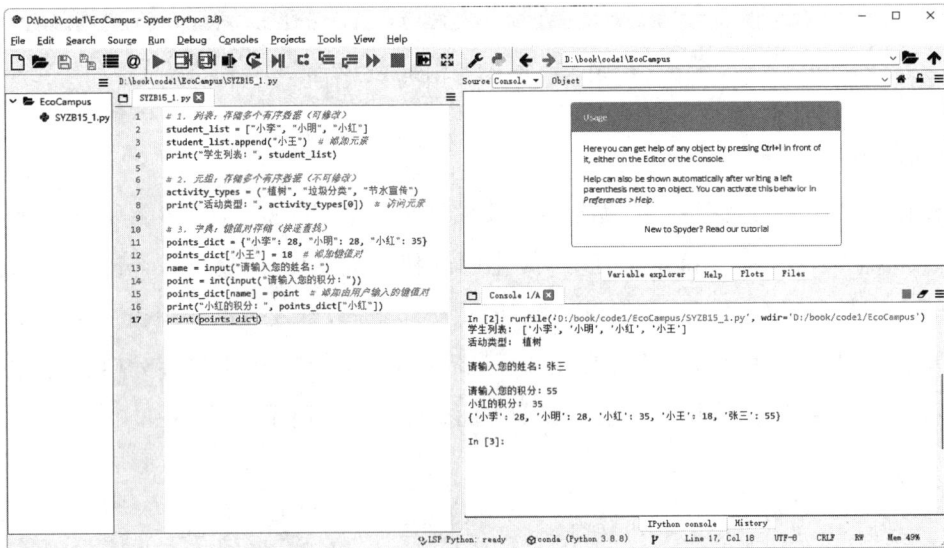

▲ 图 15-5　"SYZB15_1.py"代码与运行结果

提示：

① append()方法可用于向列表末尾添加元素。

② 列表和元组是有序的，可以通过索引访问元素（如 activity_type[0]），列表和元组的索引从 0 开始计数。

③ 元组是不可修改的，适合存储固定数据（如活动类型）。

④ 字典通过键值对存储数据,键是唯一的(如学生姓名)。

⑤ 可以通过键快速查找对应的值(如 points_dict["小红"])。

⑥ input()方法是 Python 中用于从用户获取输入的内置函数。它会暂停程序执行,等待用户在控制台输入内容,并将输入的内容作为字符串返回。通过 input()方法获得的数据默认为字符串类型,可通过 int()方法将获得的数字输入转换为整数类型。

三、选择与循环

选择结构是通过 if-else 实现条件判断,决定程序执行哪部分代码。使用单个 if 语句进行一个条件的判断,使用 if-elif 进行多条件的判断,else 用于在条件不满足时执行特定的代码逻辑。

循环结构可通过 for 和 while 实现重复执行某段代码,在需要执行多条重复的指令时,使用循环结构可大大提升程序编写效率和代码可读性。

在 Spyder 当前项目中新建一个模块文件,命名为"SYZB15_2.py"。输入如图 15 - 6 中的代码,运行并查看运行结果。

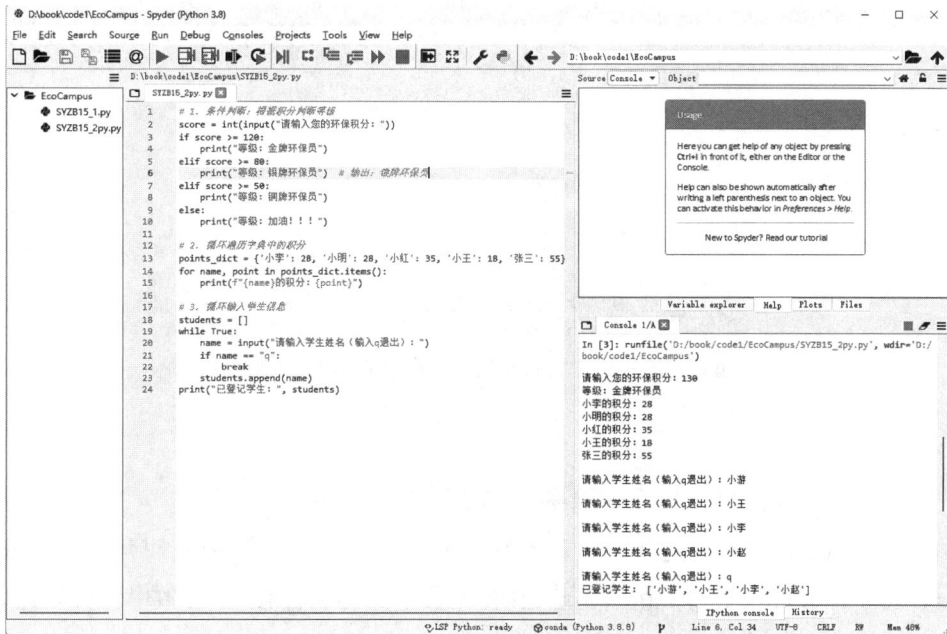

▲ 图 15 - 6　"SYZB15_2.py"代码与运行结果

提示:

① if-elif-else 结构用于多条件判断,根据条件执行不同的代码块。

② for 循环用于遍历容器(如列表、字典),items()方法返回字典的键值对。

③ while 循环在条件为 True 时重复执行,直到条件为 False 或遇到 break 语句。

④ break 语句用于立即终止当前循环(无论是 for 循环还是 while 循环),并跳出循环体,执行循环之后的代码。

四、函数

函数将一段代码封装为一个独立的模块,通过参数传递数据,通过返回值返回结果。利用函数可以提高代码的复用性和可读性。

在 Spyder 当前项目中新建一个模块文件,命名为"SYZB15_3.py"。输入如图 15 - 7 中的代码,运行并查看运行结果。

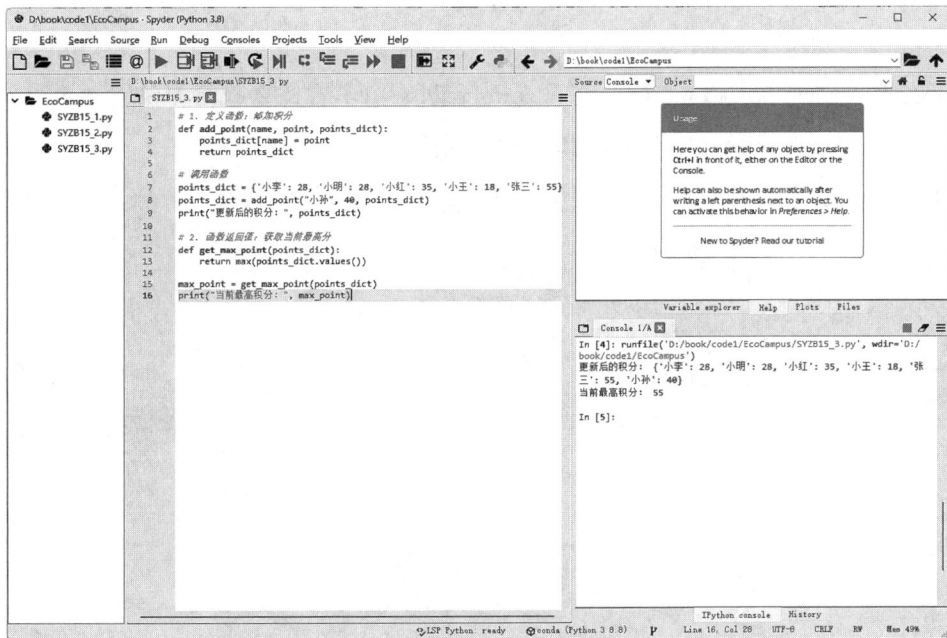

▲ 图 15-7 "SYZB15_3.py"代码与运行结果

提示:

① 函数定义:使用 def 关键字定义函数,格式为"def 函数名(参数):"。如 def add_point(name,point,points_dict),定义了一个名为 add_point 的函数,该函数拥有三个参数,分别是 name,point 和 points_dict。在定义函数时,参数不是必须含有的,函数中的代码注意使用 4 个空格缩进。

② 调用函数时传入实际参数(如"小孙"和 40,以及 points_dict),函数返回更新后的字典,函数只有在调用时才执行。

③ 使用 return 返回结果,调用函数后可以接收返回值(如 max_point)。

④ values()方法用于返回一个字典中所有值组成的视图对象。

五、文件写入与读取

文件操作是程序与外部数据交互的重要方式。Python 通过 open()函数打开文件，支持读取(r)、写入(w)、追加(a)等模式。异常处理机制(try-except)可以防止程序因错误崩溃。

在 Spyder 当前项目中新建一个模块文件，命名为"SYZB15_4.py"。输入如图 15-8 中的代码，运行并查看运行结果。

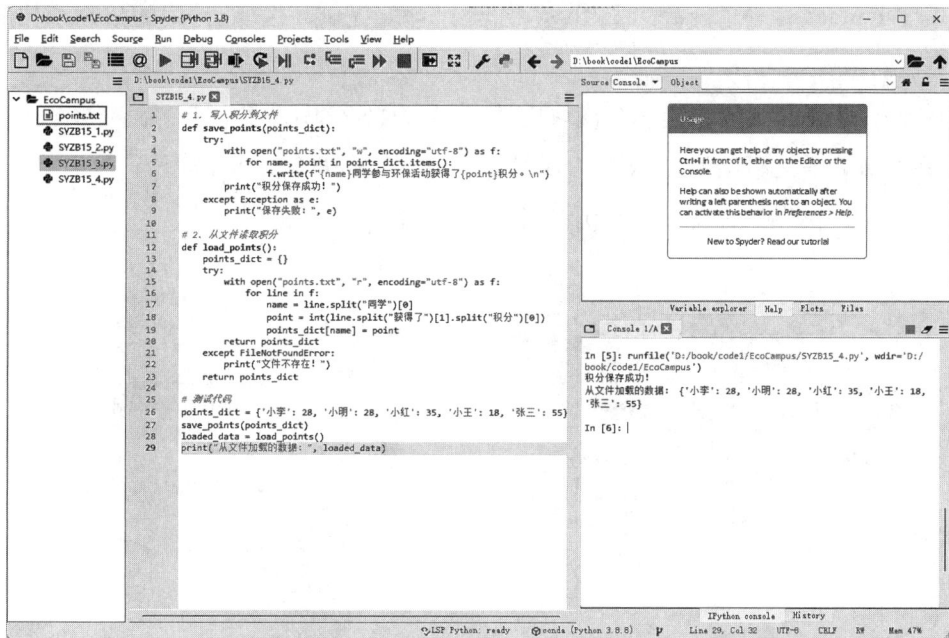

▲ 图 15-8　"SYZB15_4.py"代码与运行结果

提示：

① 文件写入：使用 with open()打开文件，"w"模式表示写入，encoding＝"utf-8"指定编码格式。请使用文心一言了解有多少种模式，每种模式各有什么特点。

② 文件读取：使用 with open()打开文件，"r"模式表示读取，使用 for 循环逐行解析文件内容。

③ split()方法是一个字符串方法，用于将字符串按照指定的分隔符(默认为空格)分割成一个列表。每个分割后的部分都是列表中的一个元素。

④ 异常处理：使用 try-except 捕获异常(如文件不存在)，防止程序崩溃。try 关键字用于标记一段代码，这段代码可能会引发异常。当程序执行到 try 块中的代码时，它会尝试正常运行这些代码。如果代码执行过程中没有出现异常，那么 try 块后面的 except 块将被跳过，程序继续执行 try 块之后的代码。except 关键字用于捕获 try 块中引发的异常，并定义当异常发生时应该执行的代码。可以为 except 指定一个或多个异常类型，这样当 try 块中的代

码引发这些类型的异常时,except 块中的代码就会被执行。except 块通常用于处理异常,比如打印错误信息、记录日志、执行清理操作等。

六、模块与包

Python 标准库提供了丰富的功能模块(如 math),可以通过 import 导入并使用。自定义函数也可以与标准库结合使用,扩展程序功能。同时,在许多领域存在着许多非常出色的开源库。如 Pandas 是一个开源的 Python 数据分析库,提供高性能、易用的数据结构和数据分析工具。

在 Spyder 当前项目中新建一个模块文件,命名为"SYZB15_5. py"。输入如图 15-9 中的代码,运行并查看运行结果,并对原"SYZB15_3. py"文件进行调整,如图 15-10 所示(必须保证"SYZB15_3. py"和"SYZB15_5. py"在同一路径下)。

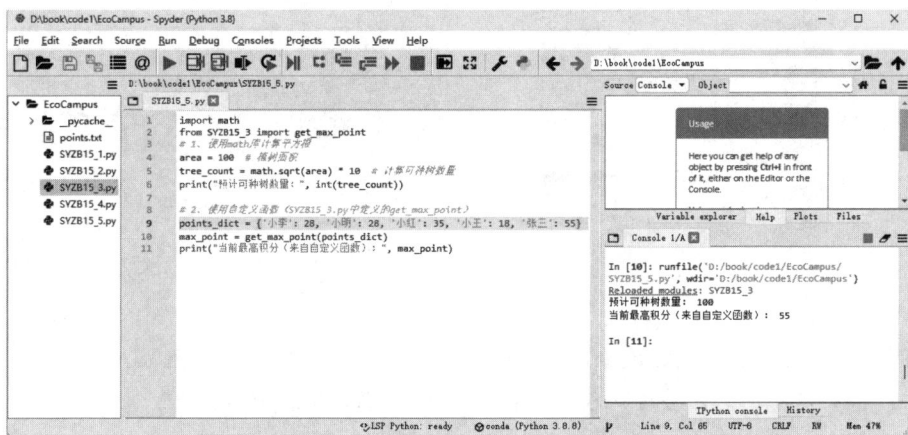

▲ 图 15-9 "SYZB15_5.py"代码与运行结果

▲ 图 15-10 调整的"SYZB15_3.py"代码与运行结果

提示：

① 使用 import math 导入数学库，调用库中的函数（如 math. sqrt()）。

② 自定义函数（如 get_max_point）可以与标准库函数结合使用，实现更复杂的功能。from SYZB15_3 import get_max_point 的作用是从调整后的 SYZB15_3. py 导入 get_max_point 函数至本程序中，可减少代码的冗余和提高代码的复用性。

③ 在 Python 中，一个". py"文件既可以作为脚本直接运行，也可以作为模块被其他文件导入。"if __name__＝＝"__main__":"的作用是区分这两种情况，确保某些代码仅在直接运行该文件时执行，而在被导入到其他文件中时不执行。

④ "__name__"是 Python 中的一个特殊变量，当文件作为脚本直接运行时，"__name__"的值为"__main__"，当文件被导入为模块时，"__name__"的值为模块名（即文件名，不含. py 后缀）。如直接运行 SYZB15_3. py 程序时，程序的"__name__"变量值为"__main__"，此时条件满足，执行 if 代码块中的语句。将 SYZB15_3. py 中的 get_max_point 函数导入至 SYZB15_5. py 时，运行 SYZB15_5. py。SYZB15_3. py 程序中的"__name__"变量的值为 SYZB15_3，此时不满足条件，if 代码块中的语句不会被执行。这是 Python 开发中的最佳实践，推荐在所有脚本中使用。

实践与探索

一、"校园环保积分系统"的开发

① 完成"环保积分登记"功能。

提示：定义一个环保积分登记函数，参数为姓名和积分，使用文件写操作将姓名和积分信息保存至文件中，使用异常处理机制防止程序崩溃。

② 完成"排行榜"功能。

提示：定义一个生成排行榜函数，参数为"环保积分登记"功能中生成的记录文件的路径（如"activity_records. txt"）。使用文件读操作将文件中存储的信息先按行读取，再将姓名和积分提取出来，使用一个元组保存得到的姓名和积分，最后得到一个列表，列表中的元素为一个个元组。可使用列表的 sort()方法对列表进行排序。

③ 完成"环保活动参与提醒"功能。

提示：定义一个提醒函数，使用 datetime 模块获取当日的日期，预设每月的 1 日和 15 日为环保活动参与日，使用 if 判断当月是否还有环保活动可参与。

④ 完成"环保活动参与等级评定"功能。

提示：定义一个等级评定功能函数，参数为用户输入的积分值，使用 input()方法获取用户输入。使用多条件 if 判断用户的环保参与等级，等级有金牌环保员（积分大于等于 100）、银牌环保员(积分大于等于50)和铜牌环保员(积分大于0)。若用户的输入不符合实际,如负数,则将用户的等级评为"未参与"。

⑤ 完成"退出"功能与菜单界面。

提示:可使用简易的 print()方法打印功能选项,定义在一个条件为 True 的 while 循环中。选择了退出功能后,执行 break 语句,退出这个 while 循环。

二、系统改进

现有的"环保积分登记"功能只能将后续录入的信息追加到记录同学参与环保活动的记录文件中,而不论之前是否已经登录过该名同学的信息。请使用文心一言辅助改进"环保积分登记"功能,使得在登记参与环保活动的同学信息时,若文件中已经存在该同学的姓名,则更新文件中的信息,并打印提示"××同学参与活动的积分是××,已成功更新!"。

归纳与总结

完成本实验所有内容后,请将所学到的知识点和技能点填入表15-1和表15-2;然后从已掌握和希望学习两个方面写出学习和完成本实验后的体会。

▼ 表 15-1　学到的知识点归纳表

序号	知识点名称	掌握情况	希望深入学习的相关内容
1			
2			
3			
4			

▼ 表 15-2　学到的技能点归纳表

序号	技能点名称	掌握情况	希望深入学习的相关内容
1			
2			
3			
4			

完成本实验后的体会是：

_____

_____

_____

_____。

实验 16
数据获取与数据清洗

实验目标

1. 知识目标

（1）了解数据获取的常规方法。

（2）理解从政府开放数据集获得数据的步骤和方法。

（3）理解数据清洗和加工的目的和基本方法。

2. 技能目标

（1）理解数据获取的技术路线。

（2）学会搜集和获取开放数据集。

（3）学会数据清洗的基本方法。

问题情境

随着旅游行业的快速发展，人们越来越关注旅游景点的推荐和评价。通过获取和分析旅游景点数据，可以为旅游者提供更精准的景点推荐，也能帮助旅游管理部门更好地了解景点的受欢迎程度和游客的评价。

实验准备

数据获取是数据分析和处理的前期工作，它如同大数据时代的"矿工"，从纷繁复杂的信息海洋中挖掘出宝贵的原始素材，为后续的数据分析、建模以及决策提供源头活水。

一、数据获取

数据获取的常见方法根据需要解决的实际问题主要可以分为四类:第一,问卷调研与实地考察,在社会科学研究、市场调查等领域,精心设计的问卷能够收集到人们的行为习惯、消费倾向等一手资料,而实地考察则能获取环境、设备等直观信息,但需注意问卷设计的科学性,避免引导性问题,确保数据的真实性与有效性;第二,利用网络爬虫,自动从网页中提取公开的文本、图像、视频等数据,但要遵守网站的 robots 协议,合法合规地获取数据,避免陷入版权和隐私的风险漩涡;第三,从数据共享与开放平台直接下载,政府、企业、科研机构等开放公众使用的数据质量高、数量可观,但使用时要关注数据的更新频率和使用许可,按规则提取和利用;第四,利用传感器网络,在环境监测、医疗健康等领域,传感器能通过物联网实时采集温度、压力、人体生理指标等数据。本实验主要探索和实践第二和第三类数据获取和处理的基本方法。

1. 网页数据直接导入

如果需要收集的网络数据在网页中直接以表格形式呈现,而且数据量不大,可以:

① 直接用手工复制、粘贴的方式将数据导入 WPS 或者 Excel 表格,如图 16-1(a)所示某学校公共数据库排课表,直接拖曳鼠标选择需要的表格数据并复制,然后在电子表格软件中粘贴即可。

② 利用 Excel 的"数据/获取外部数据/自网站",如图 16-1(b)所示,在弹出的"新建Web 查询"页面的地址栏中输入需要查询数据的网址,当页面打开后,单击页面上黄色矩形框嵌套的箭头,变成勾选后选中页面表格,再单击页面下端的"导入"按钮导入数据即可。

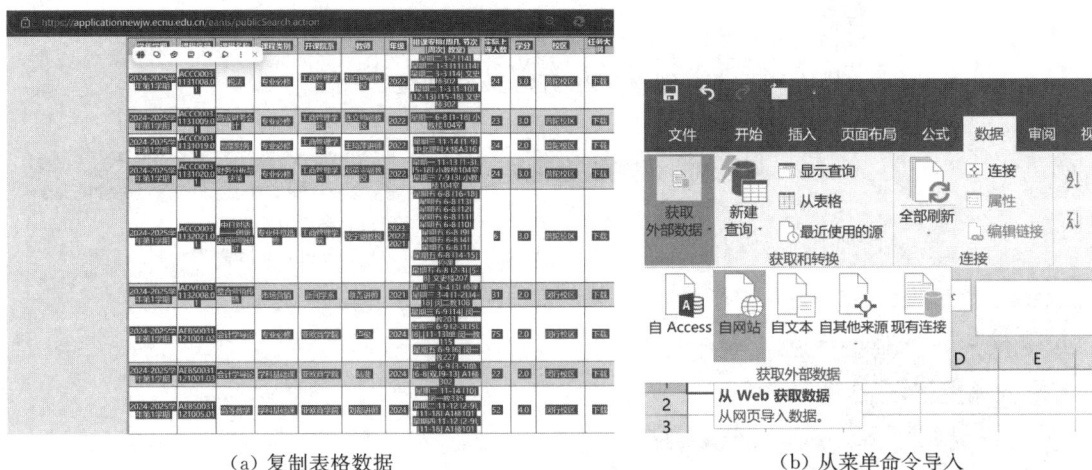

(a) 复制表格数据　　　　　　　　　　(b) 从菜单命令导入

▲ 图 16-1　从 Web 网页直接导入数据

请自行尝试从中国天气网文字版进行上述两种数据导入实验(网页内容和地址会动态

变化,可自行调整为其他类似网站及页面):https://www.weather.com.cn/textFC/shanghai.shtml。

2. 利用八爪鱼工具采集数据

八爪鱼是一款面向普通用户的 Web 数据采集(Web Scraping)工具,核心功能是通过可视化操作实现网页数据自动化采集,支持 XPath/CSS 选择器定位元素,提供智能识别算法(列表数据、分页按钮等),支持 AJAX 动态加载内容处理,可设置定时采集任务,提供免费版(基础功能)和企业版(高级功能)。

下面以采集豆瓣电影 Top250 数据为例介绍八爪鱼用法。目标网站:https://movie.douban.com/top250。

① 启动八爪鱼软件,如图 16-2 所示,在目标栏中输入网页地址后,单击"开始采集",首次使用时会出现如图 16-3 所示的提示,单击"生成采集设置"后出现如图 16-4 所示的操作

▲ 图 16-2 开始启动八爪鱼

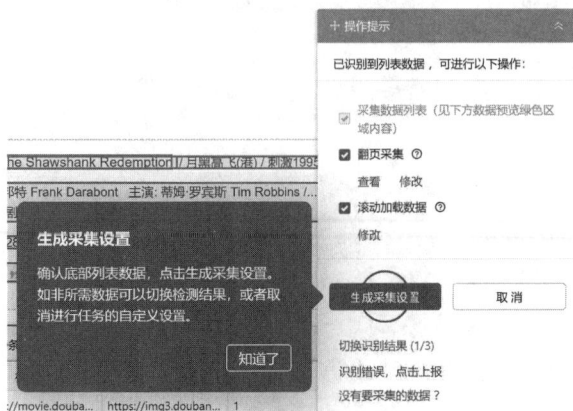

▲ 图 16-3 生成采集设置

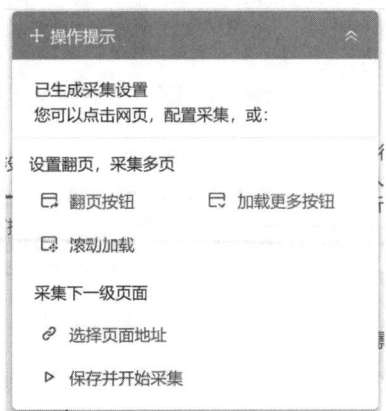

▲ 图 16-4 操作提示

提示,因为豆瓣是热门数据采集对象网站,所以一般采用默认设置即可。

如果网络速度较慢,可以进入图 16-5 所示的"高级设置",选择执行爬取前等待随机时间;在图 16-6 的界面中单击"设置"可以调整下载数据的默认保存位置,也可以改变循环和翻页逻辑。设置完毕后单击"采集",数据保存方式选择"本地/普通模式"。

▲ 图 16-5 设置随机等待时间

▲ 图 16-6 采集设置界面

开始采集后,出现"请选择采集模式"对话框,可选择本地采集或者云采集。选择本地采集后,出现如图 16-7 所示的实时界面,显示已采集的数据条数等信息,采集结束后,在弹出的"采集完成"界面中单击"导出数据",在图 16-8 所示界面选择导出文件的类型,并为导出的文件取名为"豆瓣电影 Top 250.xlsx"。

3. Python 爬取

如果有一定的 Python 编程基础,可以尝试在大语言模型帮助下,使用 Python 的 Requests 和 BeautifulSoup 库,进行自定义数据爬取。如果需要搭建能够处理大量数据、复杂逻辑和高并发请求的爬取项目,可以利用 Python 的 Scrapy-Redis 搭建分布式爬虫集群,实现工程化部署,构建百万级企业信息数据库。表格 16-1 为两种方案的技术架构对比,表 16-2 是两种方案的性能表现。

▲ 图 16-7 采集实时界面

▲ 图 16-8 导出本地数据

▼ 表 16-1 自动采集与爬虫编程对比

对比维度	八爪鱼采集器	Python 爬虫
实现原理	基于浏览器内核的可视化流程编排	基于 HTTP 协议的网络请求与解析
核心组件	图形化操作界面+智能识别算法	Requests/Scrapy 框架+解析库(XPath/BS4)
执行环境	Windows/Mac 客户端	跨平台代码执行环境
协议支持	自动处理 HTTPS	需手动处理证书验证
动态渲染	内置 PhantomJS 无头浏览器	需集成 Selenium/Puppeteer

Selenium：浏览器自动化测试框架（业界通用技术术语）

Puppeteer：端控器（Headless Chrome 控制工具）

▼ 表格 16-2　性能表现(以采集京东商品数据为例)

指标	八爪鱼免费版	Scrapy 分布式爬虫
请求并发量	≤3 线程	可扩展至 500+ 线程
数据吞吐量	200 条/分钟	20,000 条/分钟
内存占用	800MB+	≤200MB

但相对于八爪鱼等可视化工具的简便易行,使用 Python 需要处理各种复杂的情况,如网络连接问题、网站反爬机制等,需要保证程序的稳定性和性能。缺乏经验的非计算机专业学生在处理这些问题时会遇到较大困难,需要不断学习和实践才能掌握相关技巧。

4. 获取公开数据集

随着工业化和城市化的快速发展,城市空气质量问题日益受到关注。为了研究城市空气质量的时空分布特征和影响因素,需要获取空气质量监测站点的实时和历史数据,包括 PM2.5、PM10、二氧化硫、二氧化氮等污染物浓度。

① 向几个国产大语言模型咨询哪些网站可以提供完整的城市空气质量指数(AQI)、主要污染物浓度等数据集的下载。

② 根据如图 16-9 所示的 Kimi 提出的建议,经过比较,选择和鲸社区中国空气质量历史数据(202401),该数据集由学者王晓磊(https://quotsoft.net/air/)共享,其中主要涵盖的空气质量数据包括 PM2.5、PM10、SO_2、NO_2、O_3、CO、AQI。全国空气质量数据原始数据来自中国环境监测总站的全国城市空气质量实时发布平台,每日更新。

数据来源	数据内容	时间范围	空间分辨率	数据格式
中国环境监测总站	各类大气污染物监测数据	日报、月报	-	-
国家生态环境部数据中心	大气污染物浓度等信息	-	-	-
国家气象科学数据中心	与大气污染物浓度相关的气象要素数据	-	-	-
国家青藏高原科学数据中心	中国高分辨率高质量PM2.5数据集	2000-2023	1 km	NC、GeoTiff
国家地球系统科学数据中心	中国高分辨率高质量近地表空气污染物数据集	-	-	-
和鲸社区	中国空气质量历史数据	202401	-	CSV
SelectDataset	中国高分辨率高质量PM2.5数据集	2000-2023	1 km	NC、GeoTiff
CSDN博客	城市空气质量指数、良好天数日度数据	2001-2024	-	-
知乎	全国大气污染物浓度数据	-	-	-
世界卫生组织	全球空气质量监测数据	-	-	-
全球城市空气质量数据集	世界主要城市空气质量监测数据	-	-	-

▲ 图 16-9　Kimi 对可下载数据集的建议

③ 下载如图 16-10 所示的"中国空气质量数据"。

▲ 图 16-10　数据集列表

二、数据清洗

数据采集后的预处理是确保后续数据分析可靠性的关键,主要包括以下步骤:

① 验证与清洗:处理缺失值(如填充"未知")、编码错误(UTF-8 修正)及非常规格式(价格"￥1,299"转为数字)。

② 结构化处理:利用正则表达式提取数值、拆分嵌套字段(如"张三(CEO)"解析为姓名职位),并统一时间格式(时区转换、季度转日期)。

③ 非结构化文本处理:去除 HTML 标签、过滤特殊符号,结合 NLP 模型修正错别字和情感标注。

④ 质量控制:通过完整率(≥98%)、时间有效性(100%)等指标评估数据质量。

⑤ 工程化实践:版本控制(原始/处理数据分离)、自动化测试(评分范围验证)及清洗日志记录。

需要说明的是,对于通过各种不同的数据获取途径得到的数据,需要进行的数据清洗步骤各不相同,要"因地制宜""见招拆招",同学们可以在从"脏数据"到"干净数据"的全流程实践中,培养数据质量意识与工程化思维。

1. 数据预处理

在素材文件夹中,"test1.csv"和"test2.csv"是前面获取的中国城市空气质量数据,具体内容是 2024 年 1 月 1 日和 2024 年 1 月 2 日的全国城市 AQI 等数据。为后续数据分析方便,需要做如下工作:

① 将这两个".csv"文件合并为一个名为"20240102.csv"的文件。

② 这两个文件是用 UTF-8 编写的,在常规电子表格中汉字显示为乱码,所以,需将"20240102.csv"转码为可以正常显示汉字的文件"20240101.xlsx"。

③ 将"20240101.xlsx"进行行列转置,结果写入"2024 年初空气质量.xlsx"文件中。

提示:为书写代码方便,假设两个原始文件"test1.csv"和"test2.csv"所在位置为"E:\实

验\素材\实验 16”。如果对 Python 代码不熟悉，可以将上述要求作为 Prompt 提供给
DeepSeek 等大语言模型，由大模型代为书写代码，自己再稍作编辑。

以下为用 Python 完成上述要求的代码，保存为"数据预处理. py"。

提示：

① Python 环境中需要确保已经安装了 Pandas 库，或者使用 Anacoda 环境；将代码输入
Python 后，运行程序，然后到资源管理器中观察产生的结果文件。

② 以下代码并非此问题的唯一解，甚至不是最优解，同学们对其中涉及的不理解功能细
节的语句，建议去咨询 DeepSeek 或 Kimi 等大语言模型，并尝试优化代码。

（1）合并. CSV 文件

```python
import pandas as pd
import os

# 定义原始文件路径
source_dir=r'E:\实验\素材\实验 16'   # 原始文件目录
file1_path=os.path.join(source_dir, 'test1.csv')   # 文件 1 完整路径
file2_path=os.path.join(source_dir, 'test2.csv')   # 文件 2 完整路径
output_csv=os.path.join(source_dir，'20240102.csv')   # 合并后的 CSV 路径

# 读取两个 CSV 文件
df1=pd.read_csv(file1_path, encoding='utf-8')   # 以 UTF-8 编码读取文件 1
df2=pd.read_csv(file2_path, encoding='utf-8')   # 以 UTF-8 编码读取文件 2
# 合并数据（假设两个文件结构相同，直接纵向拼接）
merged_df=pd.concat([df1, df2], axis=0,ignore_index=True)   # axis=0 表示纵
向合并
# 保存合并后的 CSV 文件
merged_df.to_csv(output_csv,index=False,encoding='utf-8-sig')   # utf-8-sig 解决
Excel 中文乱码
```

（2）转码为 Excel 文件

```python
# 读取合并后的 CSV 文件
merged_df=pd.read_csv(output_csv, encoding='utf-8')   # 重新加载合并后的数据
# 定义 Excel 文件输出路径
output_excel=os.path.join(source_dir,'20240101.xlsx')   # Excel 文件保存路径
# 将 DataFrame(pandas 的基本数据结构)保存为 Excel 文件
```

```
with pd. ExcelWriter(output_excel,engine='openpyxl') as writer：  ♯ 使用 openpyxl
引擎
        merged_df. to_excel(writer,index=False,sheet_name='原始数据')  ♯ 不保留索
引,指定工作表名
```

（3）行列转置并保存

```
♯ 读取 Excel 文件
df_excel=pd. read_excel(output_excel,sheet_name='原始数据')  ♯ 加载 Excel 数据
♯ 行列转置
transposed_df=df_excel. transpose()  ♯ 使用 transpose()方法转置行列
♯ 定义转置后文件的保存路径
final_output=os. path. join(source_dir,'2024 年初空气质量. xlsx')  ♯ 最终输出路径
与读取文件一样
♯ 保存转置结果到新 Excel 文件
with pd. ExcelWriter(final_output,engine='openpyxl') as writer：
        transposed_df. to_excel(writer,sheet_name='转置数据',header=False)  ♯ 不保
留原列名
```

2. 数据清洗

① 经过预处理的文件中"2024 年初空气质量. xlsx"的第一行为非标准日期,第二行为小时数字,为便于后续的数据分析和可视化,需将第一行和第二行数据合并为 excel 中合法的日期+时间格式。

② 文件中的城市数量过多,为方便分析,仅保留省会城市数据,非省会城市数据需要删除。

③ 文件中含有大量没有测量值的城市和污染物数据,也就是大量连续的空行和空列,需要进行删除。

④ 清洗后的文件写入"清洗结果. xlsx"。

为原始文件"2024 年初空气质量. xlsx"另存一个副本,命名为"待清洗. xlsx",所在位置为"E:\实验\素材\实验 16",写出满足清洗要求的 Python 代码,保存为"数据清洗. py"。

提示:如下代码在 Anaconda3 及以上版本中可以正常运行,否则可能会因为 Pandas 版本过低而出现报错。如遇报错,同学们可以将报错信息提交大模型修改代码片段为适合本机运行。

```
import pandas as pd
from datetime import datetime
```

```python
import numpy as np


# 读取 Excel 文件(根据实际文件结构调整 skiprows)
df = pd.read_excel(r"E:\实验\素材\实验 16\待清洗.xlsx", header=None, skiprows=3)


# 提取前三行元数据
date_row = pd.read_excel(r"E:\实验\素材\实验 16\待清洗.xlsx", header=None, nrows=1).iloc[0, 1:].values
hour_row = pd.read_excel(r"E:\实验\素材\实验 16\待清洗.xlsx", header=None, skiprows=1, nrows=1).iloc[0, 1:].values
type_row = pd.read_excel(r"E:\实验\素材\实验 16\待清洗.xlsx", header=None, skiprows=2, nrows=1).iloc[0, 1:].values


# 生成时间戳索引
timestamps = [
    datetime.strptime(f"{date}{int(hour):02d}", "%Y%m%d%H")
    for date, hour in zip(date_row.astype(str), hour_row)
]


# 构建多级列索引
columns = pd.MultiIndex.from_arrays([timestamps, type_row], names=['datetime', 'type'])


# 重新构造 DataFrame
data = df.iloc[:, 1:].T.reset_index(drop=True).T
data.columns = columns
data.insert(0, '城市', df.iloc[:, 0].values)


# 过滤省会城市
province_capitals = ['北京', '天津', '石家庄', '太原', '呼和浩特', '沈阳', '长春', '哈尔滨', '上海', '南京', '杭州', '合肥', '福州', '南昌', '济南', '郑州', '武汉', '长沙', '广州', '南宁', '海口', '重庆', '成都', '贵阳', '昆明', '拉萨', '西安', '兰州', '西宁', '银川', '乌鲁木齐']
filtered = data[data['城市'].isin(province_capitals)].set_index('城市')
```

♯ 删除连续空值函数

```
def remove_consecutive_nans(df,axis=0,threshold=5):
    if axis==0:
        return df.loc[~df.apply(lambda row: row.isna().rolling(threshold).sum().ge(threshold).any(),axis=1)]
        return df.loc[:,~df.apply(lambda col: col.isna().rolling(threshold).sum().ge(threshold).any())]
```

♯ 行列双向清理

```
cleaned=remove_consecutive_nans(filtered,axis=0)
cleaned=remove_consecutive_nans(cleaned,axis=1)
```

♯ 保存结果

```
cleaned.T.to_excel(r"E:\实验\素材\实验16\清洗结果.xlsx",merge_cells=False)
```

3. 数据脱敏

数据脱敏旨在对敏感信息进行处理,确保数据在共享与分析中,既能保护用户隐私,又保留数据价值。常用方法有替换、加密、模糊化、随机化等,通过对关键信息的修饰修改,使其难以与特定个体对应,从而降低数据泄露风险,保障信息安全。数据脱敏需根据数据使用场景与要求,选择合适方案,并遵循相关法律法规,确保数据合规性,同时考虑脱敏后数据对分析任务的影响,保障数据可用性。

在素材文件夹中,有一个待脱敏文件"脱敏前.xlsx",需要进行如下的脱敏操作,并将脱敏结果写入"脱敏后.xlsx":

① 对手机号码进行脱敏,仅保留前三位,其他以"＊"显示。

② 对合同编号脱敏,其中英文重新编码,数字改为随机数。

③ 对身份证脱敏,仅保留前三位和最后三位为明文,其他以"＊"显示。

④ 对姓名脱敏,把名字中的第三个字删除,第二个字以随机汉字替代。

⑤ 对电子邮件地址脱敏,将电子邮件的第二个字符以第三个字符的 ASCII 码＋8 替换。

可以尝试将上述操作要求作为 Prompt 提交 DeepSeek 等大语言模型,在其辅助下完成数据脱敏要求。

下面为实现上述要求的 Python 代码,假设待脱敏文件的所在位置为"E:\实验\素材\实验16\脱敏前.xlsx":

```
import pandas as pd
import random
import string


# 加载原始数据
raw_df=pd. read_excel(r'E：\实验\素材\实验 16\脱敏前. xlsx')


# 确保手机号和身份证号是字符串类型
raw_df['手机号']=raw_df['手机号']. astype(str)
raw_df['身份证号']=raw_df['身份证号']. astype(str)


# 定义中文姓氏库,原计划在脱敏姓名时从中随机选择一个姓氏来替换原始姓氏以增
强脱敏的效果,实际并未使用,属于冗余代码
common_surnames=['李','王','张','刘','陈','杨','赵','黄','周','吴','徐','孙','胡','朱','高',
'林','何','郭','马','罗']


def desensitize_data(row)：
    # 手机号脱敏(保留前三位)
    row['手机号']=row['手机号'][：3]+'＊'＊8


    # 合同编号脱敏(字母后移一位,数字随机替换)
    def process_contract(s)：
        new_str=[]
        for char in s：
            if char. isalpha()：
                # 字母后移 1 位(Z->A)
                new_char=chr(ord(char)＋1) if char!  ='Z' else 'A'
                new_str. append(new_char. upper())
            elif char. isdigit()：
                # 数字替换为随机数字
                new_str. append(str(random. randint(0,9)))
            else：
                new_str. append(char)
```

```
            return ''. join(new_str)
        row['合同编号']＝process_contract(row['合同编号'])


        # 身份证号脱敏(保留前三后三)
        id_num＝row['身份证号']
        row['身份证号']＝id_num[:3]+'*'*11+id_num[-3:]


        # 姓名脱敏(保留姓,第二字替换,删除第三字)
        if len(row['姓名'])>=3:
            # 生成随机替换汉字(Unicode 范围:0x4e00-0x9fa5)
            replace_char＝chr(random. randint(0x4e00,0x9fa5))
            row['姓名']＝row['姓名'][0]+replace_char
        else:
            row['姓名']＝row['姓名'][0]+'*'


        # 邮箱脱敏(替换第二个字符)
        email＝list(row['电子邮件'])
        if len(email)>2:
            original_char＝email[2]
            new_ascii＝ord(original_char)+8
            # 保证 ASCII 码在可打印范围(32-126)
            new_ascii＝min(max(new_ascii,32),126)
            email[1]＝chr(new_ascii)
        row['电子邮件']＝''. join(email)


    return row
# 应用脱敏函数
desen_df＝raw_df. apply(desensitize_data, axis＝1)


# 保存结果
desen_df. to_excel(r'E:\实验\素材\实验 16\脱敏后. xlsx',index＝False)
```

如果希望对姓名脱敏时更彻底,可以对姓名脱敏部分改用如下代码:

```
# 从预定义姓氏库中随机选择新姓氏
```

new_surname＝random. choice(common_surnames)

♯ 生成常用汉字(范围调整为前 1000 个常用汉字 Unicode:0x4E00-0x4F00)

replace_char＝chr(random. randint(0x4E00,0x4F00))

♯ 组合新姓名(固定保留两位:随机姓氏＋常用汉字)

row['姓名']＝new_surname＋replace_char

还可以在姓氏库里增加"欧阳""司马""上官"等复姓,以提高代码适应性,还可以进一步优化常用字的取值范围,这些都可以通过和大模型配合完成。

实践与探索

一、确定数据源

选择国内主流旅游平台(如携程/马蜂窝/TripAdvisor 中文站),目标页面为某城市(如北京)景点排行榜页面。

二、确定采集字段

如图 16‑11 所示,指定数据采集计划:

字段名称	示例	采集要求
景点名称	故宫博物院	必填, 完整名称
综合评分	4.8/5分	包含评分体系说明 (如5分制)
评论数量	12万条点评	提取纯数字 (如120000)
地理位置	北京市东城区景山前街4号	至少包含区级行政单位
门票价格	¥60起	提取最低价格数字

▲ 图 16‑11　数据采集字段

三、数据获取实施

使用八爪鱼智能模式识别列表数据,设置翻页规则(采集至少 3 页数据),处理特殊显示情况(如"价格待定");建议八爪鱼采集间隔设置为 5 秒以上。

四、数据预处理

可以首先在 WPS 或 Excel 中使用数据分列功能处理采集复合字段,然后完成下列可能需要"见招拆招"的操作,对于不熟悉的功能,可以借助大语言模型辅助完成:

① 缺失值处理:对可能存在的地址字段缺失的景点进行处理,要求用"暂无"标记缺失地址,统计缺失率并记录处理方式。

② 异常值处理:当门票价格出现"￥-50"或"￥9999"时,要求用筛选功能定位异常数据,采用相邻景点均价替代异常值。

③ 文本清洗:当评论数量显示为"10万＋条点评"时,要求转换为标准数字格式,并处理特殊符号(如"约5千"→5000)。

④ 格式标准化:如图16-12进行设置。

原始格式	目标格式	转换方法
4.8/5分	9.6	=(LEFT(B2,3)/5)*10
¥60起	60	替换"¥"和"起"
朝阳区-798艺术区	北京市朝阳区	添加市级行政单位

▲ 图 16-12 格式标准化

⑤ 数据去重:识别重复景点条目(如"颐和园"与"颐和园(万寿山)")。

五、提交要求

① 数据清洗前和清洗后的结果分别提交。

② 以"数据获取和数据清洗说明.docx"文件形式,给出简要的数据采集说明(300字),数据源网站及URL,采集过程截图(含翻页设置界面)。

网络伦理注意事项:单次采集不超过100条数据,不在报告中展示具体用户评论内容。

归纳与总结

完成本实验所有内容后,请将所学到的知识点和技能点填入表16-3和表16-4,表格可以根据需要增加行;然后从已掌握和希望学习两个方面写出学习和完成本实验后的体会。

▼ 表 16-3 学到的知识点归纳表

序号	知识点名称	掌握情况	希望深入学习的相关内容
1			

续表

序号	知识点名称	掌握情况	希望深入学习的相关内容
2			
3			

▼ 表 16‐4　学到的技能点归纳表

序号	技能点名称	掌握情况	希望深入学习的相关内容
1			
2			
3			

完成本实验后的体会是：

_____

_____。

实验 17
数据分析与管理

实验目标

1. 知识目标

（1）掌握使用电子表格进行数据处理、分析的方法。

（2）理解电子表格中的公式函数的意义及使用方法。

（3）理解电子表格中的排序与筛选。

（4）掌握分类汇总操作步骤。

（5）了解分类汇总与排序之间的关系。

（6）掌握数据透视表的基本组成。

2. 技能目标

（1）熟练掌握表格的格式化（批注的使用、格式的设置以及单元格格式的自动套用）。

（2）熟练掌握公式与函数的应用。

（3）熟练掌握单元格的引用与工作表的引用。

（4）熟练掌握单关键字、多重关键字的排序。

（5）熟练掌握自动筛选的设置。

（6）学会使用分类汇总、数据透视表对数据进行处理分析。

（7）学会使用数据透视表的筛选和排序功能。

问题情境

勤工俭学的小信是学校书店的销售管理人员，负责跟踪和记录书店的图书销售数据。随着业务的增长，小信发现手动记录销售信息已变得低效且容易出错。为了更高效地管理销售数据，小信需要创建一个电子表格来系统化地记录、分析、统计和报告图书销售情况，并对销售表格进行美化。现在，小信已经将数据收集，并保存在 SJTS17-1.xlsx 文件中了，希望最终整理后的效果类似于图 17-1(a)、17-1(b)、17-1(c)所示。

▲ 图 17-1(a)　图书销售表

▲ 图 17-1(b)　图书销售情况统计——分类汇总

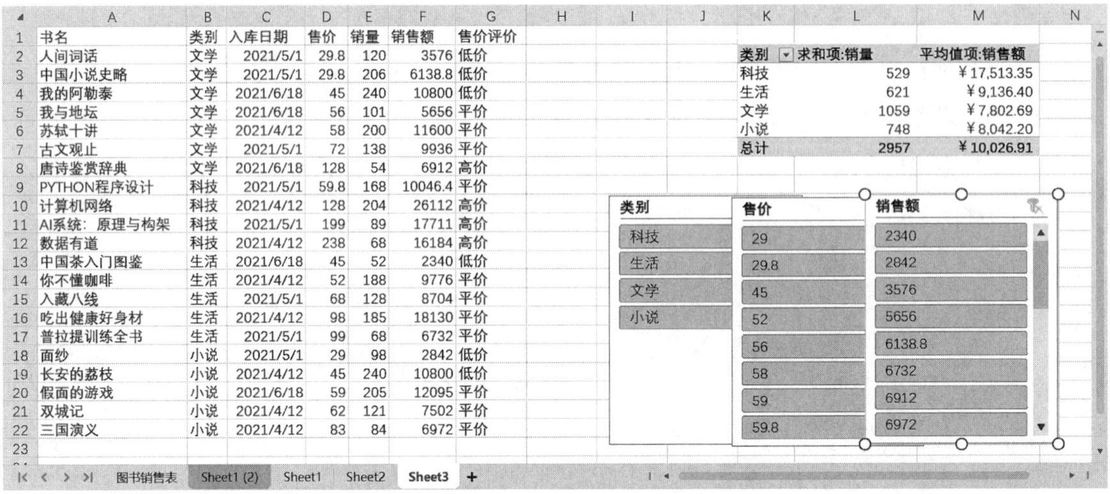

	A	B	C	D	E	F	G	H	I	J	K	L	M	N
1	书名	类别	入库日期	售价	销量	销售额	售价评价				类别 ▼	求和项:销量	平均值项:销售额	
2	人间词话	文学	2021/5/1	29.8	120	3576	低价				科技	529	￥17,513.35	
3	中国小说史略	文学	2021/5/1	29.8	206	6138.8	低价				生活	621	￥9,136.40	
4	我的阿勒泰	文学	2021/6/18	45	240	10800	平价				文学	1059	￥7,802.69	
5	我与地坛	文学	2021/6/18	56	101	5656	平价				小说	748	￥8,042.20	
6	苏轼十讲	文学	2021/4/12	58	200	11600	平价				总计	2957	￥10,026.91	
7	古文观止	文学	2021/5/1	72	138	9936	平价							
8	唐诗鉴赏辞典	文学	2021/6/18	128	54	6912	高价							
9	PYTHON程序设计	科技	2021/5/1	59.8	168	10046.4	平价				类别	售价	销售额	
10	计算机网络	科技	2021/4/12	128	204	26112	高价				科技	29	2340	
11	AI系统：原理与构架	科技	2021/5/1	199	89	17711	高价				生活	29.8	2842	
12	数据有道	科技	2021/4/12	238	68	16184	高价				文学	45	3576	
13	中国茶入门图鉴	生活	2021/6/18	45	52	2340	低价				小说	52	5656	
14	你不懂咖啡	生活	2021/5/1	52	188	9776	平价					56	6138.8	
15	入藏八线	生活	2021/5/1	68	128	8704	平价					58	6732	
16	吃出健康好身材	生活	2021/4/12	98	185	18130	平价					59	6912	
17	普拉提训练全书	生活	2021/5/1	99	68	6732	平价					59.8	6972	
18	面纱	小说	2021/5/1	29	98	2842	低价							
19	长安的荔枝	小说	2021/4/12	45	240	10800	平价							
20	假面的游戏	小说	2021/6/18	59	205	12095	平价							
21	双城记	小说	2021/4/12	62	121	7502	平价							
22	三国演义	小说	2021/4/12	83	84	6972	平价							
23														

图书销售表   Sheet1 (2)   Sheet1   Sheet2   Sheet3 +

▲ 图 17-1（c） 图书销售数据透视表

实验准备

一、工作表的管理

1. 重命名工作表

① 打开配套素材中的"SYZB17-1.xlsx"文件。

② 右击"Sheet1"工作表标签，在弹出的快捷菜单中选择"重命名"命令，输入"员工信息表"。

③ 单击菜单上方的"保存"按钮保存文件。

2. 工作表的操作与工作表标签设置

① 单击工作表标签区右侧的加号按钮，插入新的"Sheet1"工作表。

② 选中"员工信息表"工作表标签右击，在弹出的快捷菜单中选择"创建副本"命令。

③ 选中新复制的"员工信息表（2）"工作表标签右击，在弹出的快捷菜单中单击"工作表标签/标签颜色"菜单，选择"标准色"中的"橙色"；单击"工作表标签/字号"菜单，选择"150%"。

④ 选中"Sheet1"工作表右击，在弹出的快捷菜单中选择"删除"命令。

⑤ 保存文件。

二、单元格数据的编辑

1. 单元格的操作

① 选中 B2 单元格，拖到 D6 单元格，完成 B2:D6 区域的选取。再按<Ctrl>键，单击其

他单元格或区域,在原已选取的区域基础上再多选中其他区域。单击任意单元格,取消前面的选取操作。

② 选中 C 列任意单元格右击,在弹出菜单中选择"插入"菜单的"在左侧插入列"命令,数量设置为"1",则从原来 C 列的"性别"列开始的所有列向右移动一列,当前 C 列变成新列,随后输入员工的籍贯信息,如图 17-2 所示。

③ 选中 C 列右击,在快捷菜单中选择"隐藏"命令。

④ 保存文件。

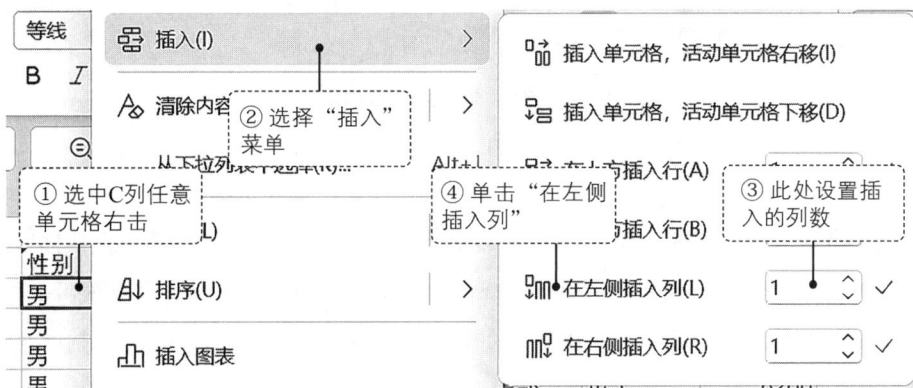

▲ 图 17-2　插入新列

2. 自动填充序列数据

① 单击工作表标签区右侧的加号按钮插入新的"Sheet2"工作表。

② 单击 Sheet2 工作表标签,在 A2 和 B2 单元格内分别输入 4 和 7。

③ 选中 A2 和 B2 两个单元格,拖曳 B2 单元格右下方的"自动填充柄"至 G2 单元格。

④ 单击 A4 单元格,输入"星期一",选中 A4 单元格,拖曳 A4 单元格右下方的"自动填充柄"至 G4 单元格。

3. 自定义序列自动填充

① 单击 Sheet2 工作表标签,在 A6 单元格输入"第一季度",然后选中该单元格后拖曳到 D6 单元格,四个单元格都显示"第一季度"。

② 选择"文件"选项卡中的"选项"菜单,在弹出的对话框中选择左侧的"自定义序列"选项。

③ 在"输入序列"一栏内依次输入内容并添加序列,如图 17-3 所示。单击"确定"按钮退出设置自定义序列。

④ 在 A8 单元格中输入"第一季度",拖曳 A8 单元格右下方的"自动填充柄"至 D8 单元格,完成"第一季度"到"第四季度"自定义序列数据的输入。

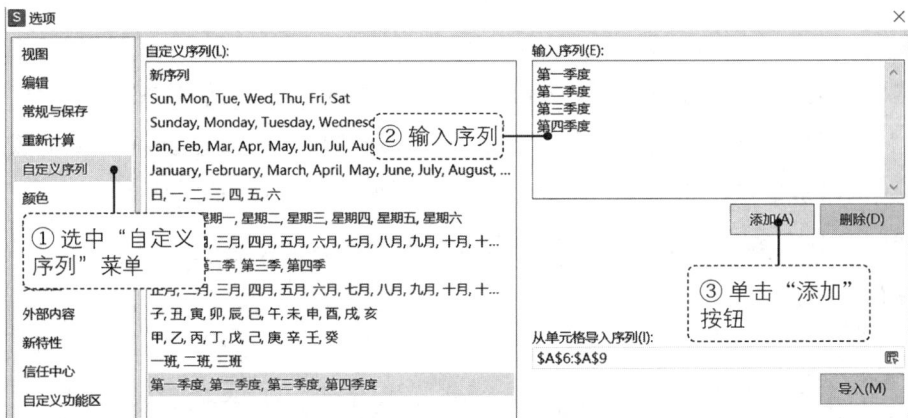

▲ 图 17-3 自定义序列

4. 数据区域名称定义

① 选中"员工信息表(2)",选中 H3:H29 区域,单击"公式"选项卡中的"名称管理器"菜单,在弹出的"名称管理器"对话框中单击"新建"按钮,再在弹出的"新建名称"对话框中的"名称"文本框输入"JBGZ",并单击"确定",如图 17-4 所示。

② 保存并关闭文件。

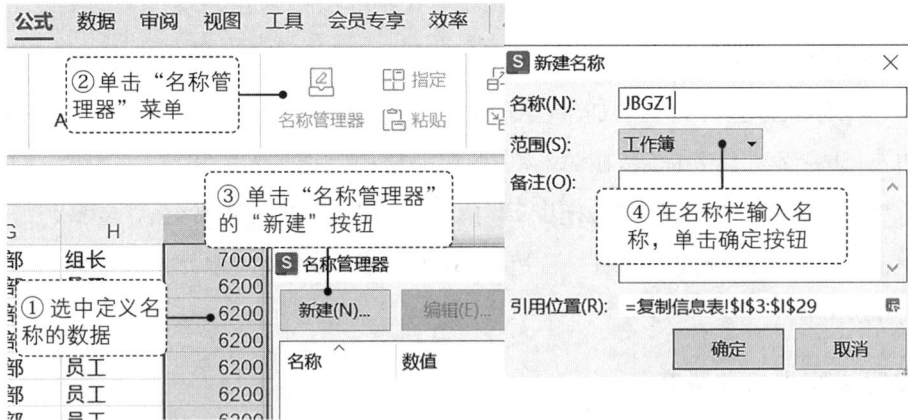

▲ 图 17-4 定义名称

三、工作表格式化

打开配套"实验 17"素材中"SYZB17-1. xlsx",按要求操作,结果参见图 17-5。

1. 字体及对齐设置

① 选中 A1 单元格,单击"开始"选项卡的"字体"下拉列表,选择"华文行楷",在"字体颜色"下拉列表中选择"标准色-绿色",在"字号"下拉列表中选择"18",单击"加粗"按钮;选中

	A	B	C	D	E	F	G	H	I	J
1				公司员工基本信息表						
2	员工编号	员工姓名	性别	出生年月	入职时间	所在部门	职位	基本工资	奖金	实发工资
3	10019	左代	男	1980/7/5	2010/3/2	销售部	部门经理	15000		
4	10021	王进	男	1981/6/15	2003/6/2	销售部	组长	7000		
5	10016	杨柳书	男	1978/4/30	2006/7/2	销售部	部门经理	8400		
6	10010	任小义	男	1975/10/12	2008/3/2	销售部	员工	6200		
7	10015	刘诗琦	女	1983/7/5	2008/3/2	销售部	组长	7000		
8	10009	袁中星	男	1972/9/1	2009/3/12	销售部	员工	6200		
9	10011	邢小勤	男	1968/9/18	2010/3/14	销售部	员工	7000		
10	10025	代敏浩		2013/3/14		销售部	员工	6200		
11	10012	陈晓龙		2011/5/3		销售部	员工	6200		
12	10013	杜春梅	优秀员工	2009/3/12		销售部	员工	6200		
13	10005	董弦韵		2011/5/3		销售部	员工	6200		
14	10003	白立	男	1982/4/30	2011/5/3	销售部	员工	6200		
15	10008	陈君晓	男	1982/5/1	2012/6/13	销售部	员工	6200		
16	10014	杨丽	女	1982/5/2	2006/5/1	行政部	部门经理	5500		
17	10023	张健	男	1980/9/16	2007/6/3	行政部	员工	5000		
18	10026	祝苗	女	1982/5/4	2012/6/13	行政部	员工	5000		
19	10022	万邦舟	男	1983/2/15	2007/6/3	策划部	部门经理	12500		
20	10024	薛敏	女	1980/7/1	2007/6/3	策划部	组长	10000		

▲ 图 17‐5　表格格式化结果

A1:J1 右击,在弹出的菜单中选择"设置单元格格式",单击"单元格格式"对话框中"对齐"选项卡,在"水平对齐"下拉列表中选择"跨列居中",单击"确定"后退出,如图 17‐6 所示。

② 选中 A2:J29,单击"开始"选项卡的"水平居中"按钮。

③ 选择 A 列至 J 列,单击"开始"选项卡"行和列"下拉菜单中的"最适合的列宽"命令。

④ 保存文件。

▲ 图 17‐6　跨列居中设置

2. 边框、背景设置及条件格式

① 选中 A1:J29 区域右击,在弹出的快捷菜单中单击"设置单元格格式"。在"单元格格式"对话框中选择"边框"选项卡,先选中粗线,单击"外边框"按钮;再选中"双线",单击"内部"按钮,单击"确定"按钮完成边框设置。

② 选中 A1:B1、I1:J1,单击"开始"选项卡的"填充颜色"按钮,在下拉菜单中单击"标准色-浅绿"。用同样方法选中 A2:J2,将单元格底纹设置成"标准色-黄色"。

③ 选中 H3:H29,单击"开始"选项卡的"条件格式"菜单,在下拉列表中选择"项目选取规则"中的"高于平均值"菜单。在弹出的对话框中,单击"针对选定区域,设置为"下拉列表,单击"自定义格式",设置"字体"为加粗、黄色,"图案"为浅绿色。

④ 保存文件。

3. 批注设置

① 选中 B11 单元格右击,在弹出的快捷菜单中选择"插入批注"菜单,在文本框中输入"优秀员工"。

② 选中 B11 单元格右击,在弹出的快捷菜单中选择"显示/隐藏批注"菜单,选中批注框右击,在弹出的快捷菜单中选择"设置批注格式"菜单,在"设置批注格式"对话框中的"字体"选项卡中设置字体为红色、隶书、字号 12。

③ 在"对齐"选项卡中将"文本对齐方式"分别设置水平居中、垂直居中。

④ 在"颜色与线条"选项卡中,将"填充"设置为"橙色"。

⑤ 保存文件。

4. 套用表格样式

① 单击工作表标签区右侧的加号按钮插入新的"Sheet2"工作表。

② 选择 Sheet1 中的 A1:J29 区域右击,单击快捷菜单中"复制"菜单,将光标停在 Sheet2 工作表中的 A1 单元格右击,单击快捷菜单中"粘贴为数值",如图 17-7 所示。

③ 选择 Sheet2 工作表,选中 A2:J29 区域单击"开始"选项卡中的"套用表格样式"下拉菜单,单击勾选下拉列表中的主题色"橙色",选中"表样式 7"。

▲ 图 17-7 选择性粘贴

在弹出的"套用表格式"对话框中选择"转换成表格,并套用表格样式",单击"确定"按钮,这时的列名的右侧都有下拉三角按钮。

④ 光标停在已经套用表格格式的区域中,单击"表格工具"选项卡中的"转换为区域"按钮,在弹出对话框中单击"是"按钮,即可将表格转换成区域。

⑤ 保存文件。

四、公式、函数的应用

① 单击"Sheet1",选中 H30 单元格,单击该单元格编辑栏中的"ƒx"按钮。在弹出的"插入函数"对话框中选择函数"AVERAGE"并双击。在弹出的"函数参数"对话框中,单击第 1

行"数值 1"文本框右侧的"切换 🔄"按钮,鼠标拖选工作表 H3:H29 区域,再次单击"切换"按钮,恢复显示"函数参数"对话框的全部内容,单击"确定"按钮,在此单元格中显示结果,在编辑区显示公式"=AVERAGE(H3:H29)",也可以直接在 H30 单元格中输入"=AVERAGE(H3:H29)"按回车确认,如图 17-8 所示。

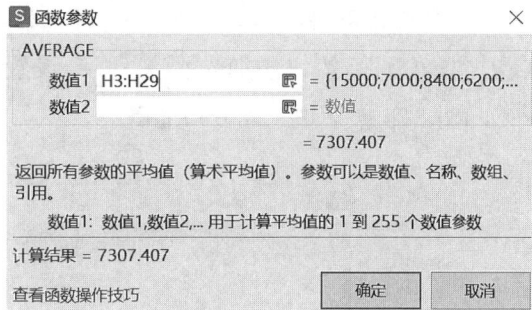

▲ 图 17-8 函数参数窗口

② 选中 I3 单元格,在编辑栏中输入"=IF(G3="部门经理",3 000,IF(G3="组长",2 000,1 500))",按回车,此时显示为 3 000。

③ 选中 I3 单元格,拖曳单元格右下角的自动填充柄到 I29 单元格,完成公式输入奖金。

提示:此处也可使用单元格编辑栏中的"ƒx"按钮,在弹出的"插入函数"对话框中选择函数"IF"函数来输入。后续步骤中各函数的编辑均可使用此方式插入相应的函数来实现,不再赘述。

④ 选中 K3 单元格,在编辑栏输入"=(H3+I3)＊＄L＄2",按回车键,求出一个员工的扣税金额。再选中该单元格,拖曳单元格右下角的自动填充柄到 K29 单元格,完成所有员工的扣税金额的计算。

⑤ 选中 J3 单元格,在编辑栏输入"=H3+I3-K3"按回车,求出一个员工的实发工资。再选中该单元格,拖曳单元格右下角的自动填充柄到 J29 单元格,完成所有员工的实发工资的计算。

⑥ 选中区域 J3:J29 右击,单击"公式"选项卡中的"名称管理器"菜单,在弹出的"名称管理器"对话框中单击"新建"按钮,在弹出的"新建名称"对话框中的"名称"文本框输入"SFGZ"。

⑦ 选中 J30 单元格,在编辑栏输入"=AVERAGE(SFGZ)"按回车,计算出所有员工的实发工资的平均值。

⑧ 选中 A32 单元格,在编辑栏输入"=COUNT(SFGZ)",按回车计算出员工人数。

⑨ 选中 B32 单元格,在编辑栏输入"=MAX(SFGZ)",按回车计算出最高工资。

⑩ 选中 C32 单元格,在编辑栏输入"=MIN(SFGZ)",按回车计算出最低工资。

⑪ 选中 D32 单元格,在编辑栏输入"=RANK(J5,SFGZ,0)",按回车计算出"杨柳书"工资在所有员工中的排名。

⑫ 保存文件。

五、排序及筛选

1. 排序

① 选中 A2:J29,选择"开始"选项卡中的"排序"下拉列表中的"自定义排序"菜单。

② 在弹出的排序对话框中,设置"主要关键字"为"所在部门",次序设置为"升序";然后点击"添加条件"按钮添加次要关键字,设置"次要关键字"为"基本工资",次序设置为"降序",单击"确定",如图 17-9 所示。

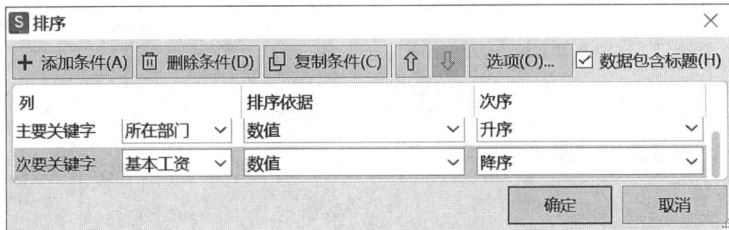

▲ 图 17-9　排序设置

③ 保存文件。

2. 自动筛选

① 单击工作表标签区右侧的加号按钮,插入新的"Sheet3"工作表。

② 选中 Sheet1 的 A2:H29 区域右击,在弹出的快捷菜单中选择"复制"菜单。将光标移动到 Sheet3 的 A1 单元格右击,在弹出的快捷菜单中选择"粘贴"菜单。

③ 将光标移动到 Sheet3 工作表的第 2 行任意单元格,选择"开始"选项卡的"筛选"下拉列表中的"筛选"菜单。

④ 单击"性别"列名右侧下拉列表,在弹出的列表中不勾选"男"并确定;单击"基本工资"列名右侧下拉列表,在弹出的列表中选择"数字筛选"的"介于"菜单,如图 17-10(a)所示,在弹出的对话框中单击"确定"按钮,筛选结果如图 17-10(b)所示。

⑤ 保存文件。

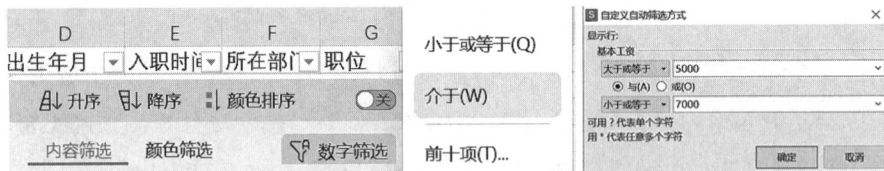

▲ 实验图 17-10(a)　自定义自动筛选

员工编号	员工姓名	性别	出生年月	入职时间	所在部门	职位	基本工资
10007	杨云	女	1975/9/28	2008/3/2	财务部	组长	6500
10001	孙明明	女	1978/6/19	2013/3/2	财务部	员工	6000
10018	许宪	女	1976/5/18	2008/3/2	财务部	员工	6000
10015	刘诗琦	女	1983/7/5	2008/3/2	销售部	组长	7000
10014	杨丽	女	1982/5/2	2006/5/1	行政部	部门经理	5500
10026	祝苗	女	1982/5/4	2012/6/13	行政部	员工	5000

▲ 图 17-10(b)　自定义筛选结果

六、分类汇总及数据透视表

1. 分类汇总

打开"SYZB17-1.xlsx",利用分类汇总统计各部门各职务的基本工资、奖金、实发工资的平均值,将完成的结果保存在原文档中。

① 单击工作表标签区右侧的"+"按钮,插入新的"Sheet4"工作表。

② 选中 Sheet1 的 A2:J29 区域右击,在弹出的快捷菜单中选择"复制"菜单,将光标移动到 Sheet4 的 A1 单元格并右击,在弹出的快捷菜单中选择"粘贴"菜单。

③ 利用上文"5.排序及筛选"中"(1)排序"方法进行自定义排序,设置"主要关键字"为"所在部门",次序设置为"升序"。然后点击"添加条件"按钮添加次要关键字,设置"次要关键字"为"职位",次序设置为"降序",单击"确定"按钮。

④ 选中 Sheet4 工作表中的区域 A1:J28,单击"数据"选项卡的"分级显示"中的"分类汇总"按钮。在弹出的对话框中进行设置:"分类字段"为"所在部门","汇总方式"为"平均值","选定汇总项"为"基本工资""奖金""实发工资",其他默认,单击"确定"按钮,如图 17-11(a)所示。

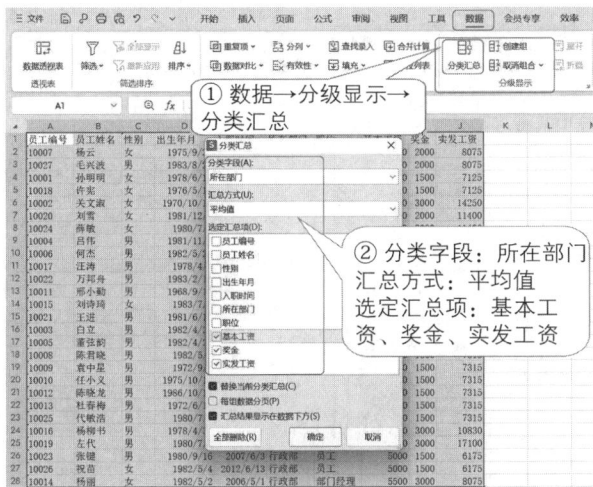

▲ 图 17-11(a)　分类汇总选定汇总项

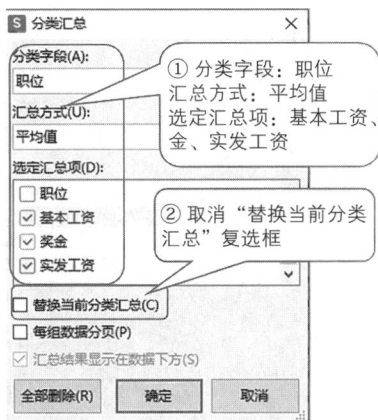

▲ 图 17-11(b)　再次分类汇总

⑤ 数据依然处于选中状态下,单击"数据"选项卡的"分级显示"中的"分类汇总"按钮。在弹出的对话框中进行设置:"分类字段"为"职位","汇总方式"为"平均值","选定汇总项"为"基本工资""奖金""实发工资",取消对"替换当前分类汇总"多选框的勾选,其他默认,单击"确定"按钮,如图 17-11(b)所示,结果如图 17-11(c)所示。

⑥ 保存文件。

⑦ 如果要删除所有的分类汇总,可在"分类汇总"对话框中单击"全部删除"按钮,即可删除所有的分类汇总,如图 17-11(d)所示。

▲ 图 17‑11（c） 分类汇总结果

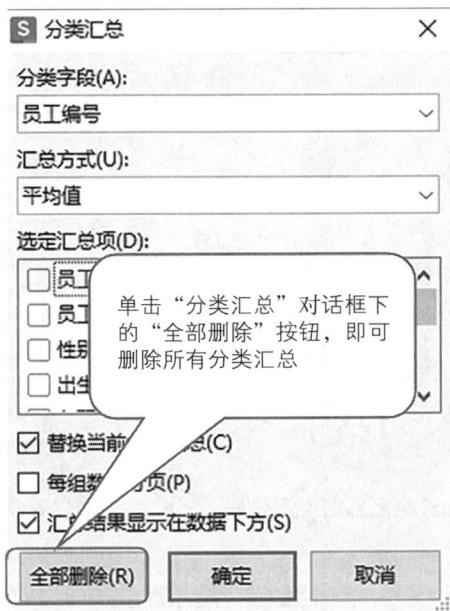

▲ 图 17‑11（d） 分类汇总的删除

2. 数据透视表

打开"SYZB17‑1.xlsx"，利用数据透视表统计各部门各职务的基本工资、奖金、实发工资的平均值，将完成的结果保存在原文档中。

① 单击工作表标签区右侧的"＋"按钮，插入新的"Sheet5"工作表。

② 将 Sheet1 中 A2:J29 区域复制到 Sheet5 中 A1:J28 区域。

③ 光标停在 Sheet5 数据表中的任意单元格,选择"插入"选项卡的"表格"组。单击"数据透视表"按钮,在弹出的对话框中,"选择区域"为当前工作表的 A1:J28,"请选择放置数据透视表的位置"为"现有工作表"中的 B36,单击"确定"按钮,如图 17-12(a)所示。

④ 在弹出的"数据透视表字段列表"任务窗格将"所在部门""职务"字段拖至行标签,将"基本工资""奖金""实发工资"拖曳至数值。

⑤ 基本工资的平均值设置:单击"求和项:基本工资"下拉列表中的"值字段设置",弹出"值字段设置"对话框,将计算类型选择为"平均值"。单击"数

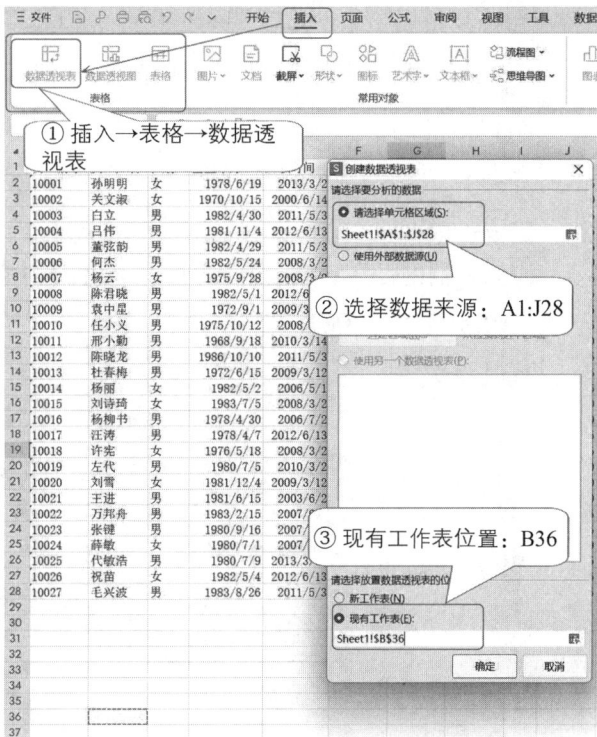

▲ 图 17-12(a)　新建数据透视表

字格式"按钮,弹出"单元格格式"设置对话框,在"分类"列表中单击"数值",设置"小数点位数"为"2",最后单击各对话框的"确定"按钮,如图 17-12(b)所示。根据上述操作,依次完成"奖金""实发工资"的平均值设置。

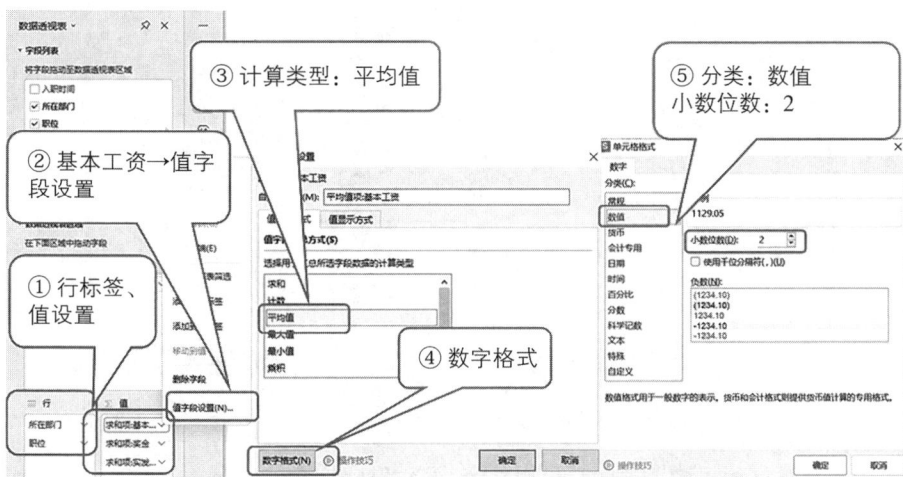

▲ 图 17-12(b)　值字段设置

⑥ 将光标停在数据透视表内,选择"设计"选项卡中的"布局"组,单击"总计"下拉列表中

的"对行和列禁用",如图 17 - 12(c)所示。

⑦ 插入切片器:选择"分析"选项卡的"筛选"组,单击"插入切片器",弹出"插入切片器"对话框,单击"员工编号""员工姓名""性别""出生年月""入职时间""所在部门""职位""基本工资""奖金""实发工资"的复选框,单击"确定"按钮,操作过程如图 17 - 12(d)所示,结果如图 17 - 12(e)所示。

⑧ 切片器的使用:单击"所在部门"切片器中的"销售部",可查看"销售部"的"基本工资""奖金"及"实发工资"等数据信息,如图 17 - 12(f)所示。

⑨ 保存文件。

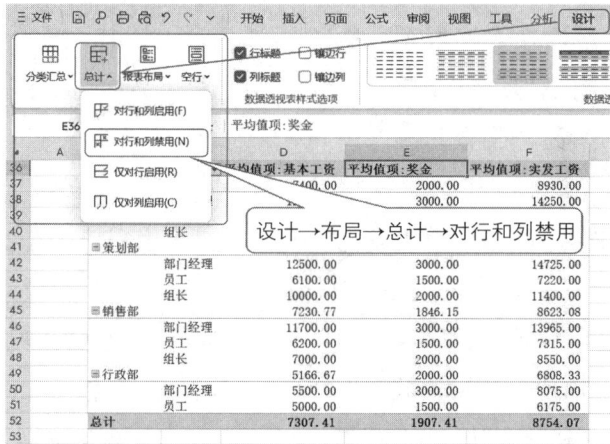

▲ 图 17 - 12(c) 对行和列禁用的操作

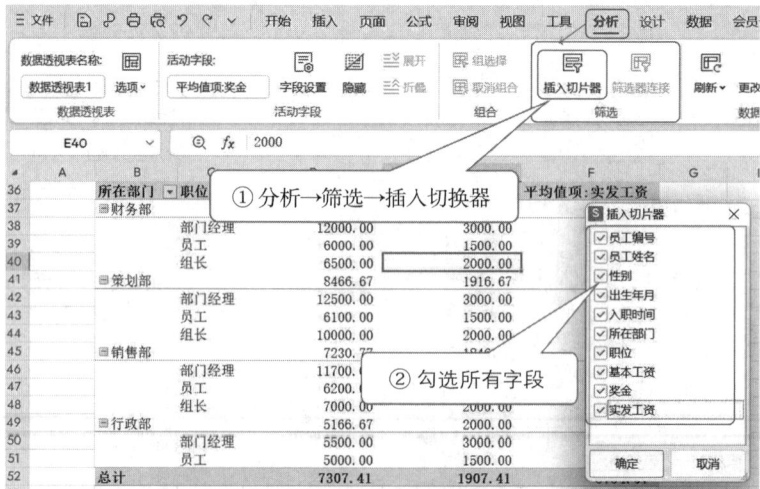

▲ 图 17 - 12(d) 插入切换器的操作

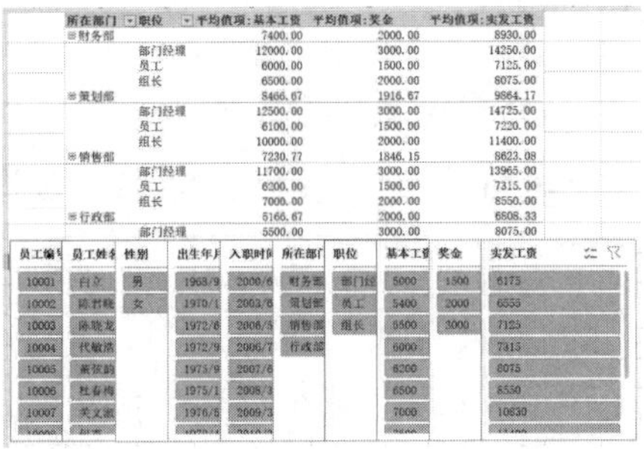

▲ 图 17－12（e） 插入切片器的结果

▲ 图 17－12（f） 切片器的使用

实践与探索

现在尝试帮小信完成图书销售数据的整理和分析。

一、制作图书销售表并美化表格

① 打开"SJTS17－1.xlsx"文件，将 Sheet1 重命名为"图书销售表"，插入新工作表，将图书销售表的 A1：G23 区域的数据复制到新的工作表并修改新工作表的标签颜色为"浅绿"。

② 将"图书销售表"的标题在 A1：H1 合并居中，设置标题字体为"华文隶书"，大小 28；将所有的列标题设置为粗体并水平居中对齐；将表格中数字类型数据设置为右对齐，其他类型均设置为水平居中对齐；将"入库日期"列的日期数据格式设置为年月；将所有金额数据格式设置为货币格式，添加货币符号，保留小数点后 1 位并设置千分位。

③ 设置表格的外框线为颜色"矢车菊蓝，着色 1，深色 25%"的粗线；内框线为同样颜色的虚线；将"图书销售表"、K1：N1 的标题的背景颜色设置为"橙色，着色 4，浅色 80%"；将"书名""类别"两列数据以及"涨价额度"标题的背景颜色设置为"钢蓝，着色 5，浅色 80%"；效果如图 17－1(a)所示。

二、计算销售数据

① 使用公式函数计算销售额、售价评价(超过 100 元不包括 100 元为高价，低于 50 元包括 50 元为"低价"，其余为"平价")、销售总额、平均售价、最高价以及货品数量。

② 利用单元格的引用计算调价后的图书售价，注意涨价额度使用绝对引用。

③ 使用条件格式设置销售额列高于平均销售额的数据的格式"浅红填充深红色文本"，最终效果如图 17－1(b)所示。

三、分析销售数据

① 对图书销售数据进行排序,可设置多个排序关键字,并自定义排序序列。

② 对图书销售数据进行筛选,可针对不同的数据类型进行筛选,并实践针对各种数据类型的自定义筛选的方法。

③ 对图书销售数据进行分类汇总,统计各类别图书的总销售数量及平均售价。

提示:对 Sheet2 中的所有数据按"类别"为主要关键字(升序)、"销售额"为次要关键字(降序)进行排序。创建分类汇总,以"类别"为分类字段,汇总"销售额"的平均值,汇总结果显示在数据下方;汇总"销量"的总和,不要"替换当前分类汇总",效果如图 17-1(b)所示。

④ 对图书销售数据进行数据透视表操作,统计各类别图书的总销售数量及平均售价,可插入切片器,对数据进行筛选查看,可美化数据透视表。

提示:在 Sheet3 中,在 K2 起始位置处创建数据透视表,"类别"为行标签,统计"销量"的和以及"销售额"的平均值。插入"类别""销量""销售额"的切片器,效果如图 17-1(c)所示。

归纳与总结

完成本实验所有内容后,请将所学到的知识点和技能点填入表 17-1 和表 17-2,表格可以根据需要增加行;然后从已掌握和希望学习两个方面写出学习和完成本实验后的体会。

▼ 表 17-1　学到的知识点归纳表

序号	知识点名称	掌握情况	希望深入学习的相关内容
1			
2			
3			

▼ 表 17‑2   学到的技能点归纳表

序号	技能点名称	掌握情况	希望深入学习的相关内容
1			
2			
3			

完成本实验后的体会是：

_____

_____

_____。

实验 18
数据可视化(Excel)

实验目标

1. 知识目标

（1）理解数据可视化概念。

（2）熟悉不同图表类型的适用场景。

（3）熟悉数据可视化流程，了解动态数据可视化方案。

2. 技能目标

（1）熟练掌握可视化文件的创建、保存和使用。

（2）学会基本图表的编辑和美化。

（3）掌握柱形图、条形图、折线图、雷达图、饼图、树状图等常用类型图表的制作方法。

问题情境

　　大学生小李在暑期实习期间获得了一些各地企业的运营数据，需要进行可视化分析，包括利润率与专利申请数关联性、区域人力资源分布特征、不同行业营业额占比、新旧企业研发投入力度、区域产业集群特征等，结果如图 18-13—图 18-17 所示。

实验准备

　　数据可视化是信息时代的核心技能之一，通过将抽象数据转化为具象的图形、图表，有助于快速识别数据模式、发现潜在规律，并为学术研究、商业分析等场景提供决策支持。Excel 和 WPS 表格是当前广泛使用的数据处理工具，它们的图表功能以直观性、易用性及灵活性著称。

Excel 和 WPS 表格图表的核心功能包括：

① 数据转换与呈现。

- 将行列数据映射为视觉元素（柱体高度、折线斜率、饼图弧度等）。
- 支持动态数据更新（源数据变化图表自动随之刷新）。

② 多维分析辅助。

- 主次坐标轴叠加（可以在同一张图中绘制存在数量级差别的数据）。
- 可以添加数据标签与趋势线（R^2 值、移动平均线等）。

③ 交互式展示优化。

- 颜色/纹理可自定义，并通过主题色系保持视觉统一。
- 可以用函数产生筛选器动态控制显示维度。

▼ 表 18-1　常见图表类型和适用场景

图表类型	核心作用	典型应用案例
柱形图	对比离散类别数值差异	不同编程语言课程选修人数对比
折线图	反映连续时间趋势变化	近十年计算机专业毕业生数量走势
饼图	显示整体构成比例	校园机房设备类型占比分析
散点图	揭示变量间相关性	CPU 性能与功耗关系的实验数据验证
条形图	对比长文本标签数值	各院系科研经费分配排名
雷达图	多维度特征对比	学生综合能力评估（编程/数学/英语）
树状图	展示层级结构占比	计算机存储空间分配可视化

以下通过在 Excel 中对素材中的"SYZB. xlsx"文件制作图表，学习数据可视化技术。注意，WPS 免费版没有树形图和旭日图，操作基本类似，命令按钮偶有不同。

一、柱形图与条形图

1. 柱形图

打开素材文件，利用柱形图，比较不同城市的平均温度。

① 选择"城市"和"平均温度"列的数据，单击"插入/图表/柱形图"，选择第一个类型，在自动出现的"图表工具/快速布局"中选择一个如图 18-1(a)所示的包含标题和图例的布局类型。

② 修改图表标题为"城市温度"；删除横坐标标题；在纵坐标轴标题上右击（在 WPS 中需要另外添加），选择"设置坐标轴标题格式"，在如图 18-1(b)所示对话框中选择"对齐方式/

文字方向/竖排",将纵坐标标题修改为"摄氏度"。

③ 图表分为绘图区和图表区,如图 18 - 1(c)所示,在绘图区或图表区空白处右击,会弹出不同的快捷菜单,可以分别选择设置绘图区或图表区格式,图 18 - 1(c)选择设置图表区格式的填充色为默认的渐变色。

④ 将图表保存在 J1:P15 所在的单元格中,也可以在图表上右击,在快捷菜单中选择"移动图表",选择"放置图表位置"为"新工作表",则图表以一个新的 Sheet 形式单独保存。

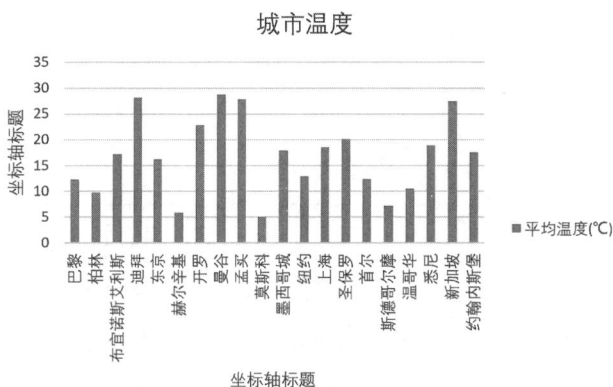

(a)

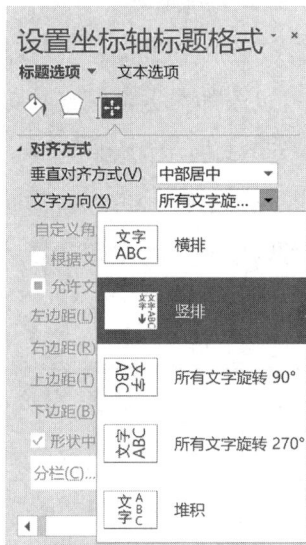

(b)

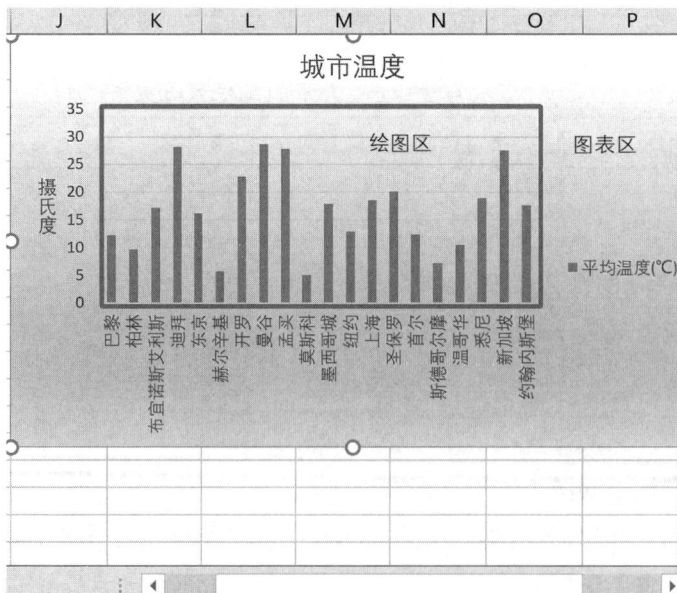

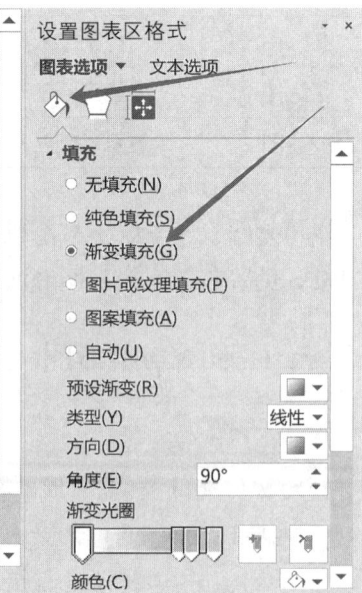

(c)

▲ 图 18 - 1　柱形图绘制

2. 条形图

制作城市人口数据图:

① 选择"城市"和"人口"列的对应数据,单击选择"插入/图表/柱形图"中的二维条形图,放入 J16:P30 所在区域。

② 在"图表工具/更改颜色"中选择如图 18-2 所示的"颜色 6",再选择"图表样式"中和样张一致的颜色样式。

③ 在任意数据系列上右击,在快捷菜单中选择"添加数据标签",结果如图 18-2(a)所示。如果仅需给一个数据,例如"上海"添加数据标签,可以再在"上海"的数据系列上单击,然后选择"添加数据标签",结果如图 18-2(b)所示。

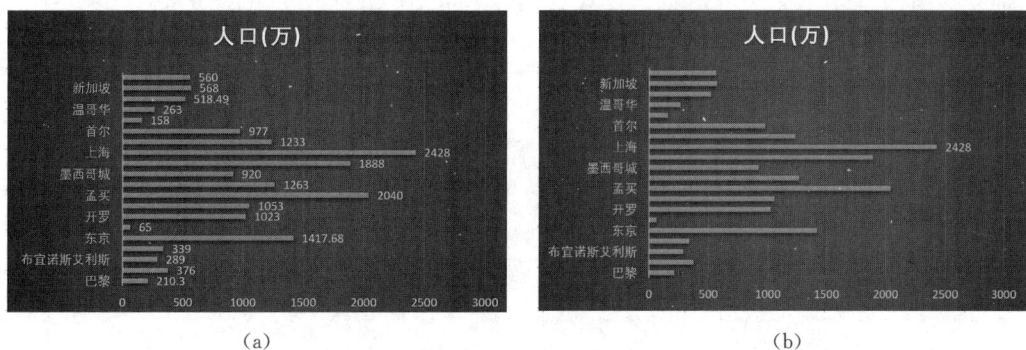

(a)   (b)

▲ 图 18-2 条形图

3. 柱形图和条形图对比

柱形图和条形图虽然都是以矩形长条为图形元素的图表,都适合进行离散数据的比较,但适用场景还是有所区别,根据前面的实验可以做如下总结:

(1) 柱形图(Column Chart)

典型场景:

● 不同地区销售额对比(华东/华北/华南)。

● 各学科平均成绩比较(数学 85 vs 英语 78)。

● 月度用户增长量统计。

避坑指南:类别超过 8 个时建议改用条形图;不使用 3D 效果扭曲数据感知。

(2) 条形图(Bar Chart)

典型场景:

● 各社团年度预算金额排行。

● 不同手机品牌市场份额对比。

● 十大热门专业报考人数。

设计技巧:数值排序能增强可读性;用渐变色表示可以附加维度。

二、折线图的制作

1. 制作不同城市平均温度和降水量折线图

① 选择"城市"和"平均温度""年降水量"列的对应数据,单击选择"插入/图表/带标记的堆积折线图",将图表放置在 Q1:X17 区域,如图 18-3(a)所示。

② 由于平均温度和年降水量的数量级差距较大,所以"平均温度"趴在了地板上。为了解决在同一个图中比较数量级差距大的数据系列问题,可以采用次坐标轴:在"年降水量"对应的数据系列上右击,选择"设置数据系列格式",如图 18-3(b)所示,选择将系列绘制在"次坐标轴"上,修改标题字体为"蓝色"后保存,改善后的结果如图 18-3(c)所示。

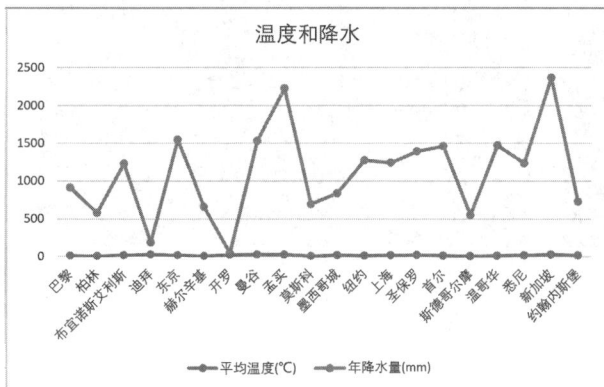

(a)

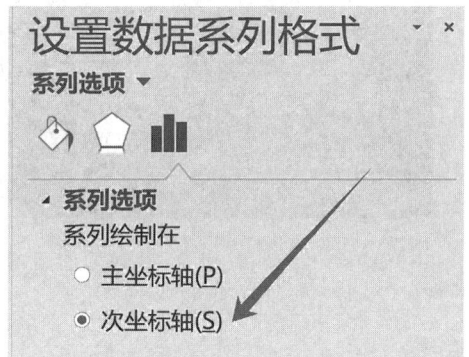

(b)

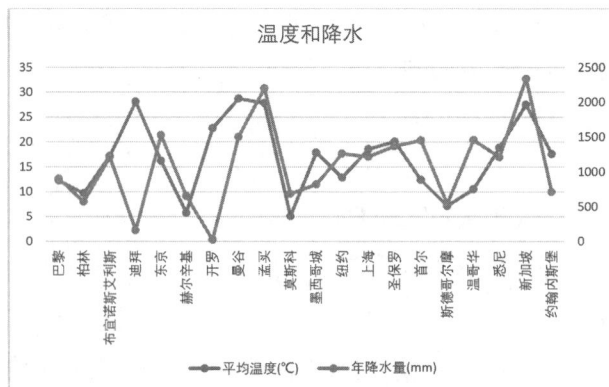

(c)

▲ 图 18-3 折线图设置

2. 制作柱形折线组合图

同样是比较不同城市的平均温度和年降水量,图 18-3 的结果是否就是最佳选择了呢?

其实，比较两种不同类型的数据，还可以选择不同图表类型。

① 选择"城市"和"平均温度""年降水量"列的对应数据，单击选择"插入/图表/推荐的图表"，打开如图 18-4 所示的"插入图表"对话框，选择"所有图表/组合"，将"平均温度"画在次坐标轴上。

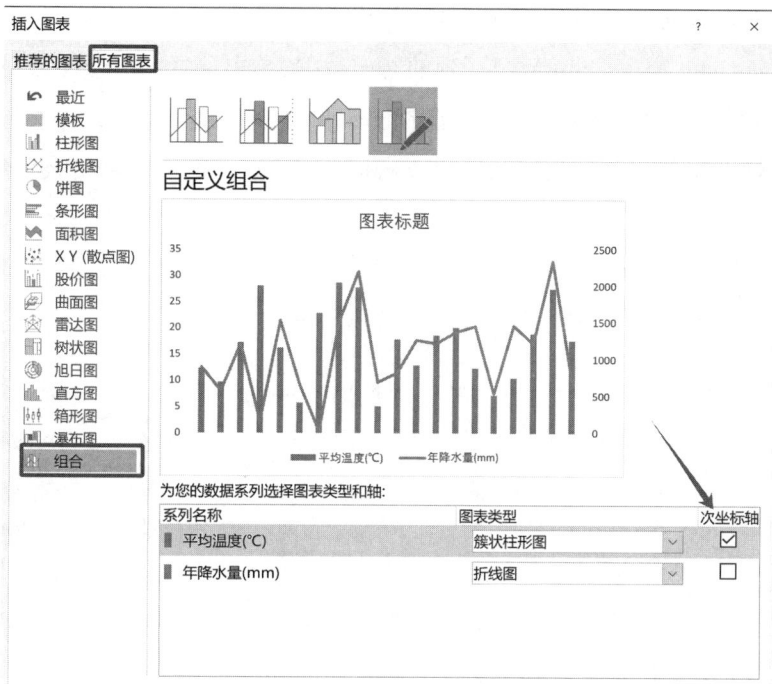

▲ 图 18-4　组合图表类型选择

② 在横坐标轴上右击，选择"设置坐标轴格式"，修改横坐标轴上的城市文字的对齐方式为"竖排"，添加次坐标轴标题，结果如图 18-5 所示，保存在 A23:G41。

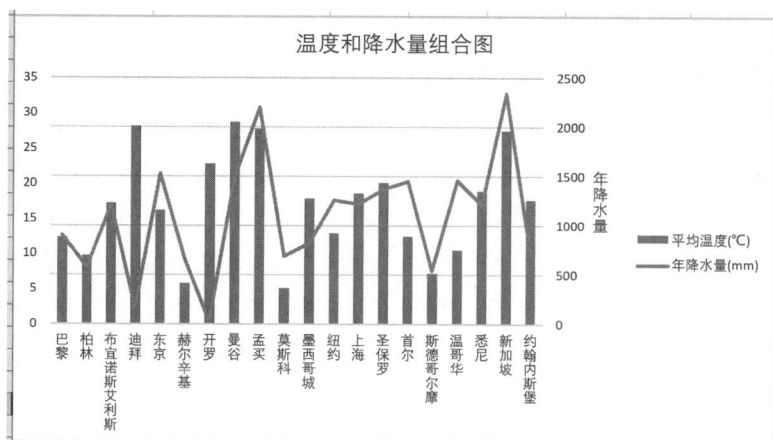

▲ 图 18-5　折线柱形组合图

提示:本例并没有将折线图运用到它最适合的场景——表现数据随时间的变化,同学们可以自行让 DeepSeek 等大模型给出一些适合分析数据随时间变化的案例。

3. 相关性分析*

根据现有素材分析城市的降水量和湿度之间有没有相关性。

① 为了有更直观的效果,首先对数据按"年降水量"排序。

② 选择"城市"和"湿度""年降水量"列的对应数据,单击选择"插入/图表/推荐的图表",选择柱形图和折线图组合的图标类型,如图 18-6 所示,将湿度绘制在次坐标轴上。

③ 为了更好地观察和分析数据,右击次坐标轴,选择"设置坐标轴格式",如图 18-6 所示,将坐标轴边界的最小值修改为 40。

根据显示结果可以看出,部分城市,如孟买和新加坡的年降水量和湿度呈现一定的正相关,但北欧城市,如赫尔辛基、柏林等年降水量和湿度并没有正相关。

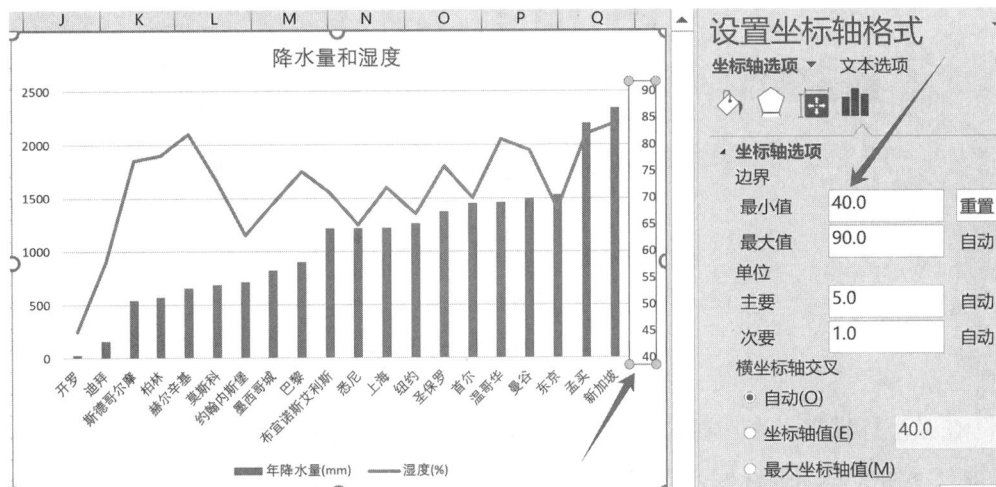

▲ 图 18-6 相关性分析

可以看出,这时单纯从图表直观定性分析已经不准确了,可以借助大模型查询统计学方法计算;考虑采用皮尔逊相关系数和斯皮尔曼等级相关系数进行定量分析:

④ 皮尔逊相关系数(Pearson's r)分析。

公式:

$$r = \frac{\sum(x_i - \overline{x})(y_i - \overline{y})}{\sqrt{\sum(x_i - \overline{x})^2} \cdot \sqrt{(\sum y_i - \overline{y})^2}} \tag{公式 18.1}$$

步骤:

计算年降水量和湿度的均值 $\overline{x}$ 和 $\overline{y}$;

计算每个数据点的 $(x_i - \overline{x})(y_i - \overline{y})$ 及各自的平方项;

代入公式计算 r。

计算结果:

通过计算得出 $r \approx 0.6$,表明两者存在中等程度的正相关。

⑤ 斯皮尔曼等级相关系数(Spearman's ρ)分析

公式:

$$\rho = 1 - \frac{6\sum d_i^2}{n(n^2-1)} \tag{公式 18.2}$$

步骤:

将降水量和湿度分别按大小排序并赋予秩次(相同值取平均秩次);

计算每对数据的秩次差 d_i 及 d_i^2;

代入公式计算 ρ。

计算结果:

通过计算得出 $\rho \approx 0.4$,进一步支持正相关关系。

综上所述,结合可视化分析和统计学分析,可以得出结论:年降水量与湿度之间存在中等程度的正相关性,降水量较高的城市,湿度倾向于更高,但相关性并非极强,可能受其他因素(如地理位置、季风等)影响。

三、雷达图

雷达图适用于多变量对比,但需注意变量数量,4—6 个比较理想,过多或者过少都不合适;数据归一化是确保可比性的关键步骤;颜色和标签设计直接影响图表可读性。本例将对几个城市人口、平均温度、年降水量、平均风速和湿度情况进行可视化。

1. 数据归一化

未归一化的数据因量纲差异(如人口数万 vs 温度℃),会导致雷达图比例失衡,难以直观对比。这里,采用最小-最大值归一化(Min-Max Scaling),将所有数值缩放到[0,1]区间,公式为:

$$归一化值 = \frac{原值 - 列最小值}{列最大值 - 列最小值} \tag{公式 18.3}$$

① 新建一个 Sheet,命名为"雷达图",复制 SJZB 表中的数据到"雷达图"Sheet 中,在"人口""平均温度""年降水量""平均风速""湿度"列右侧插入对应的归一化数据列,名称为原名。

② 在用于归一化制图的对应数据列插入归一化公式,以"人口"为例,公式为:＝(C2－MIN($C$2:$C$21))/(MAX($C$2:$C$21)－MIN($C$2:$C$21)),对其他数据列照此处理。

2. 绘制雷达图

① 将数据按"所属大洲""人口"排序。

② 从每个大洲选择一个人口最多城市的归一化后的人口、AQI、平均温度、年降水量、平均风速、湿度等数据(这里可以使用大模型筛选,或者使用表格的"高级筛选"功能实现)。

③ 单击选择"插入/图表/雷达图",如图 18-7 所示,删除图中自动出现的人口数值坐标轴。

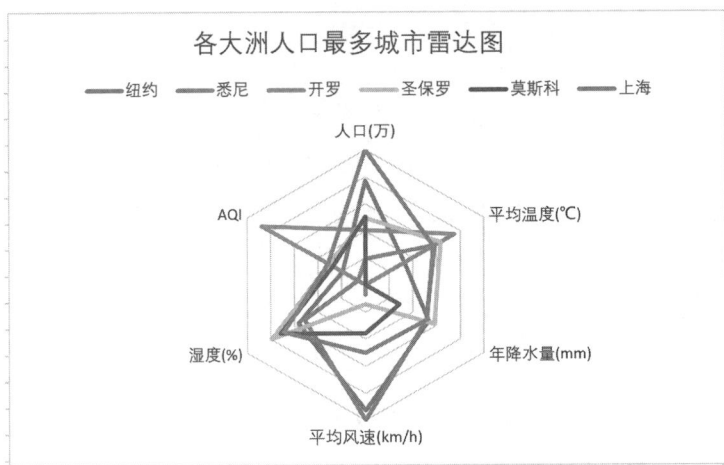

▲ 图 18-7　雷达图

从雷达图中,可以清晰地看出各大洲人口最多城市的多维数据比较,为旅游规划或环境保护提供数据分析支撑。

3. 进一步分析

同学们可以根据自己的兴趣,进行延伸分析,例如根据"悉尼"雷达图的形状,回答以下问题:

① 悉尼在哪些气候指标上表现突出?哪些指标可能影响其 AQI?

② 对比悉尼与上海的雷达图,说明两城市气候的差异。

③ 尝试为不同大洲的城市绘制各大洲城市雷达图,总结大洲间的气候模式差异,如温度、降水量的分布等。

四、饼图和旭日图

1. 绘制饼图

饼图也是基础的可视化图表类型,其核心功能为展示单一维度数据中各部分占总体的比例关系。其特点包括:

● 结构简单直观,通过扇区面积占比反映数据分布。

● 适用于多个分类的数据展示,但类别数量最好不要多于 10,否则过多扇区会导致辨识困难。

● 强调"部分-整体"关系,常用于展示市场份额、预算分配等场景,例如可用饼图展示某班级学生成绩等级(优秀/良好/及格/不及格)的分布情况。

① 新建一个 Sheet,命名为"饼图和旭日图",复制 SYZB 表中的数据到该 Sheet 中;在 J1 单元格开始位置插入一个如表 18－2 所示的数据透视表。

▼ 表 18－2　数据透视表

行标签	求和项:人口(万)
北美洲	3071
大洋洲	518.49
非洲	1583
南美洲	1522
欧洲	2072.3
亚洲	8822.68
总计	17589.47

② 选择数据透视表中的数据,单击选择"插入/图表/饼图/三维饼图",将人口总数最少的大洋洲扇区如图 18－8 所示抽出一些,右击大洋洲数据点,选择"添加数据标签";右击任意饼图扇区,选择"设置数据标签格式",如图 18－8 所示,勾选"类别名称"和"显示引导线",更

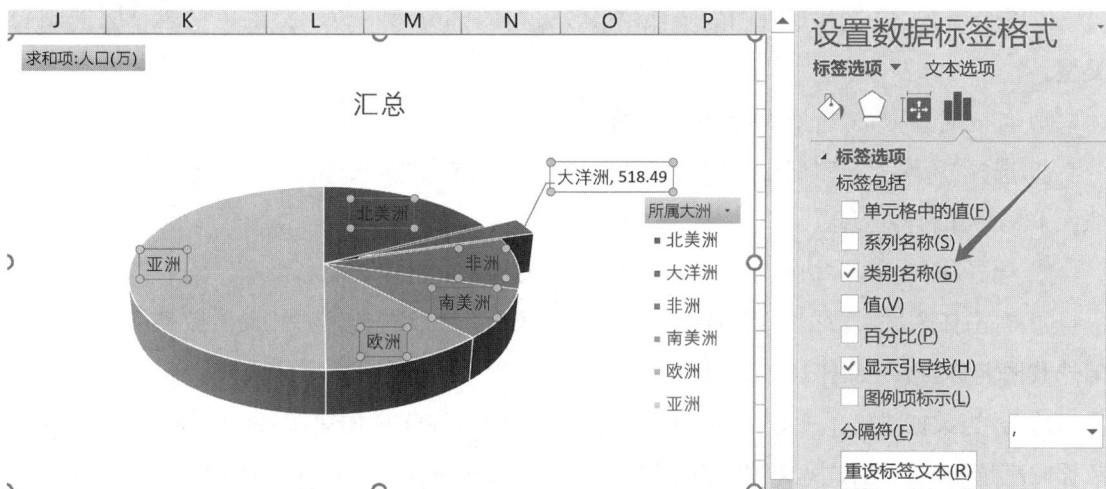

▲ 图 18－8　设置饼图的数据标签

改图表样式颜色为"单色/颜色 6"。

③ 将图表拖曳至 J10:P24 所在的单元格区域,添加标题"用饼图显示各大洲人口",结果如图 18-9 所示;通过选择"所属大洲"的下拉列表,可以对饼图的扇区进行选择。

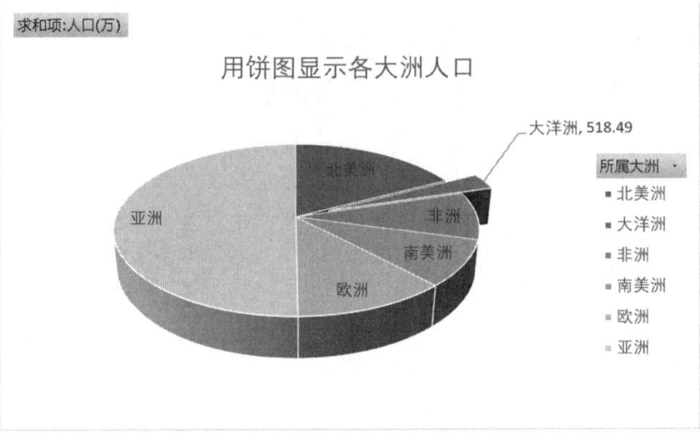

▲ 图 18-9　用饼图显示各大洲人口

2. 绘制旭日图

旭日图(又称太阳辐射图)是饼图的进阶形式,其特点包括:

● 采用多层环形结构,可同时展示多层级数据关系。

● 外层扇区对应内层父节点的细分数据,形成层次化表达。

● 适合展示具有树状结构的数据,如公司组织架构下的部门开支分布,例如:可用旭日图分析电商销售数据,第一层按商品大类划分,第二层展示各子类目占比,第三层显示具体品牌的销售贡献。

以下为用 Excel 制作旭日图的步骤,WPS 表格的部分版本暂不提供免费旭日图的图表类型。

① 首先对数据按"所属大洲"进行升序排列。

② 选择"所属大洲""城市"和"人口"列数据,单击选择"插入/所有图表/旭日图",将图表插入 J25:P40 表格区域。

③ 选择"图表工具/快速布局 6",如图 18-10 所示,显示图例。

④ 右击任意城市数据系列,选择"添加数据标签",继续右击,选择"设置数据系列格式",勾选数据名称,结果如图 18-10 所示。

总结:当数据维度单一且需要快速呈现整体比例时优先选用饼图,涉及多级分类的复合数据时应选用旭日图;注意避免在数据差异过小时使用饼图(如 50.1% 与 49.9% 的对比);旭日图的层级深度建议控制在 3 层以内以保证可读性。

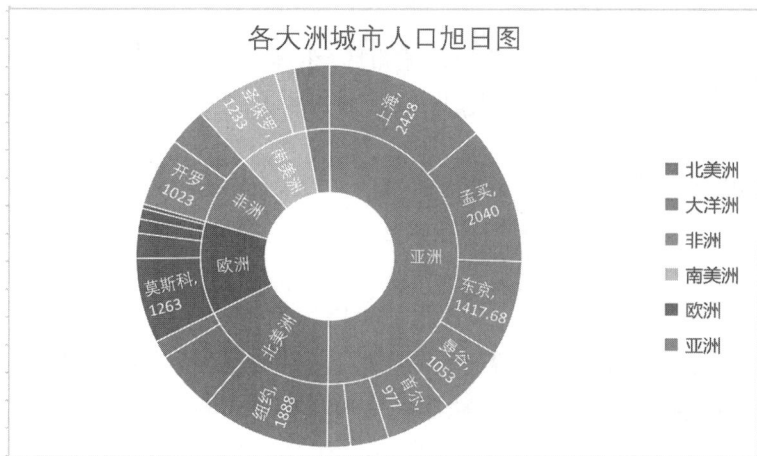

▲ 图 18‑10 各大洲城市人口旭日图

五、树状图的制作

树状图(Treemap)通过嵌套矩形实现可视化,矩形面积与数值大小正相关,颜色编码可表示附加维度。核心功能是同时展现层级结构与数量关系,适合展示空间利用率与比例分布;典型应用为分析存储设备的文件类型分布(一级分类:文档/媒体/程序,二级分类:具体文件格式),展示电商平台商品类目销售额占比等;优势是可以高效利用空间,当数据量大时尤为明显,局限是深层嵌套时辨识度下降,最好不超过 3 层。

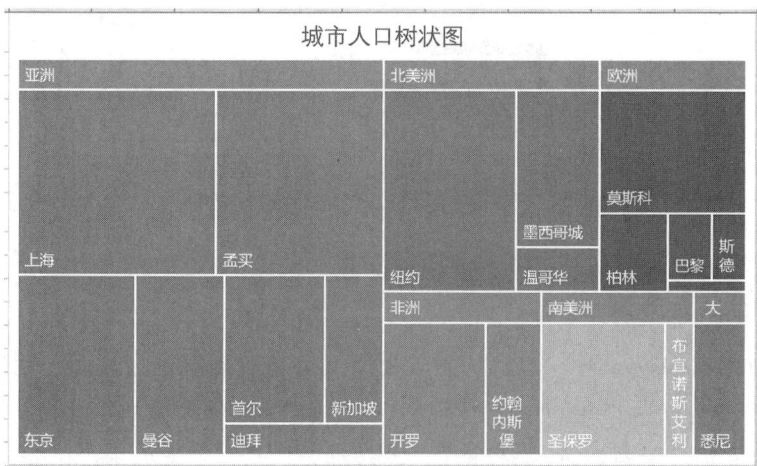

▲ 图 18‑11 客户销售额情况的树状图

① 新建一个 Sheet,命名为"树状图",复制 SYZB 表中的数据到该 Sheet 中,按"所属大洲"字段升序排序。

② 选择"所属大洲""城市"和"人口"数据,单击选择"插入/图表/推荐的图表/所有图表/

树状图"。

③ 选择"图表工具/设计/图表布局/快速布局/布局 2",将生成的图表拖曳至 J1:R18 单元格区域,结果如图 18-11 所示,当鼠标指向某个数据点时显示数据点的数值。

六、添加动态筛选

1. 利用切片器

① 继续在"树状图"Sheet 中操作。单击表格内任意单元格,单击"插入/数据透视表",选择放置位置为 A23,点击"确定";设置透视表字段:行区域为"所属大洲"和"城市"(确保顺序为大洲在上,城市在下);值区域为"人口",确保汇总方式为"求和"。

② 选择数据透视表内任意单元格,单击"插入/图表/推荐的图表/所有图表/条形图",放在 D23:N44 所在的单元格区域。

③ 单击数据透视表任意单元格,单击"数据透视表工具/分析/筛选/插入切片器",勾选需要筛选的字段为"所属大洲";调整切片器位置如图 18-12 所示;通过点击切片器中的选项,如图 18-12 选择了"亚洲",即可动态筛选数据,图表同步更新。

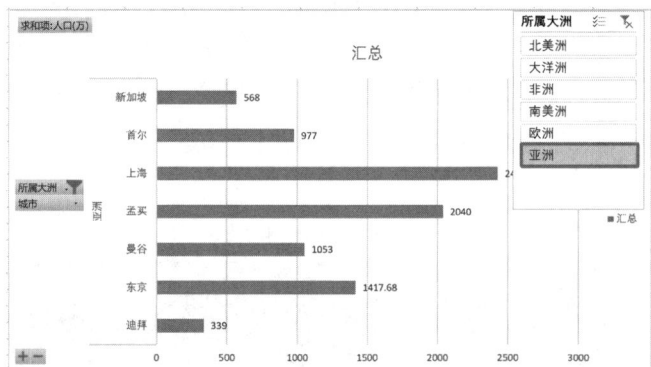

▲ 图 18-12 用切片器实现图表动态筛选

2. 其他动态筛选方案

在 Excel 或 WPS 中,只有少数几种图表类型支持在数据透视表基础上创建,而旭日图和树状图等都不支持数据透视表,如果要在这几种图表类型中实现动态筛选就得选择其他方案。通过 VBA 编程或表单控件(如复选框、下拉列表)结合动态公式可以实现动态筛选,本书限于篇幅就不赘述了。

实践与探索

对素材中的"SJTS.xlsx"文件进行数据分析和可视化。

一、数据预处理

① 在"SJTS"Sheet 表格的最左边插入一个名为"企业规模"的辅助列(公式：＝IF(D2＞3 000,"大型企业",IF(D2＞1 000,"中型企业","小型企业")))。

② 设置数据验证：行业类别下拉菜单(信息技术/机械制造/医药健康等)。

二、绘制组合柱形图

选择行业类别与利润率和专利申请数数据,绘制簇状柱形图＋折线图组合图,分析专利申请数与利润率关联性,结果如图 18‑13 所示。

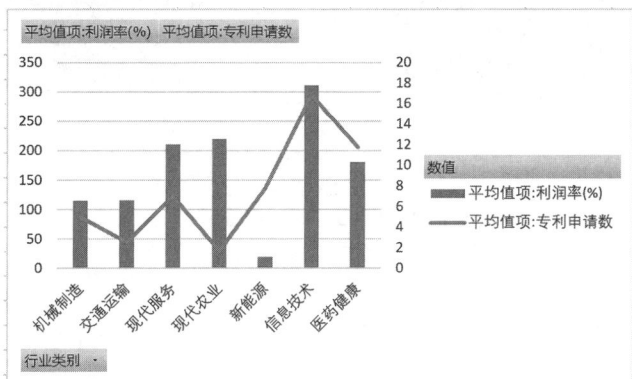

▲ 图 18‑13　组合柱形图

提示：可以先制作行业类别和利润率、专利申请数的数据透视表,再制图。

三、绘制堆积条形图

按地区统计不同行业类别员工人数分布,插入百分比堆积条形图,分析区域人力资源分布特征,结果如图 18‑14 所示。

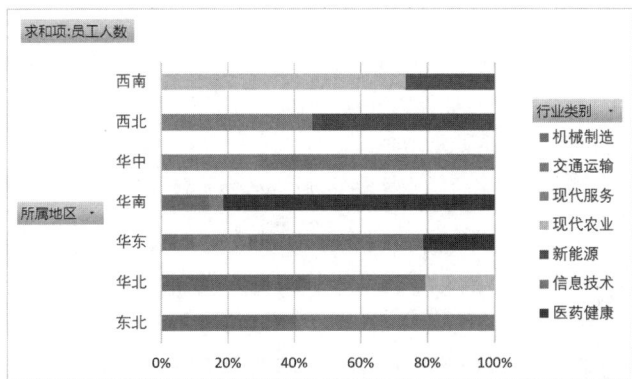

▲ 图 18‑14　堆叠条形图

提示:需要先制作一个"值显示方式"为"列汇总的百分比"的数据透视表作为数据源。

四、绘制饼图

分析不同行业营业额占比,结果如图 18 - 15 所示。

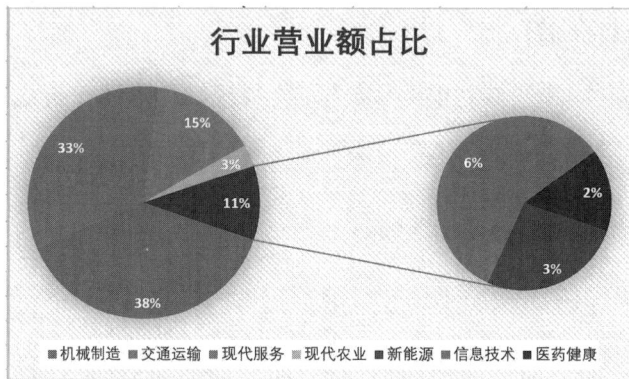

▲ 图 18 - 15　饼图

五、绘制散点图

通过分析企业成立年份和研发投入占比,分析新旧企业对研发的投入力度,结果如图 18 - 16 所示。

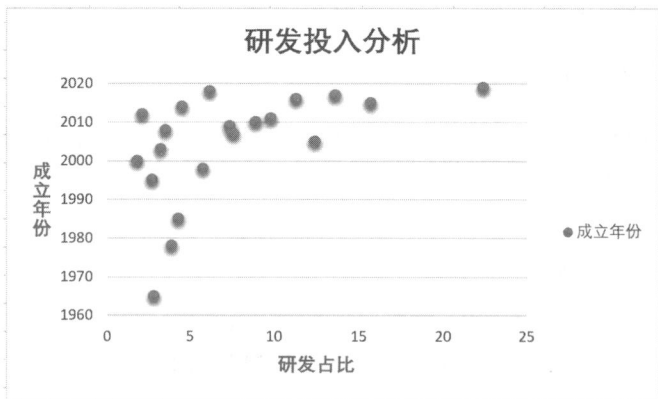

▲ 图 18 - 16　散点图

六、绘制旭日图

首先企业规模>行业>企业层级,然后插入旭日图展现结构占比,分析区域产业集群特征,适当选择配色,结果如图 18 - 17 所示。

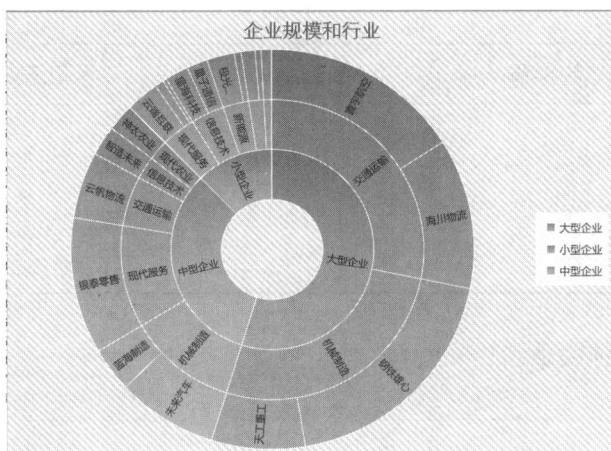

▲ 图 18-17 旭日图

归纳与总结

完成本实验所有内容后，请将所学到的知识点和技能点填入表18-3和表18-4，表格可以根据需要增加行；然后从已掌握和希望学习两个方面写出学习和完成本实验后的体会。

▼ 表 18-3 学到的知识点归纳表

序号	知识点名称	掌握情况	希望深入学习的相关内容
1			
2			

▼ 表 18-4 学到的技能点归纳表

序号	技能点名称	掌握情况	希望深入学习的相关内容
1			

续表

序号	技能点名称	掌握情况	希望深入学习的相关内容
2			

完成本实验后的体会是：

_____

_____ 。

实验 19
数据可视化(Tableau)

实验目标

1. 知识目标

(1) 掌握使用 Tableau 工具进行数据可视化的流程。

(2) 理解字符、数值、日期三类数据类型。

(3) 理解快速表计算。

(4) 理解 twb 格式和 twbx 格式的区别。

2. 技能目标

(1) 学会如何导入数据和如何使用智能推荐。

(2) 学会折线图、柱形图、条形图、圆环图、树状图、面积图等基本图形的制作。

(3) 学会数据筛选的基本设置。

(4) 熟练掌握可视化文件的保存、导出。

问题情境

　　未央同学在网上看到了 1949 年开国大典的视频,并了解了 1949 年之前中国的情况,国家的巨变引发了她对当前国民经济发展情况的好奇。她从国家统计局网站找到了近 10 年(2014—2023)我国部分省份的国民生产相关数据,结合最近学习的信息技术,想通过 Tableau 数据可视化,让数据更直观地展现出来。

　　图 19-1 为部分省份生产数据比较情况,它由三张工作表组成,分别是:不同省份的人均生产总值比较柱形图,通过颜色差别反映出第三产业增长情况;部分地

区生产总值树状图;分省各类数据比较面积图,可以通过右边的筛选按钮,选择自己感兴趣的省份,以及感兴趣的数据内容进行查看。

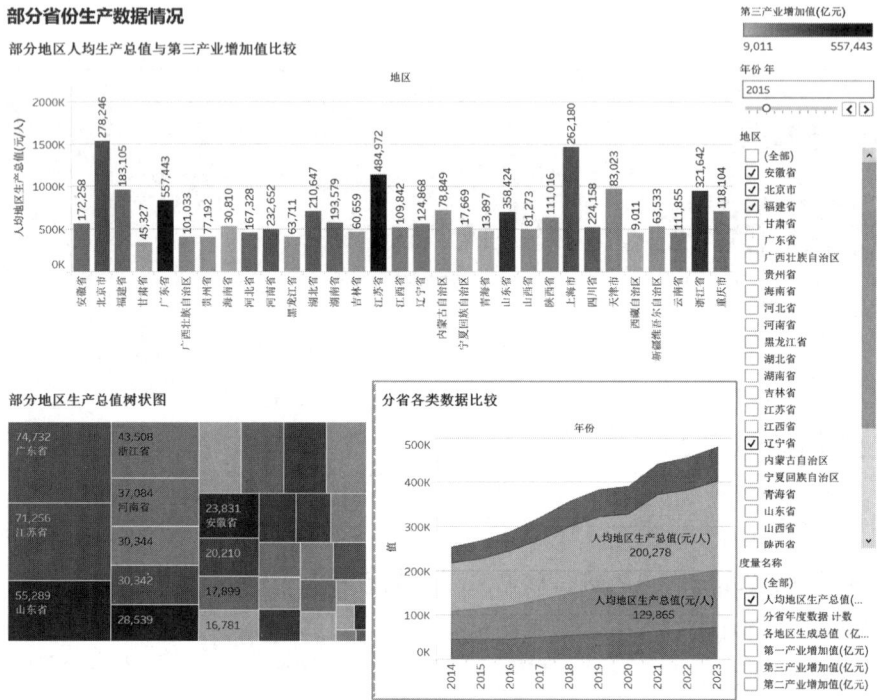

▲ 图 19‑1 部分省份生产数据情况比较

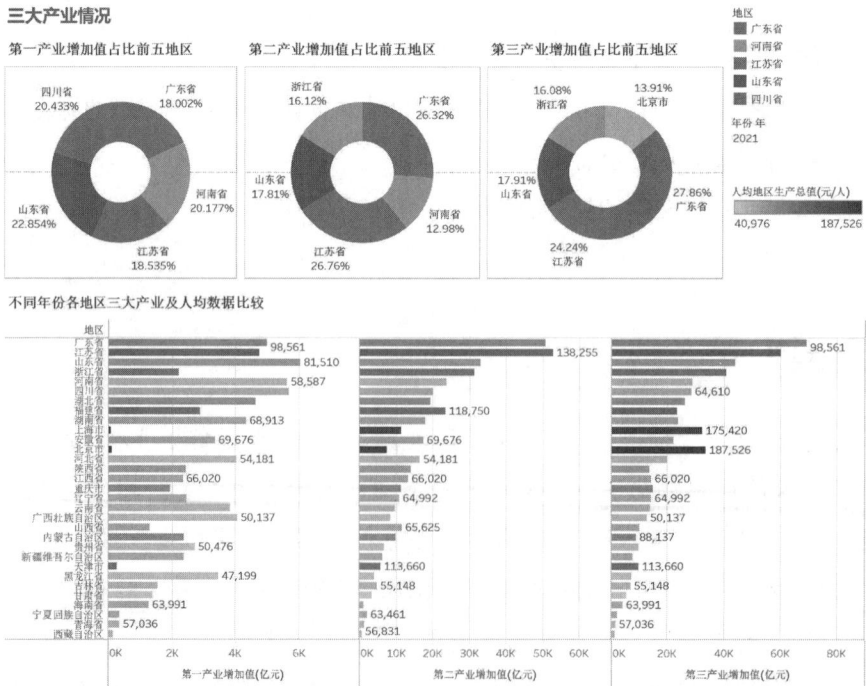

▲ 图 19‑2 三大产业情况比较

图 19-2 为三大产业数据情况比较，它是由四张工作表组成，分别是：第一、二、三大产业增长值排名前五的省份的增长值在这五个省份中的占比饼图；部分地区三大产业的增加值、人均生产总值的比较条形图。

实验准备

可以根据图表特征，将图表分为有 x、y 等坐标轴的有轴图和没有坐标轴的无轴图。最常见的有轴图有柱形图、条形图、折线图、面积图等，无轴图包括饼图、圆环图、树状图等。

一、柱形图与条形图的制作

针对素材中的"SY19SC1 示例-超市. xls"数据源文件，比较不同子类别产品的销售额，并从高到低排序，将所建立的图表工作表名和标题都设置为"子类别销售额比较"，调整标题文字为"华文新魏"、大小 18、居中，将文件保存为"SYZB19-1. twbx"，并导出或截图保存相关图片。

1. 连接数据源

启动 Tableau 后，连接到"SY19SC1 示例-超市. xls"数据源文件，并将"订单"表拖曳到右上方，如图 19-3 所示。

▲ 图 19-3　连接到超市数据源的订单表

Tableau 从 2025 年起将学生版转为通过 Tableau Desktop Public Edition 提供免费软件，界面和收费版稍有差异，但不影响学习。

2. 建立坐标内容

单击选择"工作表 1",双击左边的"销售额",再双击左边栏的"子类别",便完成了不同子类别销售额的比较柱形图。这时,横轴为子类别分类定性轴,纵轴为各子类别所有销售额总和数据的定量轴,单击"降序"按钮设置从高到低排序,如图 19-4 所示。

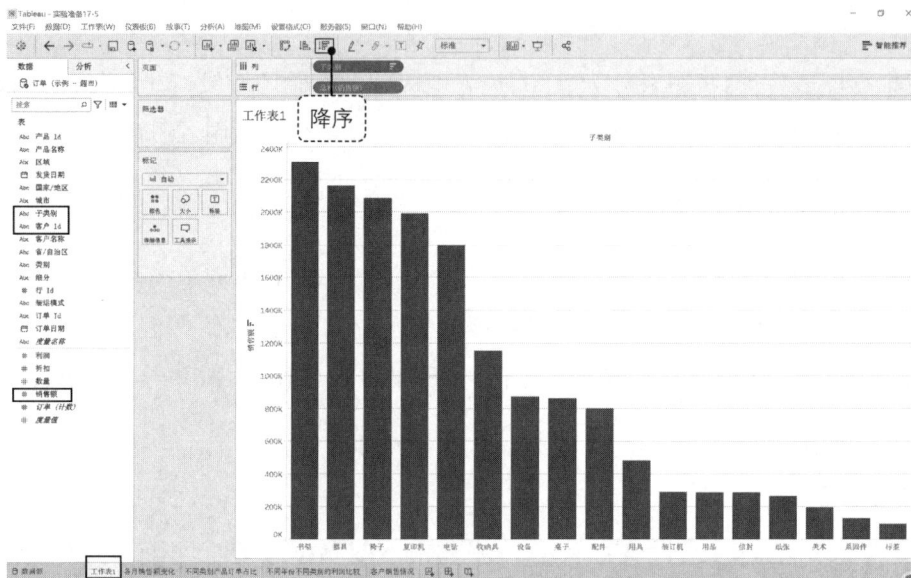

▲ 图 19-4　不同子类别销售额比较柱形图

3. 设置工作表标题

双击"工作表 1"标签名,输入"子类别销售额比较"。这时,工作表标签和标题同时被修改。双击标题文字,打开如图 19-5 所示的对话框,设置字体、大小、居中。最后执行"工作表/导出/图像"命令将图片保存为"SYZB19-1.jpg"(Public 版不能直接"导出"图像,可用其他方式截图保存),将文档保存为"SYZB19-1.twbx"。

▲ 图 19-5　标题格式设置对话框

如果将行中的"总和(销售额)"胶囊拖曳到列,将列中的"子类别"胶囊拖曳到行,即可将图表转变成条形图。

条形图也可以直接将子类别、销售额从左边栏拖曳到行、列中产生,或者先同时选中左边的子类别和销售额(按住<Ctrl>键可以同时选定多个维度或度量),再单击智能推荐中的水平条图标后产生,如图 19-6 所示。

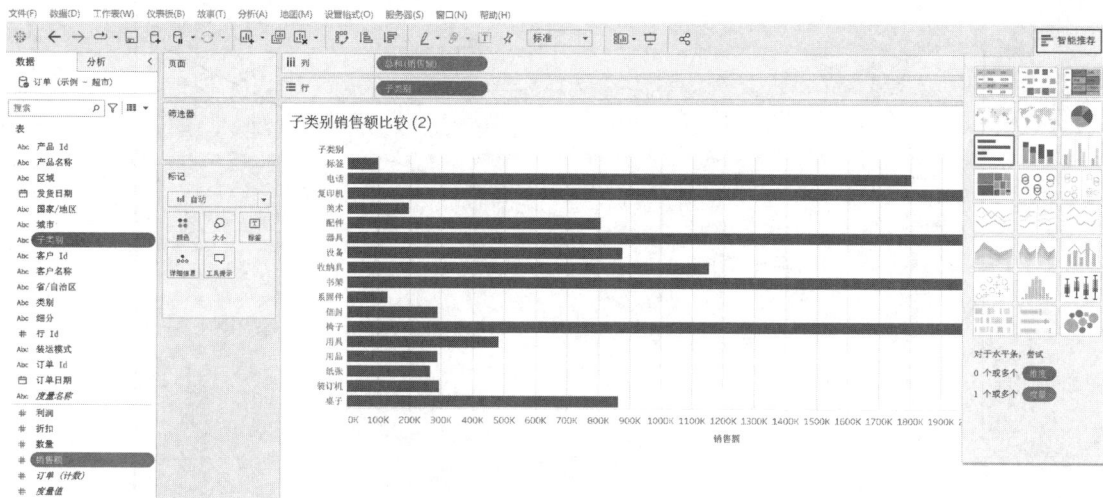

▲ 图 19-6　利用智能推荐制作条形图

二、折线图的制作

针对"SYZB19-1.twbx",分析销售额随订单时间变化的情况。增加新工作表,完成折线图的制作,最后将工作表导出为"SYZB19-2.jpg",将文档保存为"SYZB19-2.twbx"。

1. 制作各年份所有销售额变化折线图

单击选择新的工作表,双击左边的"销售额",再双击左边的"订单日期",便自动出现了不同年份销售额变化的折线图,选择显示方式为"整个视图"后,如图 19-7 所示。这时,横轴为年份连续轴,纵轴为各年份所有销售额总和数据的定量轴。

2. 调整折线图的展示时间单位

单击列中"年(订单日期)"胶囊前面的十号,展开胶囊为季度、月、天,观察折线图的变化,单击减号,可以折叠胶囊,拖曳可以删除中间不需要的胶囊,最后显示如图 19-8 所示按年、月显示销售额变化。单击列中年或月胶囊右侧的小箭头,可以打开对应的菜单,观察当前所选择的菜单位置表示的是年或月的维度,如图 19-9 所示,年、月等还可以以度量的形式存在。最后执行"工作表/导出/图像"命令(或截图)将图片保存为"SYZB19-2.jpg",将文档保存为"SYZB19-2.twbx"。

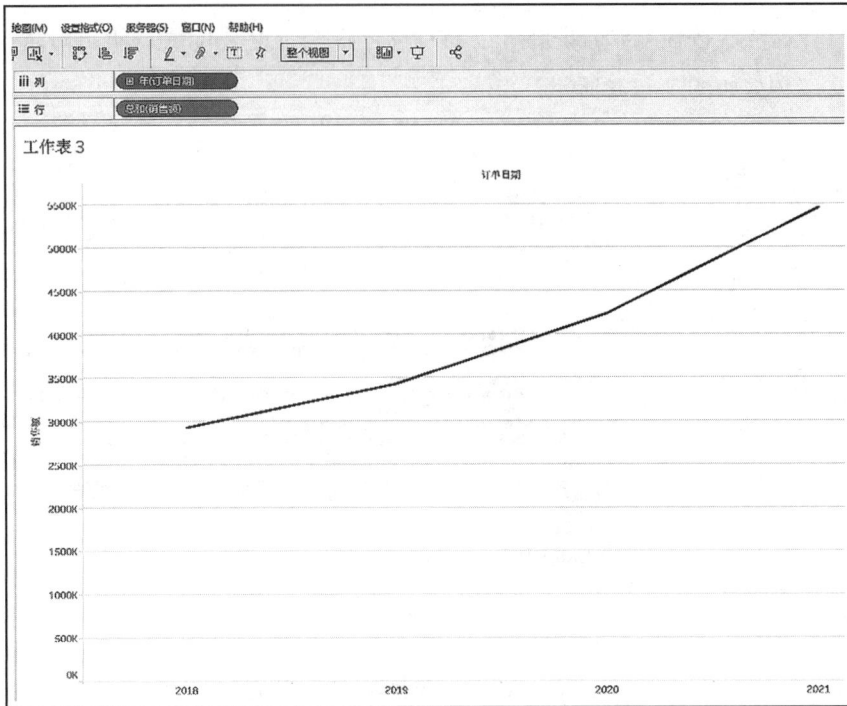

▲ 图 19-7　销售额随年份连续变化折线图

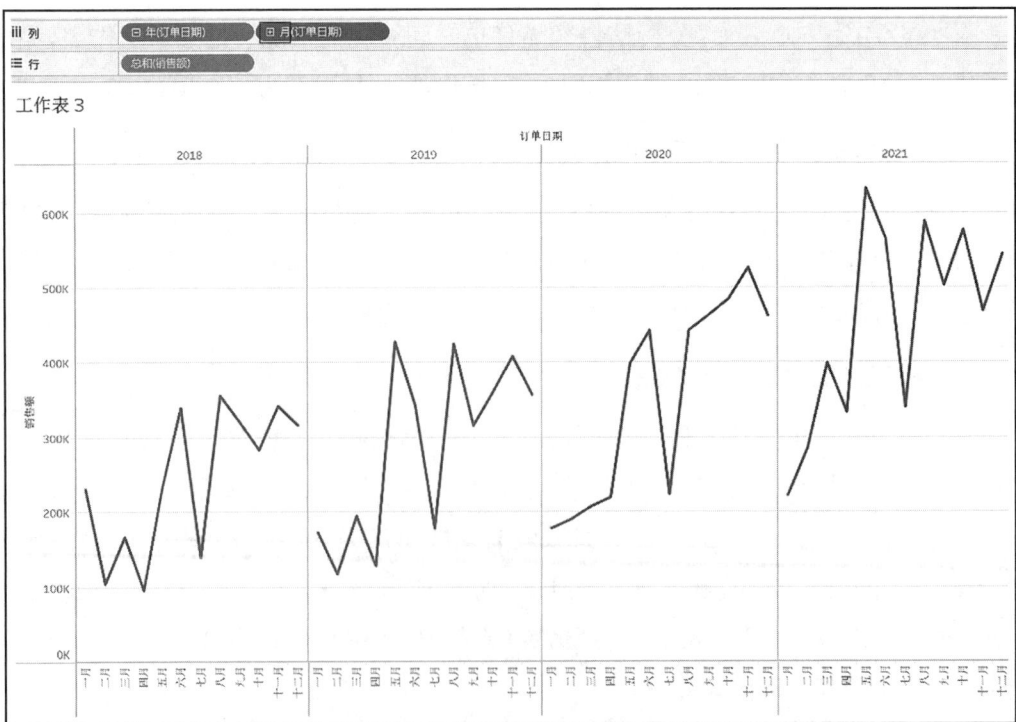

▲ 图 19-8　不同年月销售额比较折线图

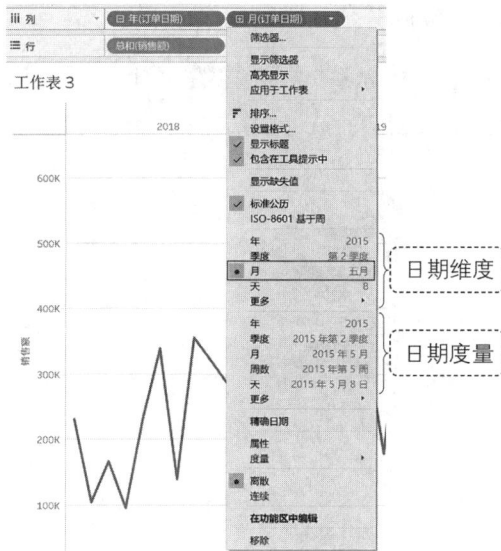

▲ 图 19‑9 不连续的时间菜单项

三、圆环图的制作

圆环图是在饼图的基础上完成的。针对 Tableau 自带的超市数据表中的订单表,分析不同产品类别的订单数量占比情况,以圆环图展示。打开"SYZB19‑2.twbx"后,增加新工作表,完成圆环图的制作,将图片保存为"SYZB19‑3.jpg",将文档保存为"SYZB19‑3.twbx"。

1. 制作不同类别产品订单数饼图

单击"新建工作表",选择标记卡中的"饼图",将类别拖曳到颜色,将数量拖曳到角度,并再将类别和数量都拖曳到标签上,并以整个视图方式显示,如图 19‑10 所示。

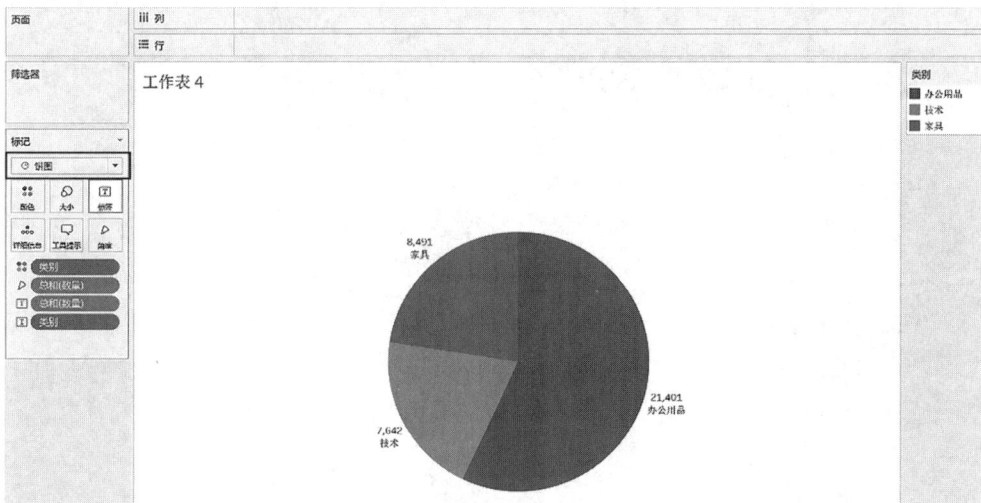

▲ 图 19‑10 不同类别产品订单数饼图

2. 调整饼图的显示内容为百分比

分别单击角度"总和（数量）"和标签"总和（数量）"上的下拉列表箭头，在出现的菜单中选择"快速表计算/合计百分比"，如图 19 - 11 所示，便可以将饼图设置为各类别数量的占比百分比，并显示出来。

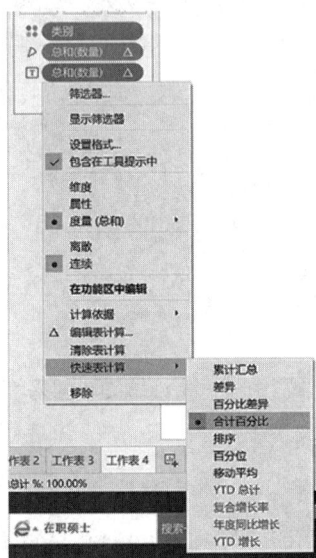

▲ 图 19 - 11 饼图中各部分占比的设置

在饼图的制作中，类别是定性的，拖曳到颜色进行分类，数量是定量的，拖曳到角度，即可形成无轴的饼图。

3. 建立两个相同的饼图

两次双击行位置，并输入 0，这时会看到如图 19 - 12 所示的两个相同的饼图。

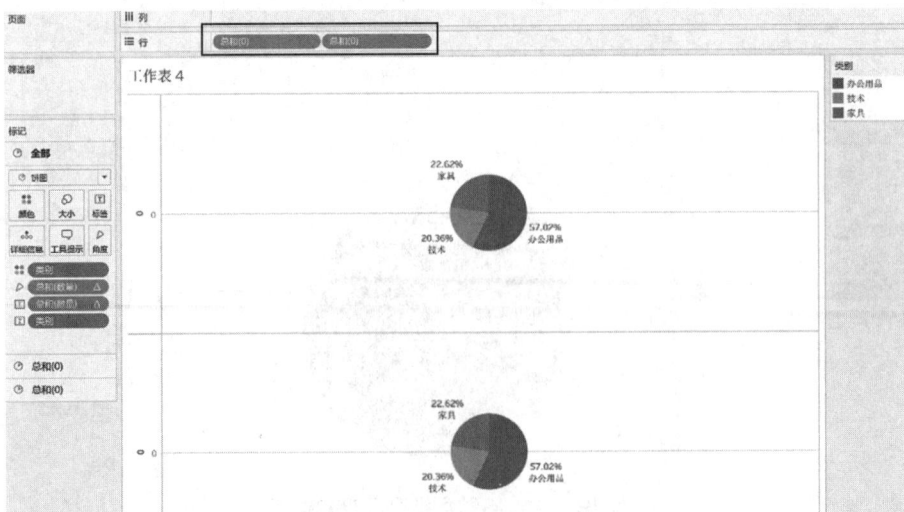

▲ 图 19 - 12 两个相同的饼图

4. 调整饼图大小

拖曳大小滑块,将上面的饼图调大,如图 19 - 13 所示。注意"标记"面板与上下两个饼图的对应关系。

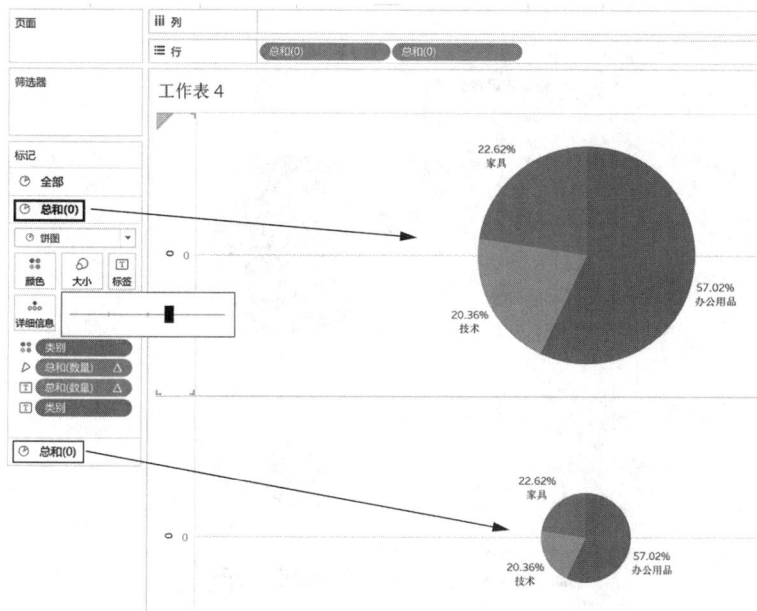

▲ 图 19 - 13　调大上面的饼图

5. 将下面的饼图设置为灰色

移除下面饼图对应的标签、颜色、角度设置,使其变成灰色圆,如图 19 - 14 所示。

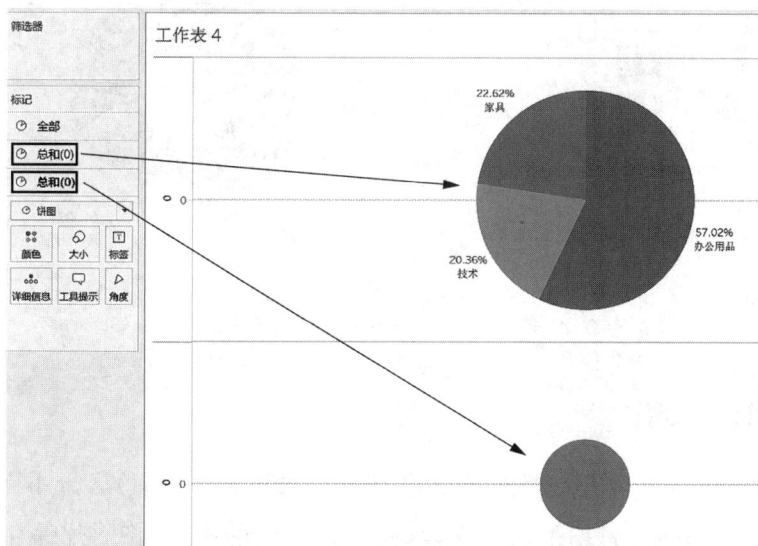

▲ 图 19 - 14　去除下面饼图的各种设置

6. 设置双轴建立圆环图

对下面饼图设置双轴(如图 19-15 所示),将下面饼图合并到上面饼图上,然后设置下面饼图的颜色为白色,如图 19-16 所示。将图片保存为"SYZB19-3.jpg",将文档保存为"SYZB19-3.twbx"。

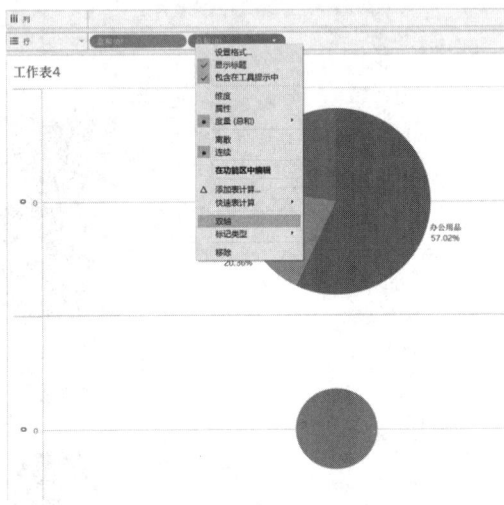

▲ 图 19-15　对下面饼图设置双轴

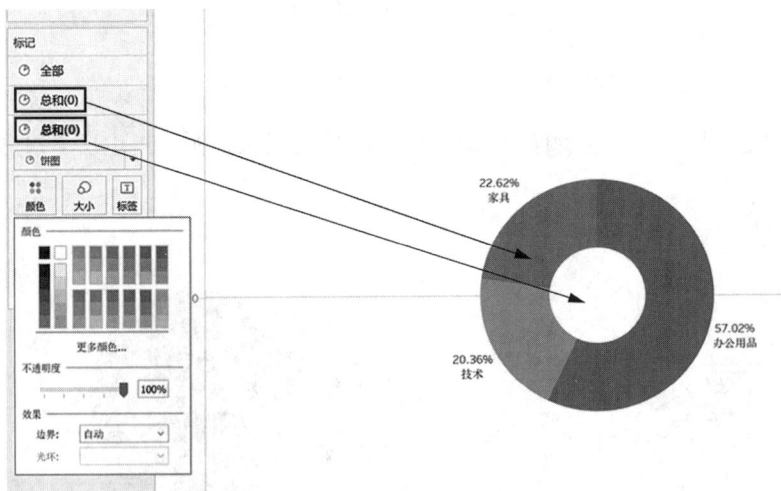

▲ 图 19-16　设置下面饼图为白色

四、面积图的制作

利用面积图分析不同年份订单的商品利润大小情况,并以颜色区分不同类别的商品。打开"SYZB19-3.twbx"后,增加新工作表,完成面积图的制作,将图片保存为"SYZB19-4.jpg",并将文档保存为"SYZB19-4.twbx"。

1. 利用智能推荐建立基本面积图

新建工作表,单击右上角的"智能推荐",打开"智能推荐"面板,如图 19‑17 所示。将鼠标指针移到面积图上,可以观察到其下方构建该类图形的维度和度量需要。然后根据需要,利用<Ctrl>键分别单击左边的"订单日期"和"利润",看到面积图变亮,单击连续面积图,即可看到如图 19‑18 所示的基本面积图已绘制。

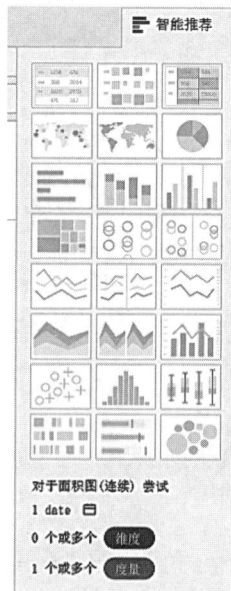

▲ 图 19‑17　智能推荐

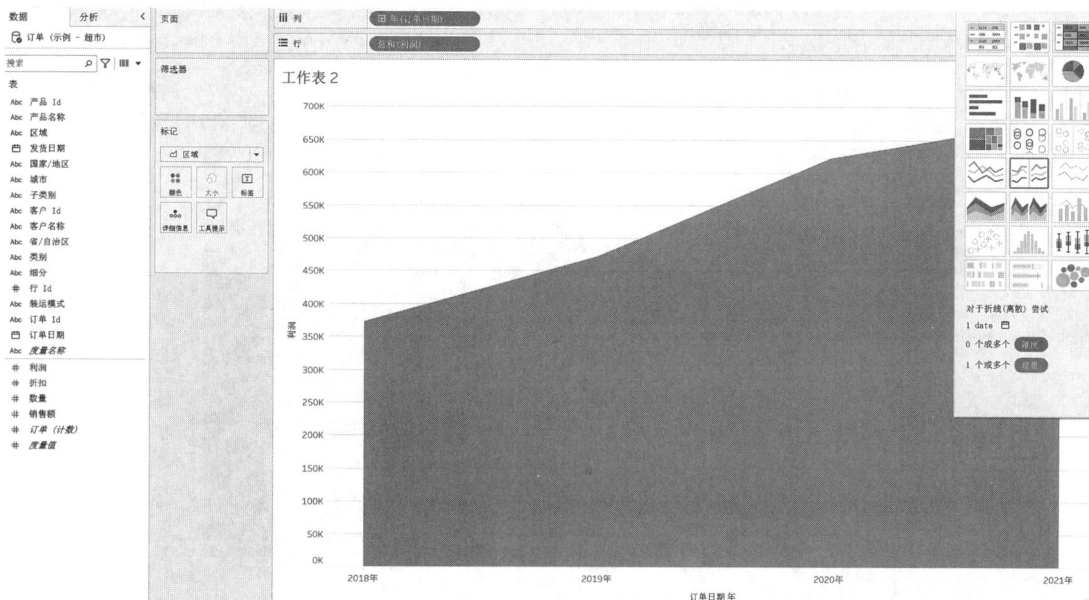

▲ 图 19‑18　基本的面积图

2. 调整面积图上的三类产品的颜色

将类别拖曳到标记卡中的颜色和标签上,并单击"智能推荐"按钮将其关闭,可以看到三个类别出现在图上,并通过不同颜色表示。将利润拖曳到标记卡的标签上,可以看到图上出现每种类别的利润数据。单击标记卡中的颜色,出现如图 19‑19 所示的对话框,单击"编辑颜色",打开如图 19‑20 所示的对话框。分别单击"办公用品",选择"浅青色";单击"技术",

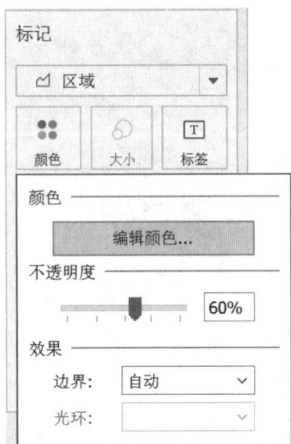

▲ 图 19‑19　颜色标记设置

▲ 图 19‑20　编辑颜色

选择"粉红色";单击"家具",选择"紫色",并单击"确定"按钮完成设置,结果如图 19‑21 所示。将图片保存为"SYZB19‑4.jpg",将文档保存为"SYZB19‑4.twbx"。

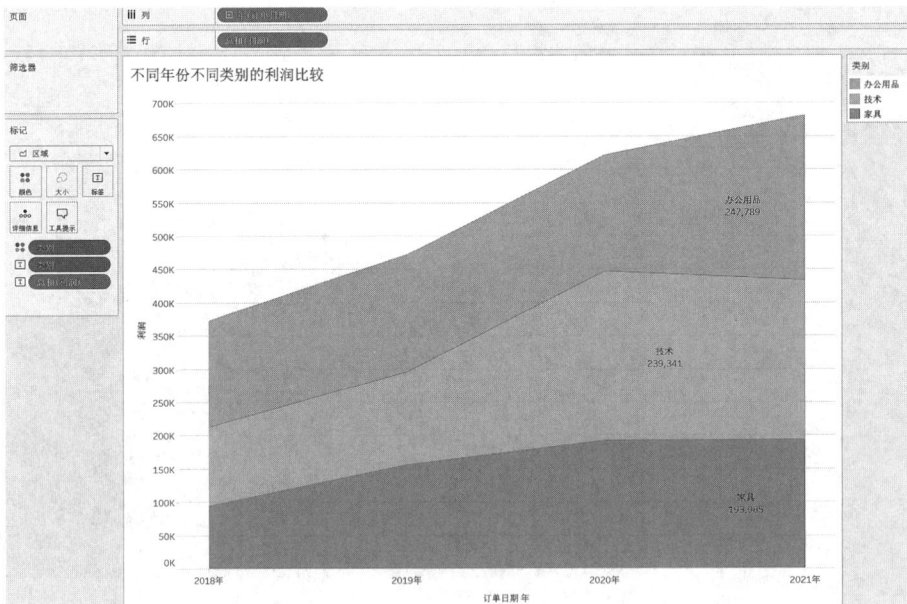

▲ 图 19‑21　不同年份不同类别订单的利润比较

五、树状图的制作

利用树状图分析不同年份不同客户的销售额大小情况,并通过筛选,观察不同年份的销售额排名前 20 的客户变化。打开"SYZB19‑4.twbx"后,增加新工作表,完成树状图的制作,将图片保存为"SYZB19‑5.jpg",将文档保存为"SYZB19‑5.twbx"。

1. 建立反映客户销售情况的基本树状图

新建工作表,将客户名称分别拖曳到颜色和标签,将销售额拖曳到大小,即可显示如图 19-22 所示的树状图,图中左上角是销售额最高的客户,右下角是销售额最低的客户,右边图例显示客户名称对应的颜色。

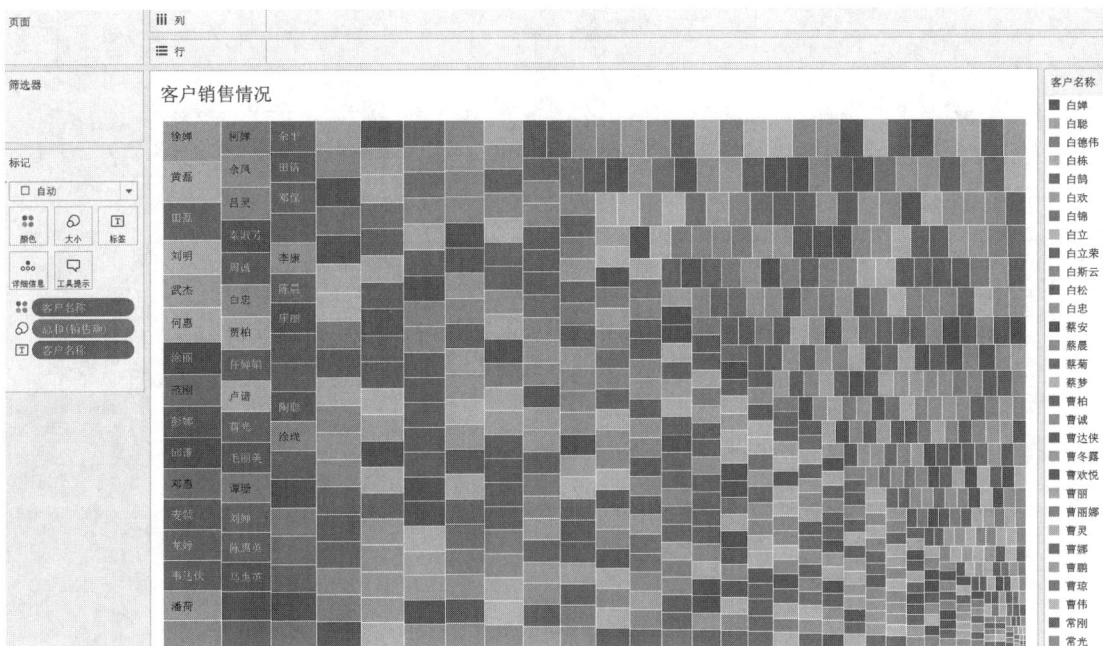

▲ 图 19-22 客户销售额情况的树状图

2. 设置年份筛选

将订单日期拖曳到筛选器,自动打开如图 19-23(a)所示。选择"年"并单击"下一步"按钮,打开如图 19-23(b)所示的对话框,单击"全部"后再单击"确定"关闭对话框。

3. 打开筛选器

在筛选器中右击"年(订单日期)",打开如图 19-24(a)快捷菜单,执行"显示筛选器"命令,窗口右边显示如图 19-24(b)所示的筛选器选择窗格。单击筛选器窗口右上角的小三角,打开如图 19-24(c)的菜单,可以改变筛选器的显示界面。

4. 设置筛选销售额排名前 20 的客户

将"客户名称"从数据源区拖曳到筛选器位置,在打开的对话框中选择"顶部",并按如图 19-25 所示设置参数,即依据"销售额"字段设置顶部 20,单击"确定"按钮后,观察图表的变化。

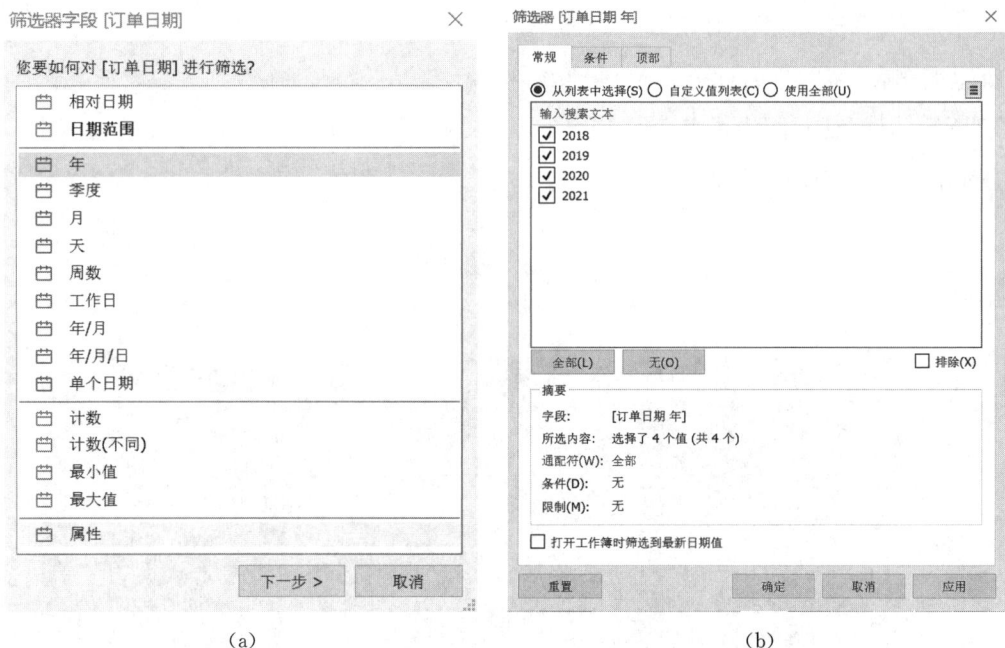

（a）　　　　　　　　　　　　　　　　（b）

▲ 图 19-23　设置年份筛选

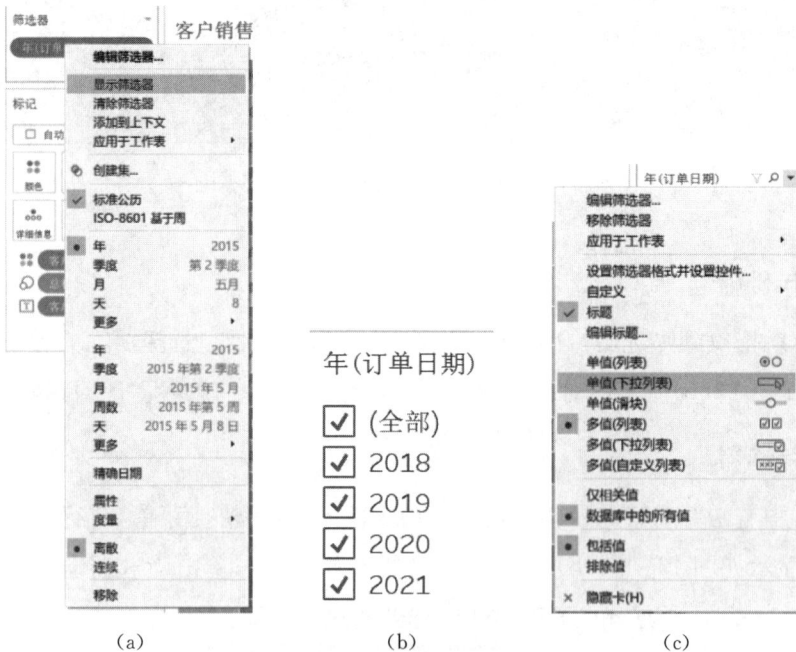

（a）　　　　　　　　　　（b）　　　　　　　　　　（c）

▲ 图 19-24　显示和设置筛选器显示方式

5. 通过调节筛选内容观察不同年份的客户变化

在右边筛选器中选择想要观察的年份，观察图表的变化，最后将图片保存为"SYZB19-5.jpg"，将文档保存为"SYZB19-5.twbx"。

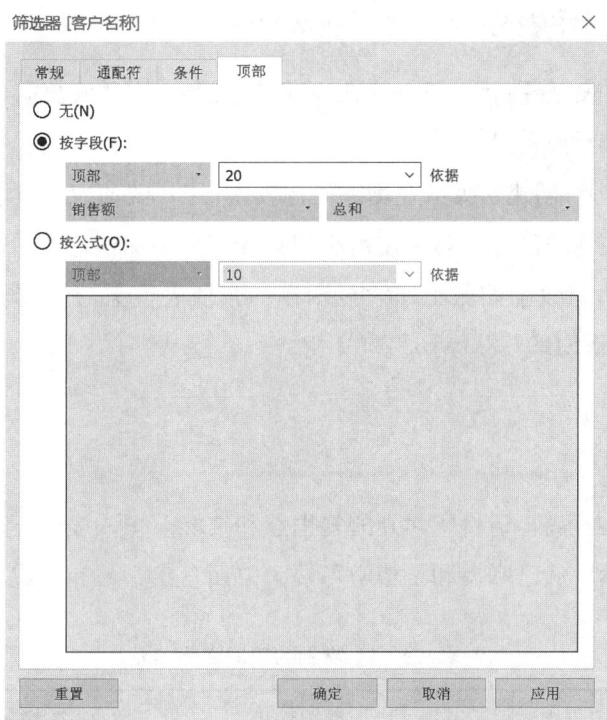

▲ 图 19-25　筛选销售额前 20 的客户

实践与探索

针对素材中的"SY19SC2 部分省地区生产数据. xlsx"，完成以下要求的数据可视化。

一、创建三张工作表分析部分省份生产数据

① 针对部分省地区生产数据，创建部分地区人均生产总值与第三产业增加值比较柱形图，横轴为省份，纵轴为人均地区生产总值（元/人），从浅蓝到深蓝表示第三产业增加值从低到高。

② 创建部分地区生产总值树状图，按地区分颜色显示，并在图上标出省份和生产总值，能通过单值滑块调节选择从 2014 年到 2023 年不同年份的数据显示。

③ 创建不同年份各类数据比较面积图，横轴为年份，纵轴为数值，地区用不同的颜色表示，可以通过筛选不同地区、不同度量值来显示部分感兴趣的数据。

二、将以上三张工作表放入仪表板

探索仪表板的创建，通过拖曳，创建合适的仪表板布局，并设置标题文字。将创建好的工作表拖曳到仪表板合适的位置，开关和调整图例、筛选工具，并将仪表板图片保存为"SYSJ19-1.jpg"，文件保存为"SYSJ19-1.twbx"。最终效果如图 19-1 所示。

三、创建三张工作表分析三大产业数据

① 建立三张工作表,分别针对第一、第二和第三大产业增加值数据,制作圆环图,显示排名前五的省份数据的合计百分比。

② 在一张工作表上,创建三大产业增加值比较条形图,横轴为产业增加值,纵轴为地区,倒序列排列,并设置人均地区生产总值按由小到大浅蓝色到深蓝色表示。

③ 参照图 19 - 2,将以上四张工作表显示在一张仪表板上,并将图片保存为"SYSJ19 - 2.jpg",文件保存为"SYSJ19 - 2.twbx"。

归纳与总结

完成本实验所有内容后,请将所学到的知识点和技能点填入表 19 - 1 和表 19 - 2,表格可以根据需要增加行;然后从已掌握和希望学习两个方面写出学习和完成本实验后的体会。

▼ 表 19 - 1　学到的知识点归纳表

序号	知识点名称	掌握情况	希望深入学习的相关内容
1			
2			

▼ 表 19 - 2　学到的技能点归纳表

序号	技能点名称	掌握情况	希望深入学习的相关内容
1			
2			

完成本实验后的体会是：

_____

_____

_____

_____。

实验 20
数据可视化（FineBI）

实验目标

1. 知识目标

（1）掌握使用 FineBI 工具进行数据可视化的流程。

（2）理解文本、数值、日期三类数据类型。

（3）掌握资源包的导入和导出。

2. 技能目标

（1）学会如何导入数据和根据数据选择合适的图表。

（2）学会基本图表的制作。

（3）学会数据筛选的基本设置。

（4）熟练掌握可视化文件的保存、导出。

问题情境

未央同学在网上看到了 1949 年开国大典的视频，并了解了 1949 年之前中国的情况，国家的巨变引发了她对当前国民经济发展情况的好奇。她从国家统计局网站找到了近 10 年（2014—2023）我国部分省份的国民生产相关数据，结合最近学习的信息技术，想通过 FineBI 数据可视化，让数据更直观地展现出来。

实验准备

本实验以 FineBI V5.1 教育版为例完成数据可视化。

一、导入数据

打开 FineBI,在"数据准备"功能菜单中,单击"添加业务包"。在业务包列表中选择新建的业务包,单击右侧的"…",选择"重命名",将该业务包命名为"部分省地区生产数据业务包"。

单击"部分省地区生产数据业务包",进入业务包管理界面,单击"添加表",选择"Excel 数据集",在弹出的对话框中选择指定的数据文件,即"部分省地区生产数据. xlsx",单击"打开"按钮。

在数据预览界面,设置表名为"部分省地区生产数据",单击"年份"字段左侧图标旁的下拉三角,设置该字段的类型为"日期",如图 20-1 所示,单击"确定"按钮,完成数据的导入,导入成功后,业务包中将出现该 Excel 数据表。

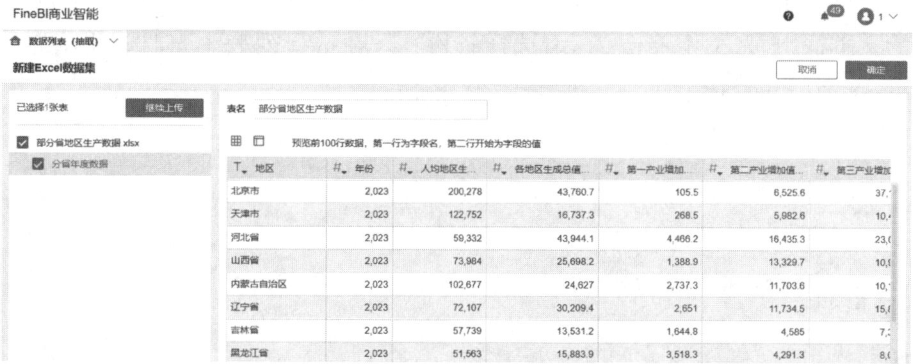

▲ 图 20-1　数据导入

二、创建仪表板

在"仪表板"功能菜单中,单击"新建文件夹",将该文件夹的名称改为"生产数据可视化"。单击该文件夹,在该文件夹下新建仪表板,单击"新建仪表板",在弹出的对话框中,输入仪表板名称"各年份生产数据可视化",单击"确定"按钮,浏览器将新建该仪表板窗口/选项卡(该窗口/选项卡可关闭)。执行同样的操作,新建"各地区生产数据可视化"仪表板,完成后效果如图 20-2 所示。

▲ 图 20-2　创建仪表板

三、各年份生产数据可视化

单击"各年份生产数据可视化"仪表板,在浏览器的新窗口或者选项卡中打开该仪表板并进入编辑模式。

1. 文本组件

单击仪表板左侧功能菜单中的"其他/文本组件",在新建的文本框内输入文本"各年份生产数据可视化仪表板",选中文本,设置大小为 40 像素、加粗、居中对齐。鼠标拖曳使文本框的宽度与浏览器同宽,如图 20-3 所示。

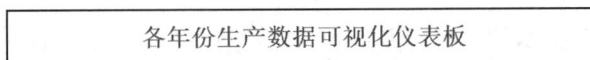

各年份生产数据可视化仪表板

▲ 图 20-3　文本组件

2. 过滤组件

单击仪表板左侧功能菜单中的"过滤组件/文本过滤组件/文本列表",在弹出的"过滤组件"对话框中,设置"按表选择"/"数据列表"中的数据为"各省地区生产数据业务包"中的"各省地区生产数据"中的"地区",将"地区"字段拖入对话框右侧的"字段"区域的右方。在"文本列表"的文本框中,将文本修改为"请选择省份:"。在选择列表中,勾选"上海市",将该选项作为默认选项,如图 20-4 所示,单击"确定"按钮。

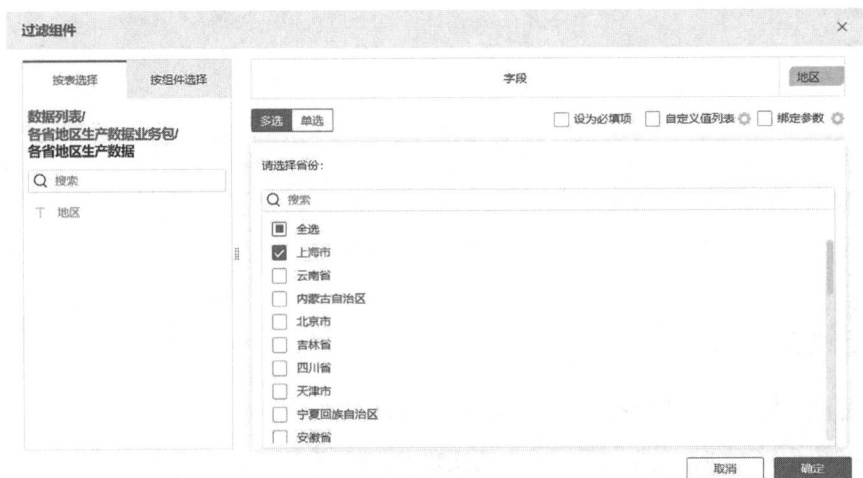

▲ 图 20-4　过滤组件

3. 各年各地区生产总值(分组表)

单击仪表板左侧功能菜单中的"组件",在弹出对话框中选择数据源("各省地区生产数据业务包"中的"各省地区生产数据"),单击"确定"按钮,进入组件编辑界面。

将左侧数据窗格中"维度"区域中的"年份"和"指标"中的"各地区生产总值(亿元)"拖到右侧组件预览窗格。单击"年份"字段右侧的下拉三角,选择"年"。

在中间设置窗格中,设置图表类型为"分组表"。设置"组件样式/表格字体/表身"中的"维度"和"指标"的对齐方式均为"居中"。

在组件预览窗格中设置组件标题为"各年各地区生产总值(分组表)"。单击右上方的"进入仪表板"按钮,退出组件编辑界面,在仪表板中适当调整该组件大小,图表预览效果如图 20-5 所示。

4. 各年人均地区生产总值(多系列柱形图)

单击仪表板左侧功能菜单中的"组件",在弹出对话框中选择数据源("各省地区生产数据业务包"中的"各省地区生产数据"),单击"确定"按钮,进入组件编辑界面。

将左侧数据窗格中"维度"区域中的"年份"和"指标"中的"人均地区生产总值(元/人)"拖到右侧组件预览窗格。单击"年份"字段右侧的下拉三角,选择"年"。

各年各地区生产总值（分组表）	
年份	各地区生产总值（亿元）
2014	25,269.8
2015	26,887
2016	29,887
2017	32,925
2018	36,011.8
2019	37,987.6
2020	38,963.3
2021	43,653.2
2022	44,809.1
2023	47,218.7
合计	363,612.5

▲ 图 20-5　各年各地区生产总值（分组表）

在中间设置窗格中,设置图表类型为"多系列柱形图"。设置"图形属性"中的"颜色"依据为"年份","标签"依据为"人均地区生产总值(元/人)",单击"人均地区生产总值(元/人)"字段右侧的下拉三角,选择"数值格式",在弹出对话框中设置"数值格式"为"数字","小数位数"为"0","数量单位"为"万",如图 20-6 所示。

▲ 图 20-6　设置数值格式

在中间设置窗格中,设置"组件样式"中的"图例"为"不显示","自适应显示"为"整体适应"。

在组件预览窗格中设置组件标题为"各年人均地区生产总值(多系列柱形图)"。单击右上方的"进入仪表板"按钮,退出组件编辑界面,在仪表板中适当调整该组件大小,图表预览效果如图20-7所示。

各年人均地区生产总值(多系列柱形图)

▲ 图20-7 各年人均地区生产总值(多系列柱形图)

5. 各年第一产业增加值(矩形树图)

单击仪表板左侧功能菜单中的"组件",在弹出对话框中选择数据源("各省地区生产数据业务包"中的"各省地区生产数据"),单击"确定"按钮,进入组件编辑界面。

将左侧数据窗格的"维度"区域中的"年份"和"指标"的"第一产业增加值(亿元)"拖到右侧组件预览窗格。单击"年份"字段右侧的下拉三角,选择"年"。

▲ 图20-8 设置标签

在中间设置窗格中,设置图表类型为"矩形树图"。设置"图形属性"中的"颜色"和"标签"的依据均为"年份",各自单击"年份"字段右侧的下拉三角,选择"年"。单击"标签"左侧的属性设置按钮,在弹出的对话框中设置"内容格式"为"年份(年)年",如图20-8所示,其中,"年份(年)"为字段值,由软件自动生成。

在中间设置窗格中,设置"组件样式"中的"图例"为"不显示","自适应显示"为"整体适应"。

在组件预览窗格中设置组件标题为"各年第一产业增加值(矩形树图)"。单击右上方的"进入仪表板"按钮,退出组件编辑界面,在仪表板中适当调整该组件大小,图表预览效果如图20-9所示。

▲ 图20-9　各年第一产业增加值（矩形树图）

6. 各年第二、三产业增加值(堆积柱形图)

单击仪表板左侧功能菜单中的"组件",在弹出对话框中选择数据源（"各省地区生产数据业务包"的"各省地区生产数据"）,单击"确定"按钮,进入组件编辑界面。

将左侧数据窗格的"维度"区域中的"年份"和"指标"的"第二产业增加值（亿元）"和"第三产业增加值（亿元）"拖到右侧组件预览窗格。单击"年份"字段右侧的下拉三角,选择"年"。

在中间设置窗格中,设置图表类型为"堆积柱形图"。设置"组件样式"中的"图例"的位置为"上","自适应显示"为"整体适应"。

在组件预览窗格中设置组件标题为"各年第二、三产业增加值（堆积柱形图）"。单击右上方的"进入仪表板"按钮,退出组件编辑界面,在仪表板中适当调整该组件大小,图表预览效果如图20-10所示。

7. 仪表板预览

各年份生产数据可视化仪表板如图20-11所示,由四张图表组成,分别是:各年各地区生产总值（分组表）、各年人均地区生产总值（多系列柱形图）、各年第一产业增加值（矩形树图）和各年第二、三产业增加值（堆积柱形图）。可以通过筛选组件,勾选省份,查看该省份的相应数据。

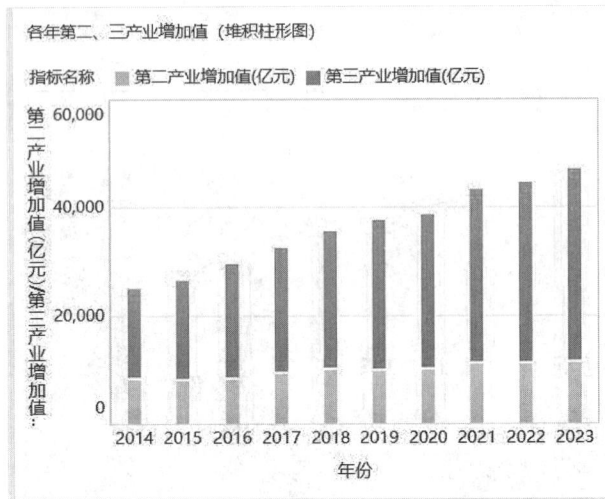

▲ 图 20-10　各年第二、三产业增加值（堆积柱形图）

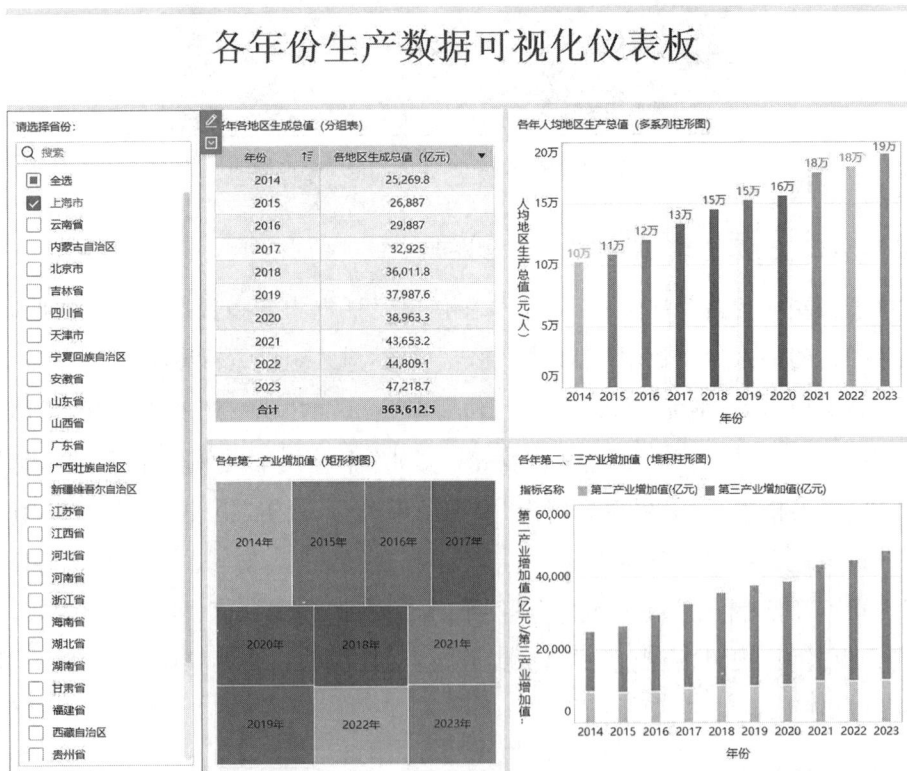

▲ 图 20-11　各年份生产数据可视化仪表板

四、各地区生产数据可视化

单击"各地区生产数据可视化"仪表板，在浏览器的新窗口或者选项卡中打开该仪表板并进入编辑模式。

1. 文本组件

单击仪表板左侧功能菜单中的"其他/文本组件",在新建的文本框内输入文本"各地区生产数据可视化仪表板",选中文本,设置大小为 40 像素、加粗、居中对齐。通过鼠标拖曳使文本框的宽度与浏览器同宽,如图 20-12 所示。

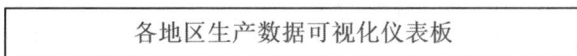

各地区生产数据可视化仪表板

▲ 图 20-12　文本组件

2. 过滤组件

单击仪表板左侧功能菜单中的"过滤组件/时间过滤组件/年份",在弹出的"过滤组件"对话框中,设置"按表选择/数据列表"的数据为"各省地区生产数据业务包"的"各省地区生产数据"的"年份",将"年份"字段拖入对话框右侧的"字段"区域的右方。在"年份"的文本框中,将文本修改为"请选择年份"。在选择列表中,选择"2023",将该选项作为默认选项,如图 20-13 所示,单击"确定"按钮。

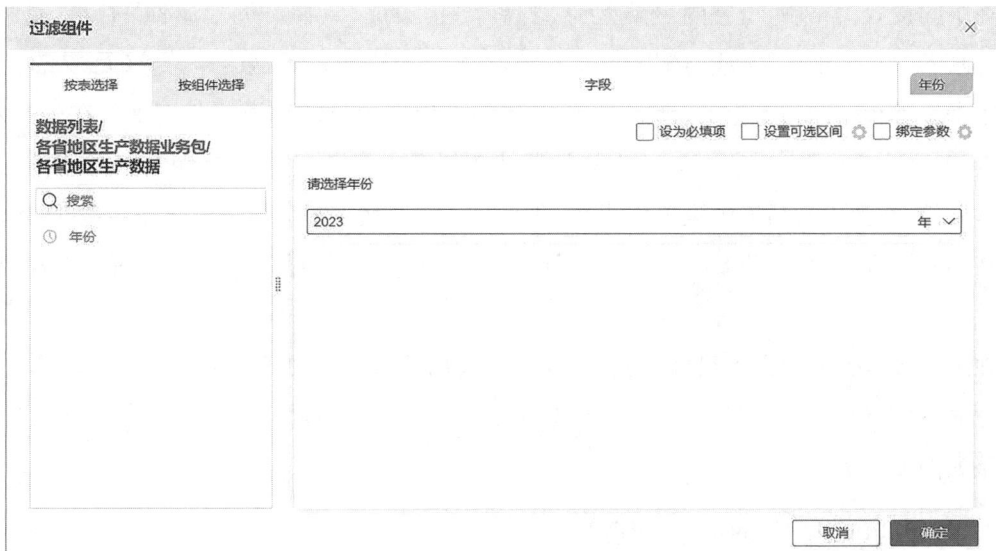

▲ 图 20-13　过滤组件

3. 各地区生产总值(分组表)

单击仪表板左侧功能菜单中的"组件",在弹出对话框内选择数据源("各省地区生产数据业务包"中的"各省地区生产数据"),单击"确定"按钮,进入组件编辑界面。

通过鼠标拖曳,将左侧数据窗格的"维度"区域中的"地区"和"指标"的"各地区生产总值(亿元)"拖到右侧组件预览窗格。

各地区生产总值（分组表）

地区 ↑≡	各地区生产总值（亿元） ▼
上海市	47,218.7
云南省	30,021.1
内蒙古自治区	24,627
北京市	43,760.7
吉林省	13,531.2
四川省	60,132.9
天津市	16,737.3
宁夏回族自治区	5,315
安徽省	47,050.6
山东省	92,068.7
山西省	25,698.2

▲ 图 20 - 14　各地区生产总值（分组表）

在中间设置窗格中，设置图表类型为"分组表"。设置"组件样式/表格字体/表身"中的"维度"和"指标"的对齐方式均为"居中"。设置"组件样式/格式"中的"分页行数"为 50。

在组件预览窗格中设置组件标题为"各地区生产总值（分组表）"。单击右上方的"进入仪表板"按钮，退出组件编辑界面，在仪表板中适当调整该组件大小，图表预览效果如图 20 - 14 所示。

4. 各地区人均地区生产总值（多系列柱形图）

单击仪表板左侧功能菜单中的"组件"，在弹出对话框中选择数据源（"各省地区生产数据业务包"中的"各省地区生产数据"），单击"确定"按钮，进入组件编辑界面。

将左侧数据窗格的"维度"区域中的"地区"和"指标"的"人均地区生产总值（元/人）"拖到右侧组件预览窗格。

在中间设置窗格中，设置图表类型为"多系列柱形图"。设置"图形属性"中的"颜色"依据为"地区"，单击"地区"字段右侧的下拉三角，选择"降序/人均地区生产总值（元/人）"。

单击组件预览窗格上方的"地区"字段右侧的下拉三角，选择"设置分类轴"，在弹出对话框中设置"文本方向"为 90°。单击"人均地区生产总值（元/人）"字段右侧的下拉三角，选择"数值格式"，在弹出对话框中设置格式为"数字"，小数位数为"0"，数量单位为"万"。

在中间设置窗格中，设置"组件样式"中的"图例"为"不显示"，"自适应显示"为"整体适应"。

在组件预览窗格中设置组件标题为"各地区人均地区生产总值（多系列柱形图）"。单击右上方的"进入仪表板"按钮，退出组件编辑界面，在仪表板中适当调整该组件大小，图表预览效果如图 20 - 15 所示。

5. 各地区第一产业增加值（饼图）

单击仪表板左侧功能菜单中的"组件"，在弹出对话框中选择数据源（"各省地区生产数据业务包"中的"各省地区生产数据"），单击"确定"按钮，进入组件编辑界面。

将左侧数据窗格的"维度"区域中的"地区"和"指标"的"第一产业增加值（亿元）"拖到右侧组件预览窗格。

在中间设置窗格中，设置图表类型为"饼图"。设置"图形属性"中的"标签"的依据为"地区"和"第一产业增加值（亿元）"两个字段。单击"地区"字段右侧的下拉三角，选择"降序/第一产业增加值（亿元）"。单击"第一产业增加值（亿元）"字段右侧的下拉三角，选择"快速计

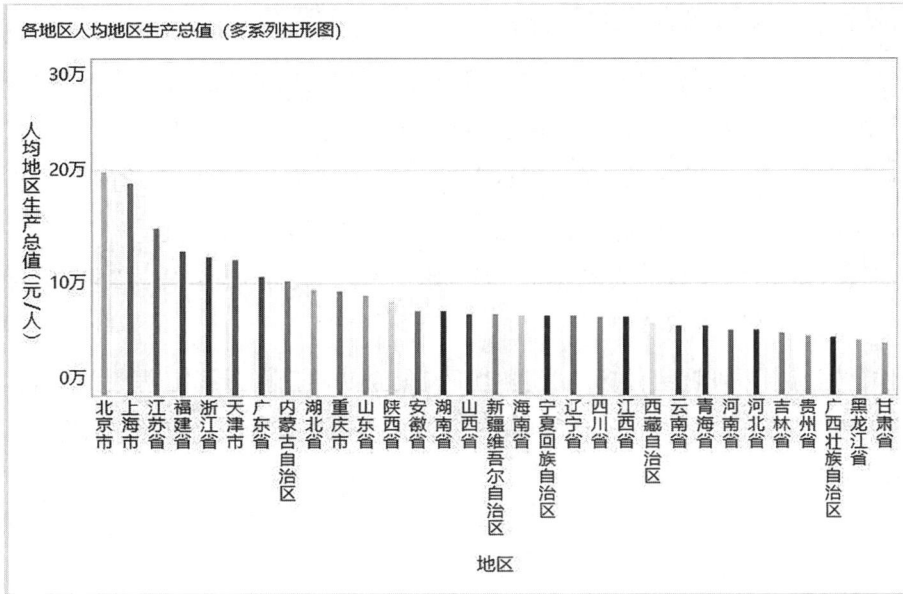

▲ 图 20‑15　各地区人均地区生产总值（多系列柱形图）

算/占比"。单击"标签"左侧的属性设置按钮,在弹出的对话框中设置"标签位置"为"居外"。设置"组件样式"中的"图例"为不显示。

在组件预览窗格中设置组件标题为"各地区第一产业增加值(饼图)"。单击右上方的"进入仪表板"按钮,退出组件编辑界面,在仪表板中适当调整该组件大小,图表预览效果如图 20‑16 所示。

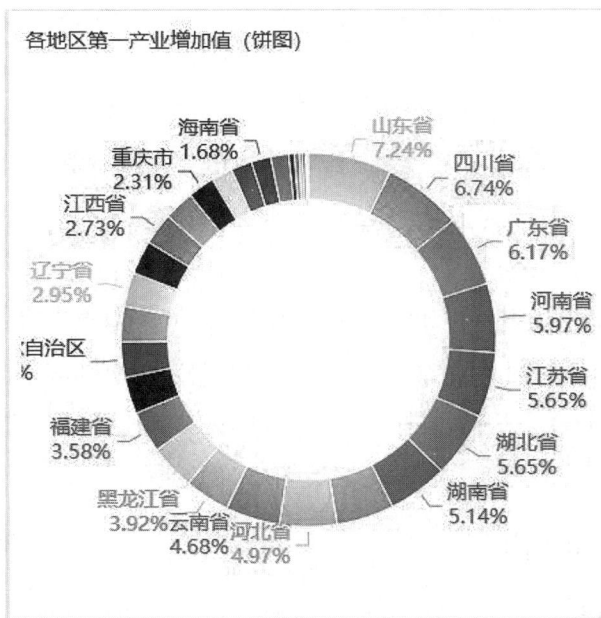

▲ 图 20‑16　各地区第一产业增加值（饼图）

6. 各地区各产业增加值(折线雷达图)

单击仪表板左侧功能菜单中的"组件",在弹出对话框中选择数据源("各省地区生产数据业务包"中的"各省地区生产数据"),单击"确定"按钮,进入组件编辑界面。

将左侧数据窗格"维度"区域中的"地区"和"指标"的"第一产业增加值(亿元)""第二产业增加值(亿元)"和"第三产业增加值(亿元)"拖到右侧组件预览窗格。

在中间设置窗格中,设置图表类型为"折线雷达图"。设置"组件样式"中的"图例"的位置为"上"。

在组件预览窗格中设置组件标题为"各地区各产业增加值(折线雷达图)"。单击右上方的"进入仪表板"按钮,退出组件编辑界面,在仪表板中适当调整该组件大小,图表预览效果如图 20-17 所示。

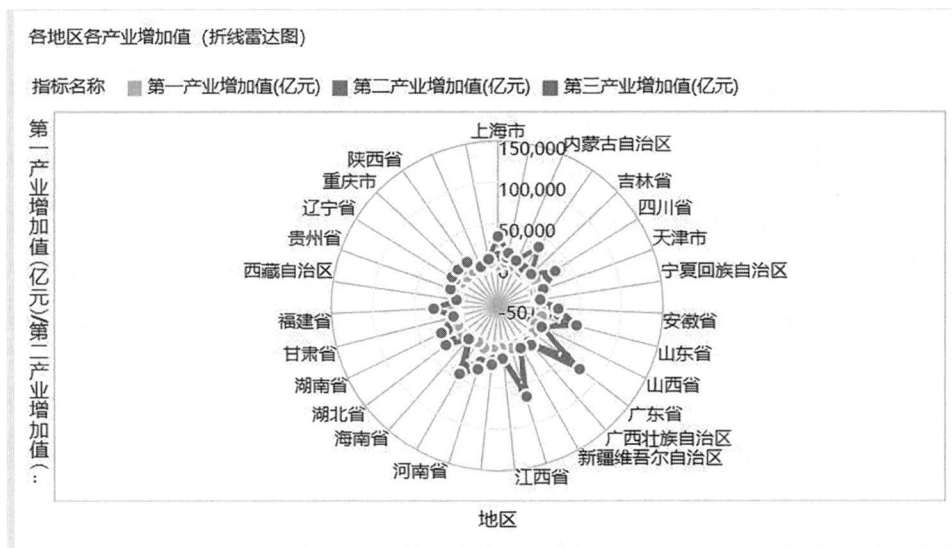

▲ 图 20-17 各地区各产业增加值(折线雷达图)

7. 仪表板预览

各年份生产数据可视化仪表板如图 20-18 所示,由四张图表组成,分别是:各地区生产总值(分组表)、各地区人均地区生产总值(多系列柱形图)、各地区第一产业增加值(饼图)和各地区各产业增加值(折线雷达图),并且,可以通过筛选组件,选择年份,查看该年份的相应数据。

五、预览、保存和导出

FineBI 提供自动保存功能,在制作仪表板过程中,系统会自动保存用户的操作结果,同时,在仪表板上方有"导出"按钮,提供导出仪表板的功能,导出的格式可以是 Excel、PDF 和

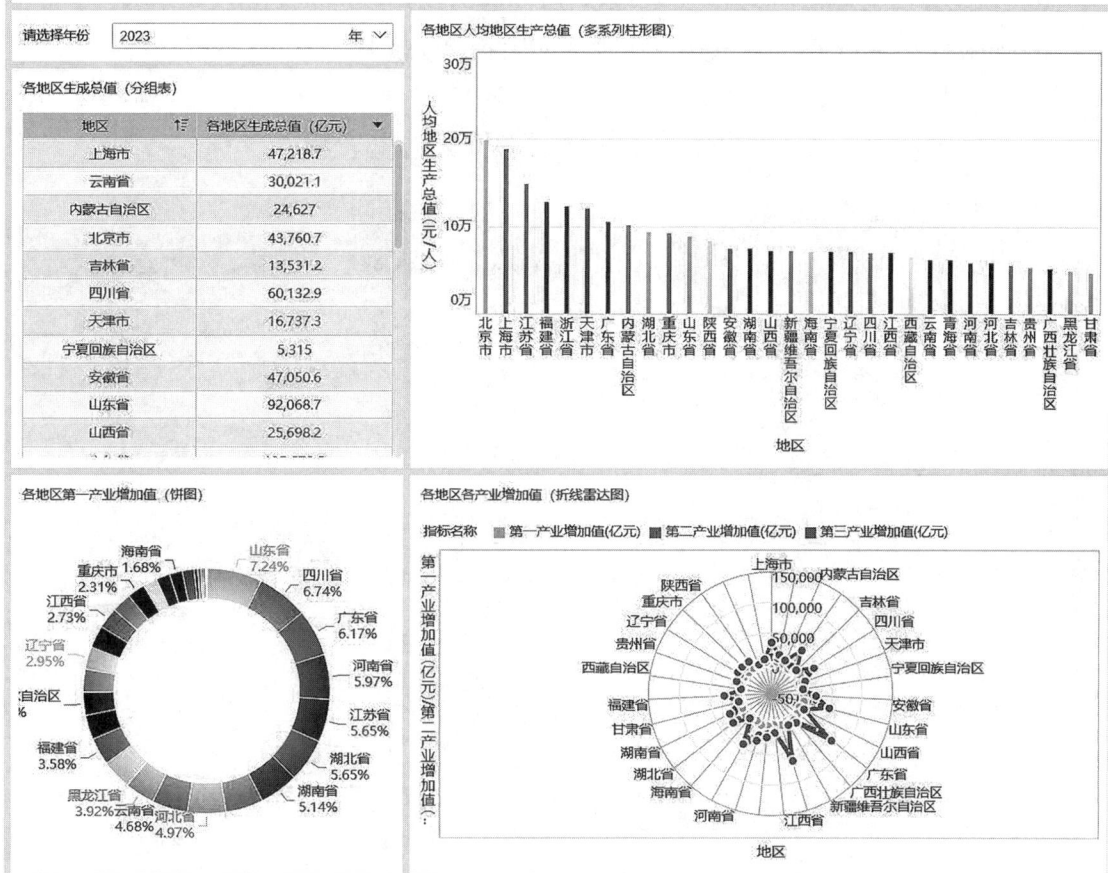

各地区生产数据可视化仪表板

▲ 图 20-18　各地区生产数据可视化仪表板

png 等。

　　如需做数据迁移，即导出原始数据和仪表板，具体步骤如下：

　　① 目录：进入"管理系统"功能菜单中的"目录管理"，单击"BI 模板"，选择所需导出的仪表板。

　　② 导出：进入"管理系统"功能菜单中的"智能运维"的"资源迁移"，在"目录"资源中勾选所需导出的仪表板、依赖资源以及"同时导出原始 Excel 附件"选项，单击"导出"按钮，即可导出并生成资源包（zip 文件）。

　　③ 导入：复制资源包至其他设备中，进入"管理系统"功能菜单中的"智能运维"的"资源迁移"，进行导入即可。如未显示相应数据，可进入"数据准备"功能菜单进行全局更新操作。

实践与探索

在完成了以上实验准备的基础上，可以利用 FineBI 工具，完成问题情境中未央同学的任务，制作如图 20-19 所示的各产业生产总值数据可视化仪表板。

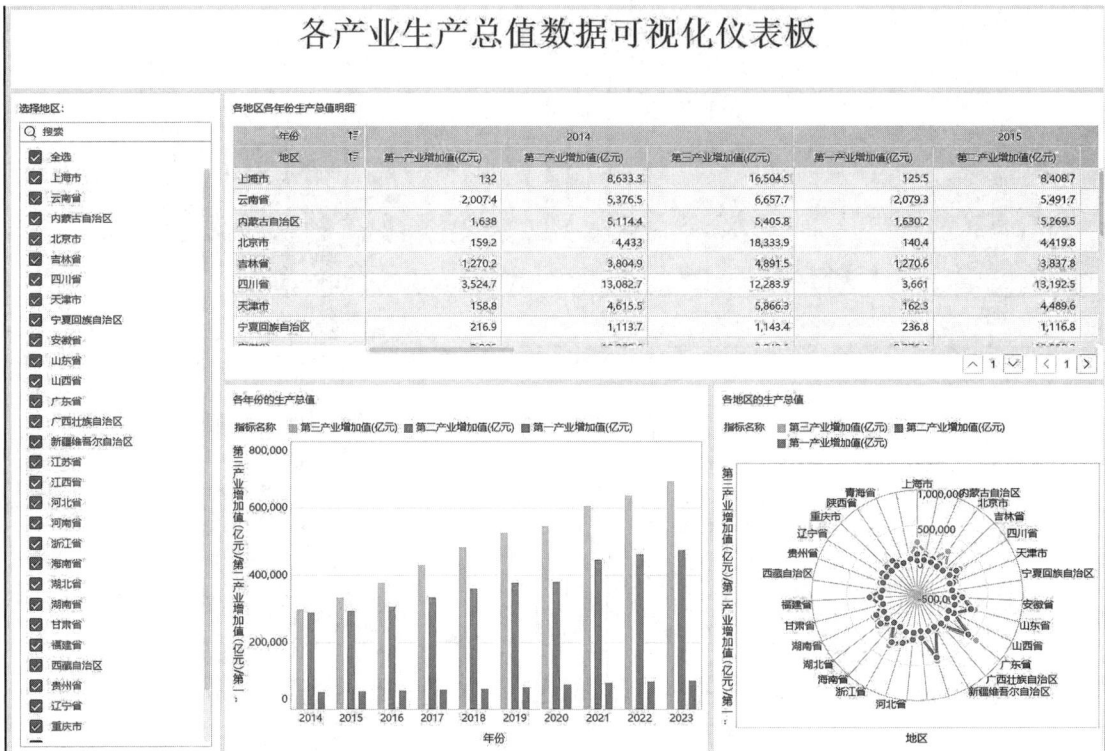

▲ 图 20-19　各产业生产总值数据可视化仪表板

一、创建各产业生产总值分析的仪表板

创建一个仪表板，创建一个文本组件用于展示仪表板的主题，创建一个过滤组件用于数据的筛选。

二、创建分析图表

创建 3 个图表（组件），展示和分析三个产业的生产总值的差异。

三、保存和导出结果文件

导出仪表板，保存为图片格式，将其命名为"实验 20 练习.jpg"。导出资源包，将其命名为"实验 20 练习.zip"。

归纳与总结

完成本实验所有内容后,请将所学到的知识点和技能点填入表 20-1 和表 20-2,表格可以根据需要增加行;然后从已掌握和希望学习两个方面写出学习和完成本实验后的体会。

▼ 表 20-1　学到的知识点归纳表

序号	知识点名称	掌握情况	希望深入学习的相关内容
1			
2			

▼ 表 20-2　学到的技能点归纳表

序号	技能点名称	掌握情况	希望深入学习的相关内容
1			
2			

完成本实验后的体会是:

_____

_____

_____

_____ 。

实验 21
人工智能核心算法体验

实验目标

1. 知识目标

（1）掌握 KNN、线性回归和神经网络的主要功能和计算流程。

（2）学会神经网络的可视化表示，并探索参数设置。

（3）实践机器学习算法：鸢尾花数据集的 KNN 分类、波士顿房价数据集的线性回归预测、TensorFlow 游乐场、温度预测神经网络。

2. 技能目标

（1）掌握 KNN、线性回归和神经网络的训练过程。

（2）实现 KNN、线性回归和神经网络的图形化编程开发。

（3）学会如何调整数据集以优化模型并掌握可视化训练过程。

问题情境

随着人工智能技术的快速发展，机器学习算法在各个领域的应用越来越广泛。为了更好地理解这些算法的实际应用，未央同学决定通过实验来体验几种核心的机器学习算法。她选择了 KNN 分类、线性回归和神经网络这三种常见的算法，分别应用于糖尿病判断、波士顿房价预测和温度预测等实际问题。

在 KNN 分类实验中，未央同学希望通过糖尿病的八个特征来对是否患糖尿病进行分类。接下来，她使用线性回归算法对波士顿房价数据集进行分析，试图通过房屋的特征来预测房价，探索线性回归的应用。最后，她还希望通过 TensorFlow

游乐场和温度预测神经网络实验,体验神经网络在处理复杂数据时的强大能力,并尝试通过调整网络结构和参数来优化模型的预测效果。

📊 实验准备

机器学习通过学习历史经验,巧妙地模拟并实现人类复杂的学习与决策过程,以其独特的智慧为人类社会带来了前所未有的便利。常见的机器学习方法有分类、回归和神经网络等。

一、新大陆 AIoT 在线工程实训平台简介

新大陆 AIoT 在线工程实训平台支持在线和单机版使用。这里使用单机版,运行 VMware 程序,单击"文件/打开",如图 21-1 所示。

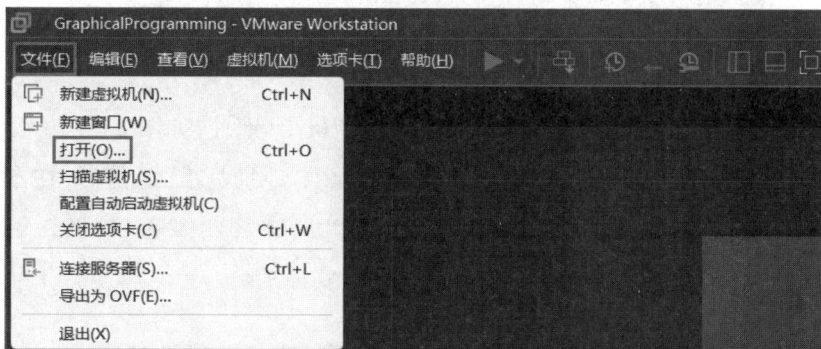

▲ 图 21-1 文件打开

选择"GraphicalProgramming. vmx"镜像文件,如图 21-2 所示。

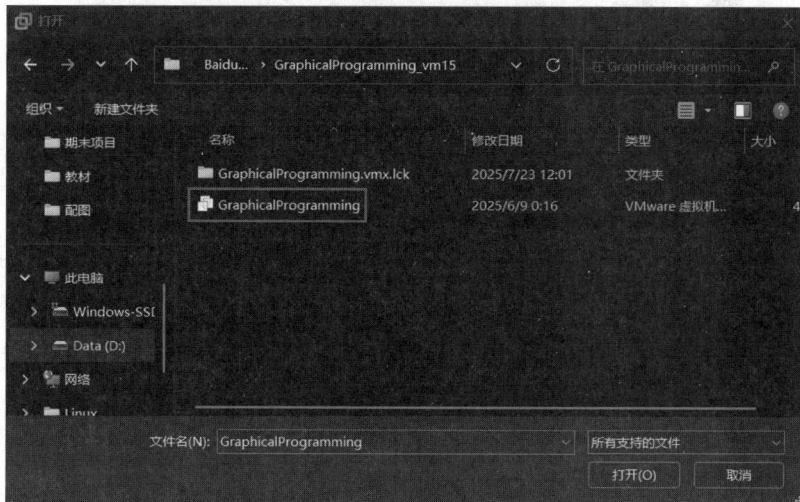

▲ 图 21-2 打开虚拟机文件

单击"开启此虚拟机",如图 21 - 3 所示。

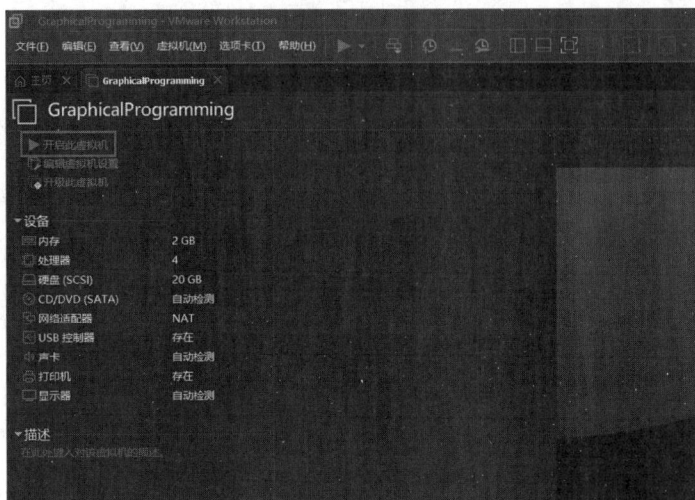

▲ 图 21 - 3　开启虚拟机

进入虚拟机界面后,输入命令"ifconfig"获取虚拟机 IP 地址,如图 21 - 4 所示,IP 地址为 192.168.131.136(IP 地址不唯一,以自己界面显示的 IP 地址为准)。然后,在本机的浏览器中以"虚拟机 IP 地址:30080"的形式输入网址,如"192.168.131.136:30080"。打开网站后,单击 Python3 图标,即可进入新大陆 AIoT 在线工程实训平台。

▲ 图 21 - 4　获取虚拟机 ip 地址

二、KNN 分类

对于鸢尾花数据集,KNN 分类的任务是通过鸢尾花的四个特征对其进行分类。

1. 导入 JSON 文件和数据集

打开新大陆 AIoT 在线工程实训平台后,在左上角处单击"Upload JSON",选择待完善的积木块"SYZB21－1.json"文件,如图 21－5 所示。

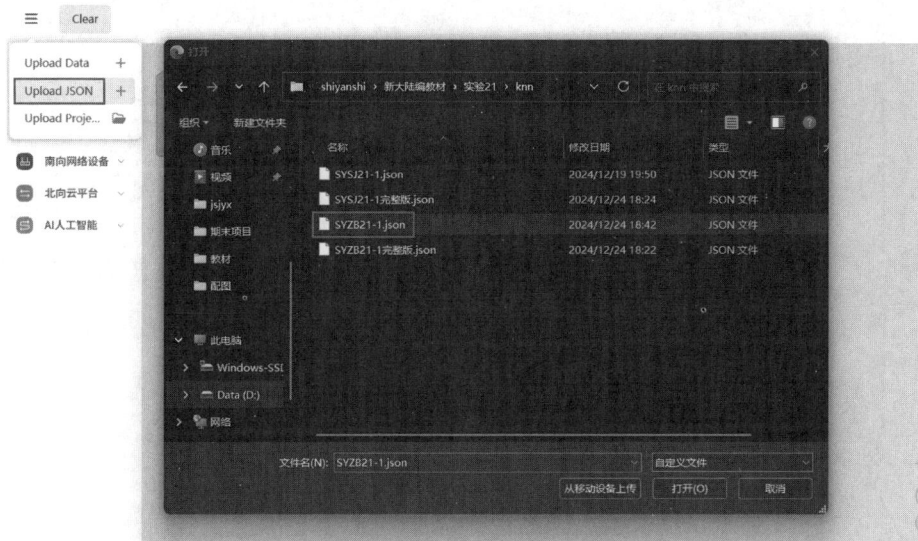

▲ 图 21－5 导入 KNN 的 JSON 文件

单击"Upload Data",选择"SYZB21－1iris_data.csv"数据集打开,如图 21－6 所示。

▲ 图 21－6 导入 KNN 的 iris_data.csv 数据集

2. AIoT 平台操作补充

Python 代码显示在右侧框内,图形化代码显示在中间框内,单击图形化代码块,对应的
Python 代码及其注释会被高光显示,以便查看并理解代码,如图 21－7 所示。

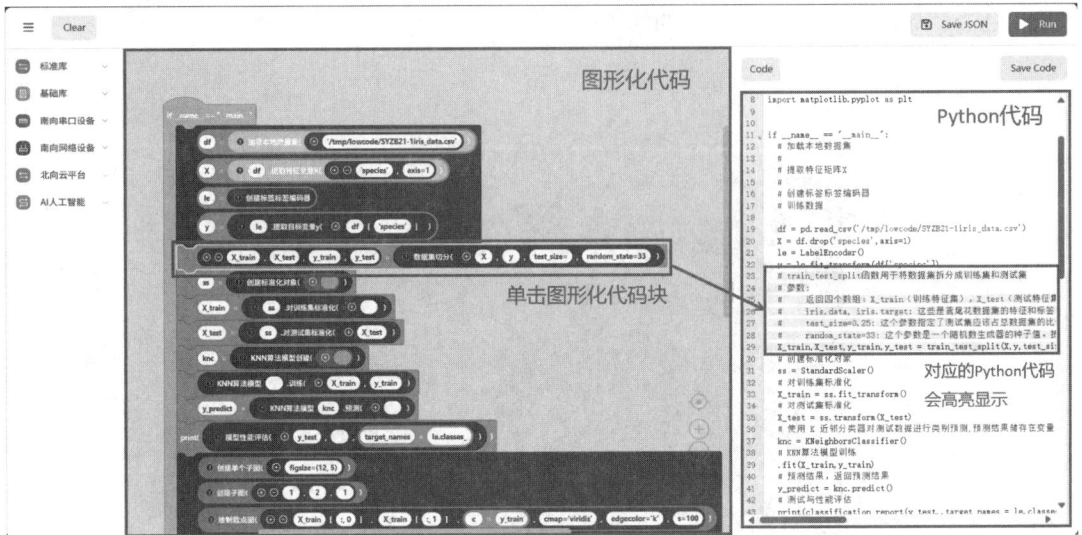

▲ 图 21-7　查看 KNN 代码

左侧"AI 人工智能"的"KNN 算法模型应用"栏中有编程可用的代码块，如图 21-8 所示。可根据需要单击所需代码块，并拖曳至对应位置来添加代码。

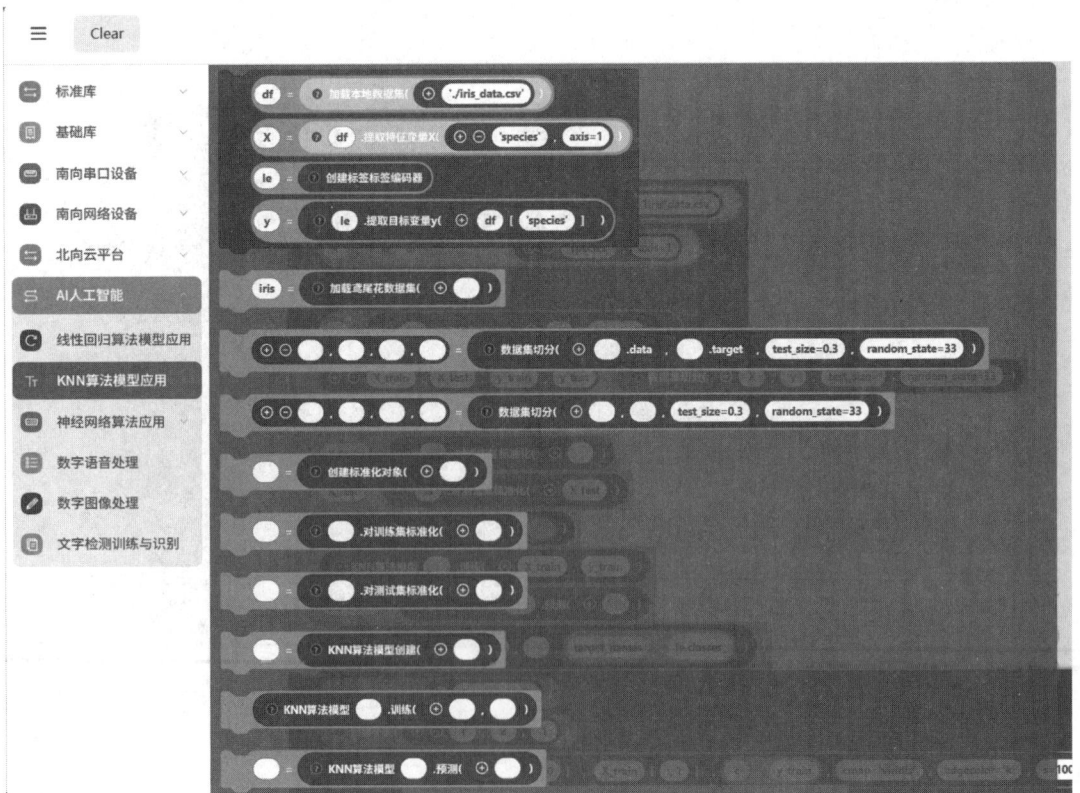

▲ 图 21-8　KNN 添加代码块

多余的代码块可以右键单击"Delete"删除,如图 21-9 所示。白色空格中的内容也可单击进行编辑,灰色网格处无须编辑。

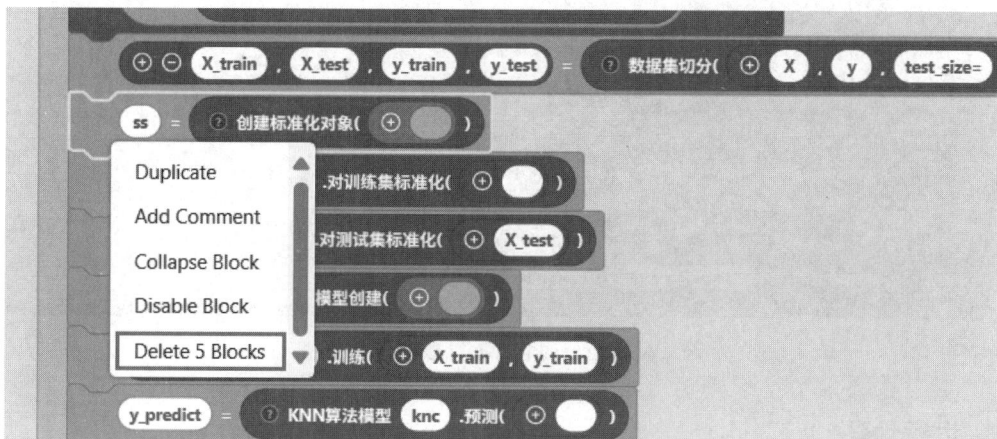

▲ 图 21-9　KNN 删除代码块

3. 查看及编辑代码

尝试补充图 21-10 所示图形化代码中空缺的部分,完成以下任务:

▲ 图 21-10　KNN 待补充代码块

① 补充数据集切分函数,使测试集所占比例为 30%;

② 对训练集 X_train 进行标准化转换;

③ 基于 KNN 算法对模型 knc 进行训练;

④ 根据测试集的特征数据 X_test 进行类别预测;

⑤ 根据测试集的标签数据 y_test 以及预测结果 y_predict 进行模型性能评估。

参考答案如图 21-11 所示。

▲ 图 21-11 KNN 参考答案

4. 运行代码

单击右上角"Run",运行代码,训练并测试 KNN 模型,如图 21-12 所示。

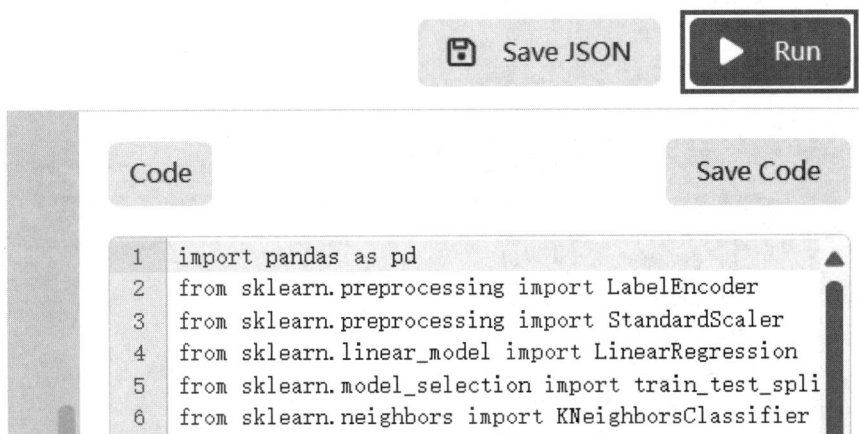

▲ 图 21-12 运行 KNN 代码

5. 查看结果

等待运行结束,右侧 Log 栏显示算法分类的精确度(precision)、召回率(recall)、F1 分数(f1-score)、支持(support)、总体准确率(accuracy)、宏平均(macro avg)、加权平均(weighted avg)等性能,如图 21-13 所示。

结果还显示一张分类图片,如图 21-14 所示,其中包括训练集中三种鸢尾花样本点的分类情况以及测试集中的分类结果。

6. 保存代码及 JSON 文件

如图 21-15 所示,单击右上角"Save Code"可以保存当前编程积木块所对应的 Python 代码。

	precision	recall	f1-score	support
setosa	1.00	1.00	1.00	11
versicolor	0.79	1.00	0.88	15
virginica	1.00	0.79	0.88	19
accuracy			0.91	45
macro avg	0.93	0.93	0.92	45
weighted avg	0.93	0.91	0.91	45

▲ 图 21‒13　KNN 模型性能评估结果

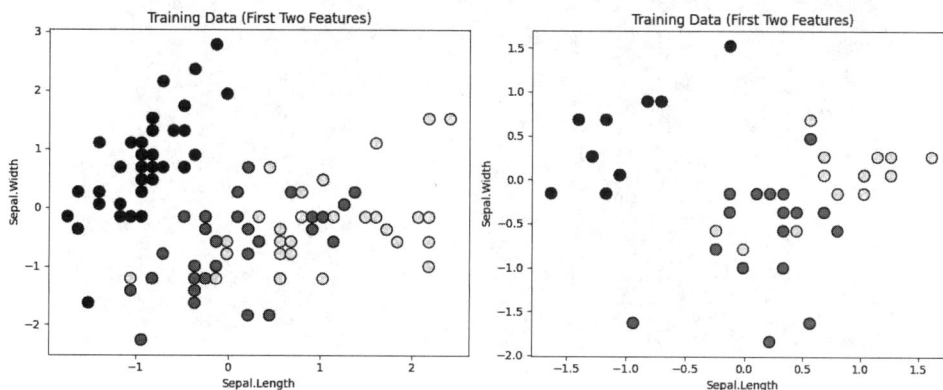

▲ 图 21‒14　KNN 分类结果

▲ 图 21‒15　KNN 代码及 JSON 文件保存

单击右上角"Save JSON"可以保存 JSON 文件，下次可以直接导入 JSON 文件查看或继续编辑编程积木块。

三、线性回归

对于波士顿房价数据集，线性回归的任务是通过分析房屋特征来预测房屋价格。

1. 导入 JSON 文件

单击"Upload JSON",打开"SYZB21 - 2.json"文件,如图 21 - 16 所示。

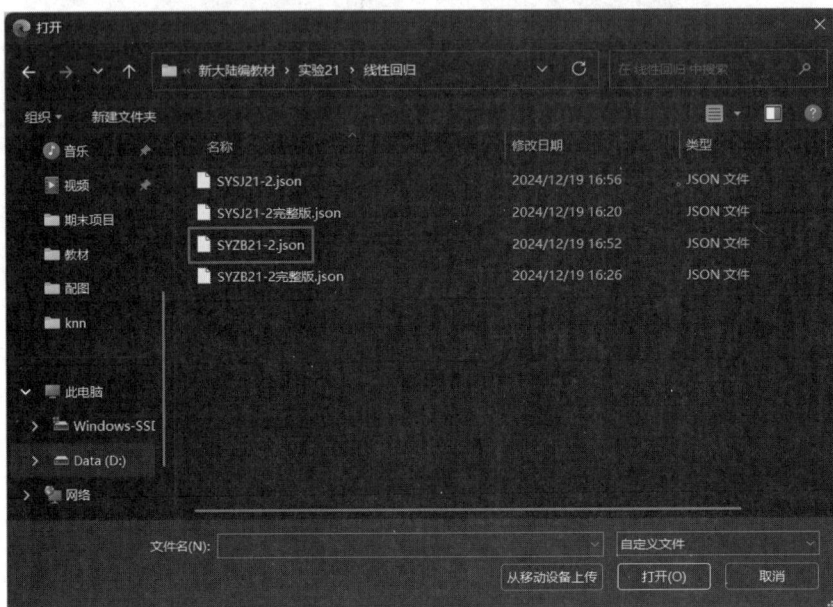

▲ 图 21 - 16   打开线性回归 JSON 文件

2. 查看及编辑代码

打开后查看代码,注意观察线性回归模型的数据集切分、创建、训练以及预测是如何实现的。左侧"AI 人工智能"的"线性回归算法模型应用"栏中有编程可用的代码块,如图 21 - 17 所示。

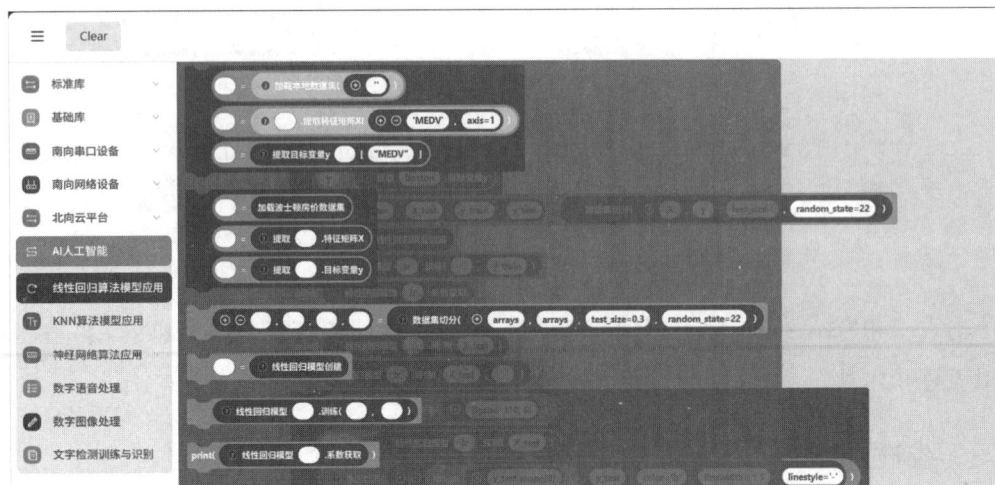

▲ 图 21 - 17   线性回归添加代码块

取消选定"线性回归模型算法应用",返回 AI 人工智能编辑界面,尝试补充图 21 - 18 所示图形化代码中空缺的部分,完成以下任务:

① 补充数据集切分函数,使测试集所占比例为 30%;

② 利用训练集 X_train、y_train 进行模型训练;

③ 使用测试集进行线性回归预测;

④ 根据 X_test、y_test 评估预测结果。

▲ 图 21 - 18　线性回归补充代码块

参考答案如图 21 - 19 所示。

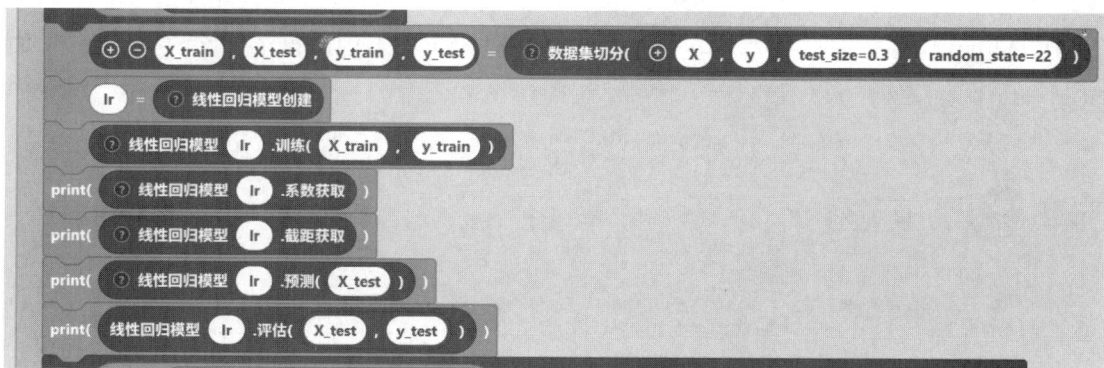

▲ 图 21 - 19　线性回归参考答案

3. 运行代码及查看结果

单击右上角"Run"运行代码,运行结束后,结果如图 21 - 20 所示,显示了实际房价和预测房价,可以看出预测房价和实际房价大致相符。同样可以在右上角单击保存 Python 代码及 JSON 文件。

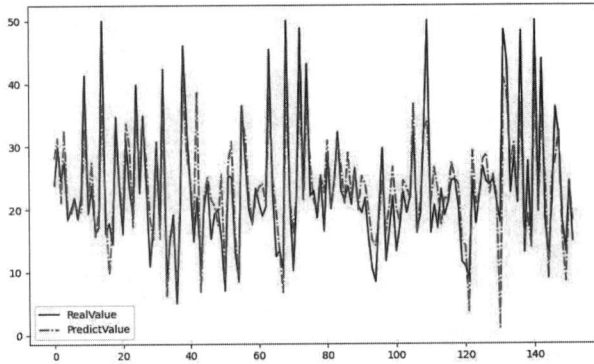

▲ 图 21-20 线性回归运行结果

四、神经网络设计体验

在 TensorFlow 游乐场的分类实例中,神经网络的任务是对输入的数据特征通过多个隐藏层的相互作用获得可以划分数据中两类的分界线。因此对于不同的数据可以设计不同的神经网络模型来进行处理。

1. 不同数据的训练结果对比

在浏览器中进入 TensorFlow 游乐场网站,对于 DATA 区域的圆形(Circle)数据,利用 x_1、x_2 两种特征,通过设计一个包含四个节点隐藏层和两个节点隐藏层,总共两个隐藏层的神经网络模型。点击左上角播放键开始进行训练,当 Epoch 数达到 650,即经过 650 个训练周期后,测试误差(Test loss)维持在 0.003,从输出结果可以看到取得了很好的分类效果,如图 21-21 所示。

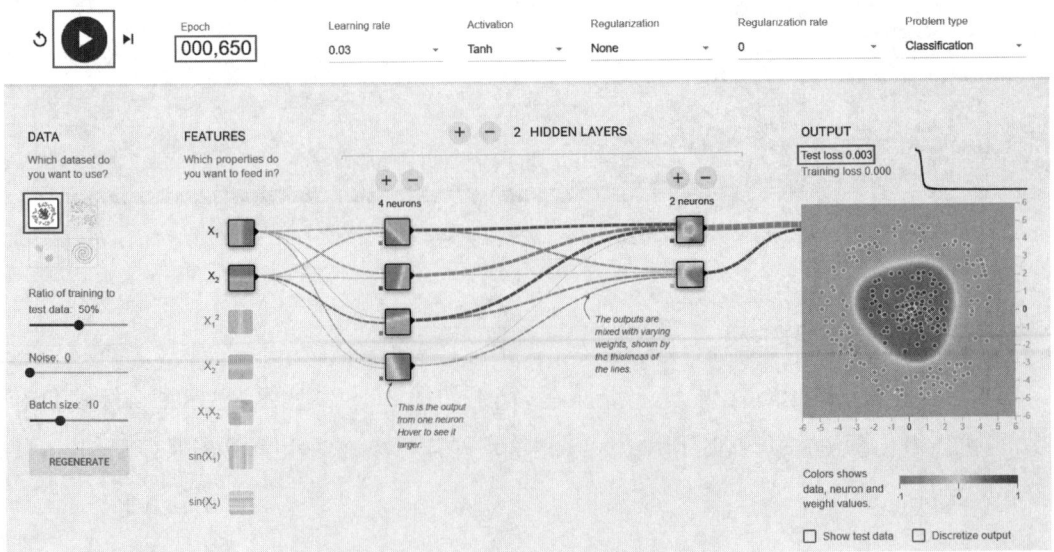

▲ 图 21-21 圆形数据的分类结果

但同样的神经网络模型结构对于螺旋形(Spiral)数据却无法取得较好的分类效果,即使经过了 650 次训练,测试误差仍然维持在 0.471 的水平,即接近一半的数据未被正确分类,如图 21-22 所示。

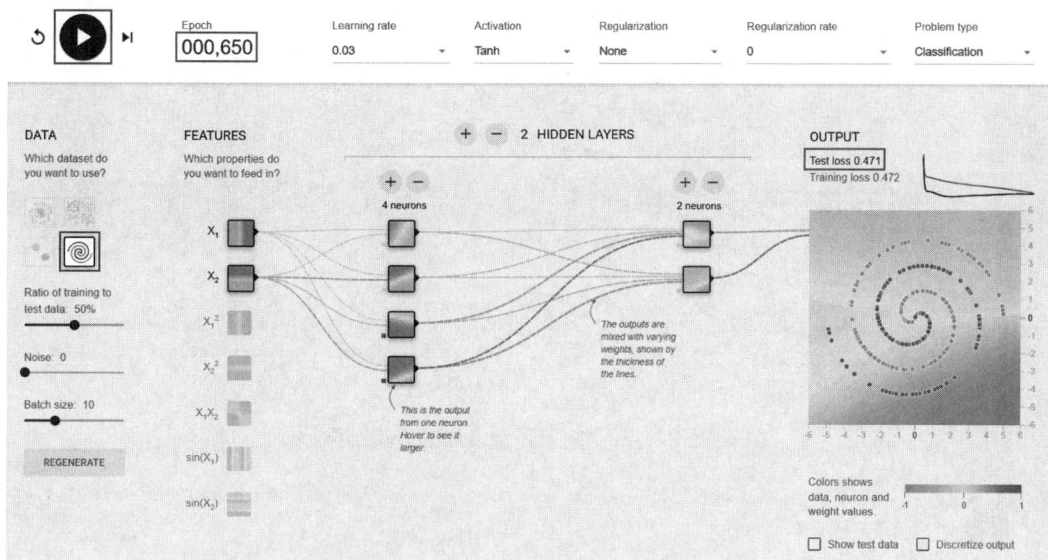

▲ 图 21-22　螺旋形数据的分类结果

2. 针对复杂数据的改善方法

对于类似螺旋形这样复杂的数据,想获得更好的分类效果,可以通过以下两种不同的途径来解决:增加输入特征的数量,增加隐藏层的层数和每层神经元的数目。

(1) 增加输入特征的数量

第一种方法是通过增加输入特征属性数目增强其分类效果。如图 21-23 所示,除了 x_1、x_2 两种属性外,通过单击对应图标添加 x_1^2、x_2^2、$x_1 x_2$、$\sin(x_1)$ 和 $\sin(x_2)$ 五种数据作为输入特征,在经过 650 次训练之后,测试误差维持在 0.123 的较低水平,从输出的结果来看绝大部分数据都被正确分类。

(2) 增加隐藏层的层数和每层神经元的数目

在大部分的实际应用中,很难找到更多合理的表现数据内在特性的属性特征,因此可以采用增加神经网络隐藏层层数和隐藏层节点数目的方法来进一步学习数据自身特性,从而取得较好的分类效果。如图 21-24 所示,依然保持 x_1 和 x_2 两种特征作为输入,单击 “HIDDEN LAYERS”处的“＋”号将隐藏层增加到 3 层,单击每层“neurons”处的“＋”号,将神经元数目增加到 8 个,经过 650 次迭代,测试数据误差维持在 0.322 的较低水平,取得了较好的分类效果。这也是神经网络的优势所在,对于有限的输入特征数据,只需要增加足够多隐藏层和神经元数目,不需经过人为干预,神经网络就可以训练出符合要求的模型并计算出

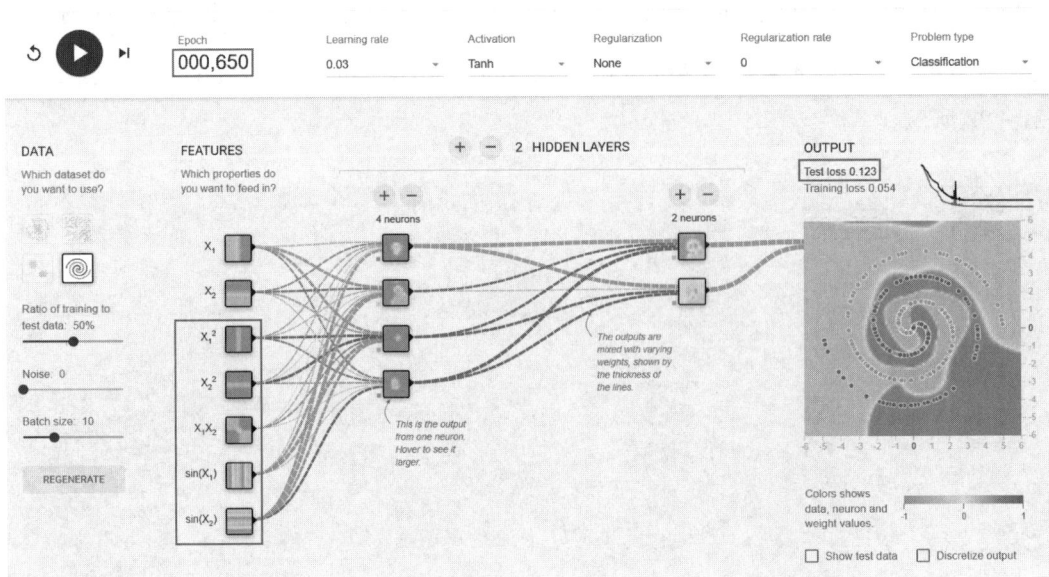

▲ 图 21 - 23　特征数量增加的分类结果

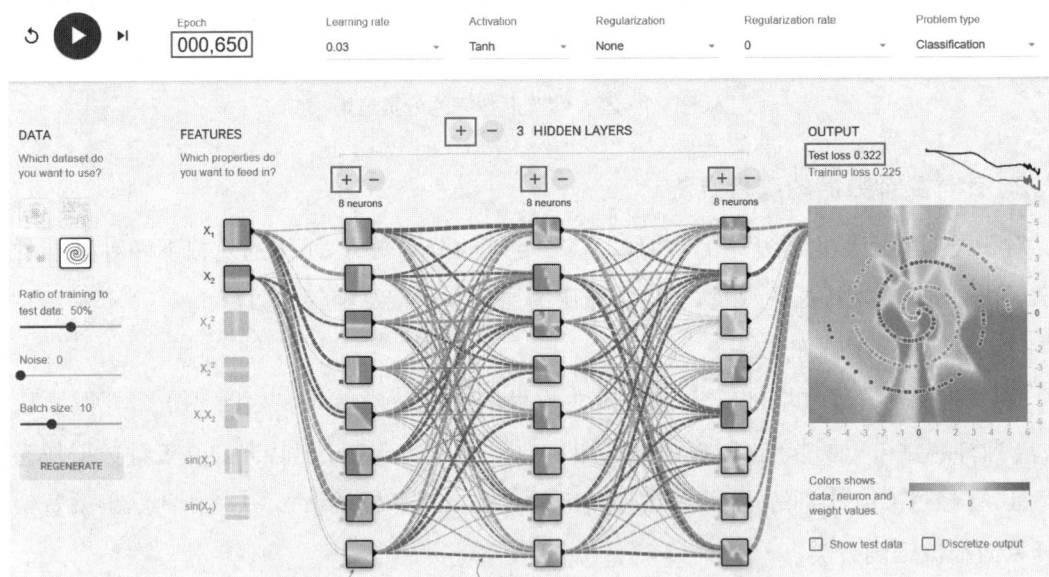

▲ 图 21 - 24　隐藏层和每层节点增加的分类结果

令人满意的预测结果。

　　综上所述,神经网络处理分类问题的一般步骤为:

　　① 选取特征属性作为输入数据。比如本例中的 x_1、x_2、x_1^2、x_2^2、$x_1 x_2$、$\sin(x_1)$ 和 $\sin(x_2)$ 这七种属性。

　　② 构建神经网络结构。包括设置隐藏层层数、神经元数目、学习率和激活函数等。

　　③ 模型训练。通过不断调整参数,在满足具体要求的情况下,获得训练好的模型。

五、神经网络开发体验

使用 TensorFlow 可以构建并训练一个神经网络模型,以预测 Fashion-Mnist 数据集中的图像类别,最后展示和保存预测结果。

1. 导入 JSON 文件及数据集

在新大陆 AIoT 在线工程实训平台中单击"Upload JSON",选择"SYZB21-3.json"文件打开,如图 21-25 所示。

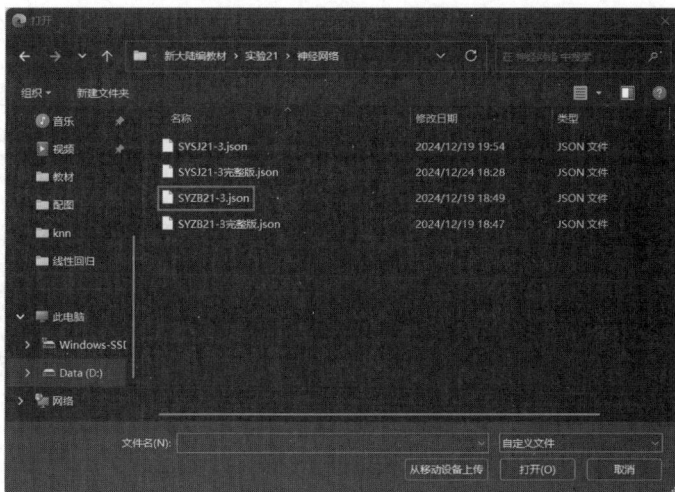

▲ 图 21-25　打开神经网络 JSON 文件

2. 查看及编辑代码

左侧"AI 人工智能"的"神经网络算法应用/FashionMnist 训练与识别"栏中有编程可用的代码块,如图 21-26 所示。

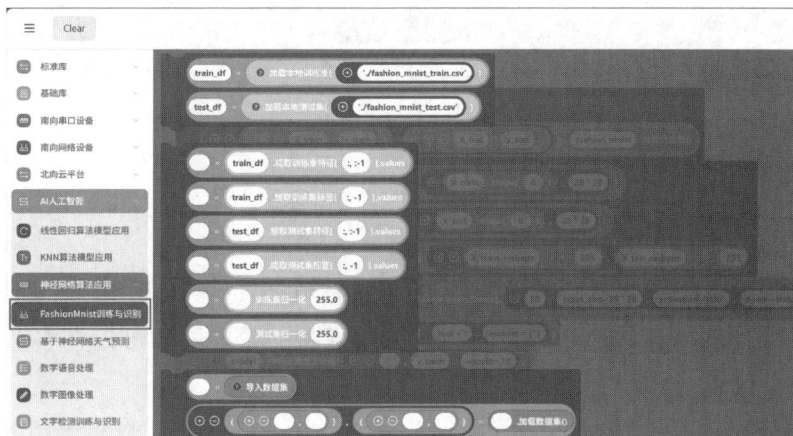

▲ 图 21-26　神经网络添加代码块

取消选定"FashionMnist 训练与识别",返回 AI 人工智能编辑界面,尝试补充图 21 - 27 所示图形化代码中空缺的部分,完成以下任务:

① 模型编译,其中优化器为 adam,损失函数为 sparse_categorical_crossentropy,评估指标为 accuracy。

② 使用 X_train_norm 和 y_train 进行模型训练。

③ 使用 X_test_norm 和 y_test 进行模型评估。

④ 实现神经网络模型预测。

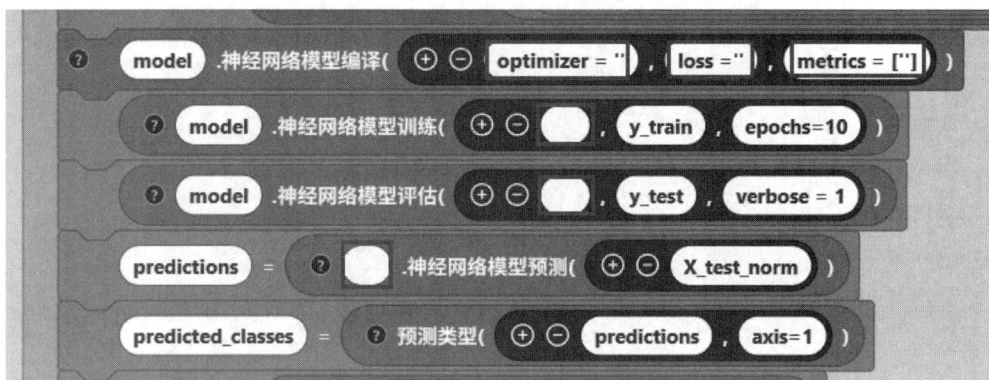

▲ 图 21 - 27　神经网络补充代码块

参考答案如图 21 - 28 所示。

▲ 图 21 - 28　神经网络参考答案

3. 运行代码及查看结果

单击右上角"Run"运行代码,等待 2—3 分钟运行结束后,结果如图 21 - 29 所示,显示了图像的分类结果,可以看出,预测分类与真实分类保持一致。同样可以在右上角单击保存 Python 代码及 JSON 文件。

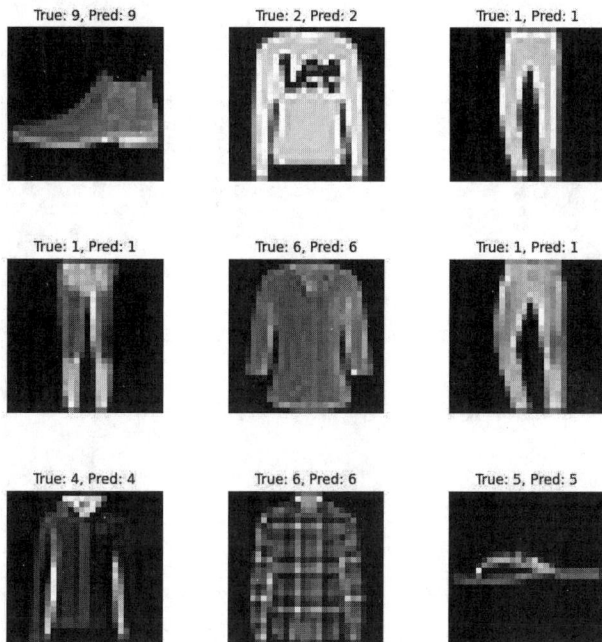

▲ 图 21-29　神经网络运行结果

实践与探索

通过以上实验准备，想必你也和未央一起了解了 KNN、线性回归和神经网络这三种常见的算法，并能够将其应用于一些实际问题；同时，你也了解了 TensorFlow 游乐场，并能够通过调整网络结构和参数来优化神经网络模型。

一、KNN 实践

本实践的目的是通过 KNN 对是否患糖尿病进行分类。在新大陆 AIoT 在线工程实训平台中打开"SYSJ21-1.json"文件，完成以下任务：

① 上传并加载"SYSJ21-1diabetes.csv"数据集；

② 实现数据集切分；

③ 对测试集进行标准化转换；

④ 利用训练集的特征数据和标签数据进行模型拟合；

⑤ 对测试集的特征数据进行类别预测。

运行结果参考图 21-30。

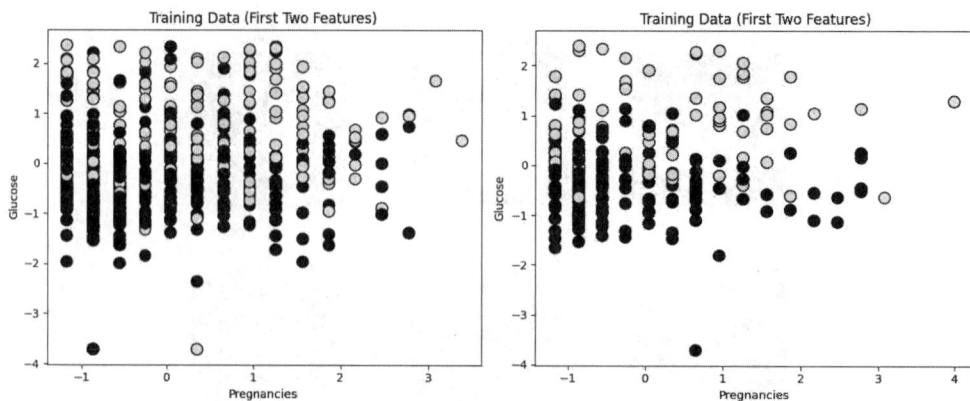

▲ 图 21 - 30　KNN 实践运行结果

二、线性回归实践

在新大陆 AIoT 在线工程实训平台中打开"SYSJ21 - 2.json"文件,完成以下任务:

① 上传并加载"SYSJ21 - 2boston_housing.csv"数据集;

② 实现数据集切分;

③ 使用训练集对模型进行训练;

④ 使用测试集进行预测和评估。

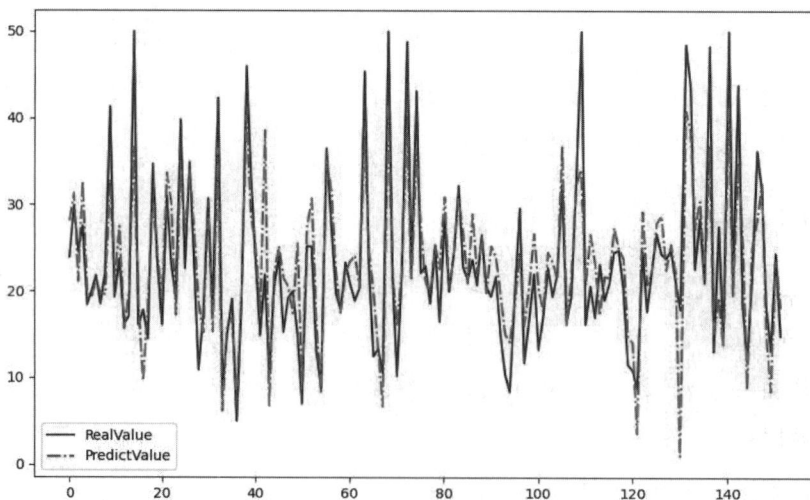

▲ 图 21 - 31　线性回归实践运行结果

三、神经网络设计实践

① 参考图 21 - 24,对螺旋型数据分类问题,将特征的数目、神经网络层数和每层神经元个数增加到最大,得到稳定的测试数据误差,对比不同的激活函数对最终结果的影响。

② 参考图 21-24,任意修改神经元之间的权重值,比较调整前后的分类效果,调整学习率,了解其对模型训练的影响。

③ 打开 TensorFlow 游乐场主页,并对"Plane"数据以默认设置进行回归分析,并尝试修改 DATA(数据)区域的数据微调按键,观察对最终结果的影响,同样在默认设置下修改参数设置区域的参数,观察对最终结果的影响。

四、神经网络开发实践

本实践的目的是通过神经网络预测温度。在新大陆 AIoT 在线工程实训平台中打开"SYSJ21-3.json"文件,完成以下任务:

① 上传并加载"SYSJ21-3temps.csv"数据集;

② 找到合适的位置,为神经网络添加一层隐藏层,层数设置为 32;

③ 为神经网络模型指定优化器为 tf.keras.optimizers.SGD(0.001),损失函数为 mean_squared_error;

④ 用 input_features 和 targets 训练神经网络模型;

⑤ 根据 input_features 预测模型结果;

⑥ 画出预测值的图像,图像样式为 ro,标签为 predict。

运行结果参考图 21-32。

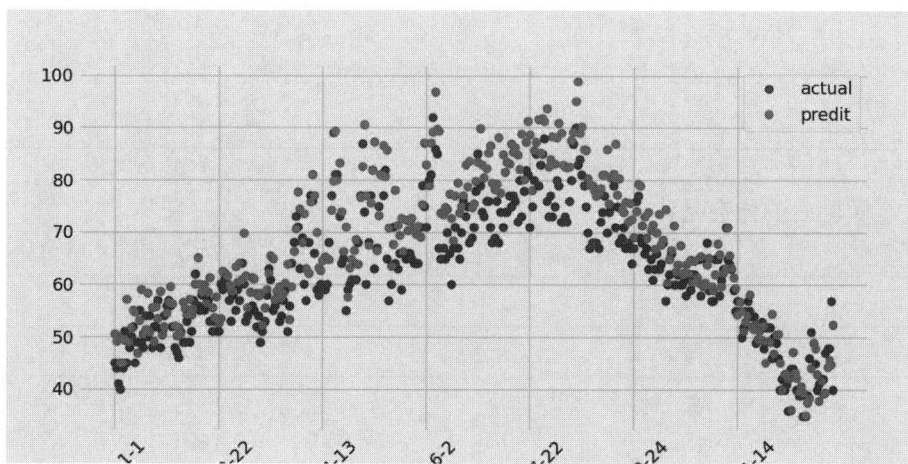

▲ 图 21-32 神经网络实践运行结果

归纳与总结

完成本实验所有内容后,请将所学到的知识点和技能点填入表 21-1 和表 21-2,表格可以根据需要增加行;然后从已掌握和希望学习两个方面写出学习和完成本实验后的体会。

▼ 表 21-1　学到的知识点归纳表

序号	知识点名称	掌握情况	希望深入学习的相关内容
1			
2			

▼ 表 21-2　学到的技能点归纳表

序号	技能点名称	掌握情况	希望深入学习的相关内容
1			
2			

完成本实验后的体会是：

_____

_____

_____。